Oliver Bothmann
3D-Druck-Praxis
Alles für den Start

3D-Druck-Praxis

Alles für den Start

Oliver Bothmann

vth

Verlag für Technik und Handwerk neue Medien GmbH
Baden-Baden

vth-Fachbuch
Best.-Nr.: 310 2245

Bibliografische Information der Deutschen Nationalbibliothek
Die Deutsche Nationalbibliothek verzeichnet diese Publikation in der Deutschen Nationalbibliografie; detaillierte bibliografische Daten sind im Internet über http://dnb.d-nb.de abrufbar.

Titel: Leapfrog BV

ISBN 978-3-88180-460-8

Postfach 22 74, 76492 Baden-Baden

Printed in Germany
Druck: Griebsch & Rochol Druck GmbH, Hamm

Inhaltsverzeichnis

Vorwort

„Drucken Sie sich Ihre Pizza!", „Waffen drucken mit dem PC möglich!" – diese und viele weitere reißerische Schlagzeilen konnte man in den vergangenen Monaten immer wieder in der Presse finden. Thema aller dieser Artikel – und auch einiger seriöser Berichte – ist der 3D-Druck, eine Technik, die sich in den vergangenen Jahren immer weiter entwickelt hat.

In der Industrie hat der 3D-Druck (hier in seinen verschiedenen technischen Vorgehensweisen meist als Rapid Prototyping zusammengefasst) schon lange Einzug gehalten, meist zur Fertigung von wie der Name schon sagt Prototypen, damit Mitarbeiter ein Produkt schon vor dessen Serienfertigung einmal real in Händen halten können. Hier wird mit Kunststoffharzen, Gips oder sogar Metallen „gedruckt" wobei die verschiedensten Fertigungsverfahren zur Anwendung kommen.

Doch in letzter Zeit ist ein immer stärkerer Trend zur Heimanwendung dieser faszinierenden Technik entstanden. Bewegen sich die Industrie-3D-Drucker meist im fünf- oder sogar sechsstelligen Euro-Bereich und benötigen extrem teure Materialien und auch Bediener, die umfangreich geschult werden müssen, so sind nun 3D-Drucker für den Heimanwender erhältlich die teilweise schon unter 1.000 Euro als Bausatz kosten oder sogar anhand von Bauplänen komplett selbst gebaut werden können. Gedruckt wird hierbei mit geschmolzenen Kunststoffen, die einfach ausgedrückt in Fäden neben- und übereinandergelegt werden. Durch das Verbinden dieser einzelnen Fäden entstehen Objekte, die mit ein bisschen Übung nahezu an die Qualität von serienmäßig gefertigten Kunststoffspritzgussteilen herankommen.

So kann jeder, der mit der entsprechenden Hard- und Software umgehen kann Teile herstellen, die es so nicht zu kaufen gibt – er wird quasi sein eigener Fabrikant der Dinge, die er benötigt. Dieses fast schon an Science-Fiction erinnernde Szenario ist es, was die Faszination des 3D-Drucks ausmacht.

Wie Sie erfolgreich zu Ihrem 3D-Druck kommen, was möglich – und was nicht möglich – ist, möchte ich Ihnen in diesem Buch zeigen.

Oliver Bothmann
Bühlertal

3D-Druck – Revolution in der Herstellung?

Rapid-Prototyping, der Ursprung aller 3D-Druckverfahren, war ein Meilenstein in vielen Bereichen der industriellen Herstellung. Mit den verschienenden Techniken, die unter diesem Überbegriff zusammengefasst werden, konnten plötzlich Prototypen und Modelle von neuen Konstruktionen extrem schnell und einfach „begreifbar" gemacht werden. Konstruktionen und Produktionsabläufe konnten so optimiert werden, lange bevor die ersten Teile gefertigt wurden.

Hierbei lassen sich die verschiedensten Materialien verwenden, sodass sogar teilweise Metallwerkzeuge als einzelne Prototypen hergestellt werden können, mit denen andere Werkstoffe bearbeitet werden können.

Gerade in letzter Zeit haben diese Möglichkeiten ihren Weg in die Medien gefunden und dabei geradezu Science-Fiction-mäßige Ideen hervorgelockt. Doch was ist wirklich dran an der Aussage, dass bald jeder Mensch jedes Produkt selbst herstellen kann? Meiner Meinung nach noch nicht allzu viel, was aber keinesfalls die enormen Möglichkeiten des 3D-Drucks auch für Heimanwender verringert. Nur sollte man hier realistisch bleiben und auch keine noch fiktiven Möglichkeiten als kurz vor der Markteinführung stehend darstellen.

Nicht jeder Mensch wird mittels 3D-Druck zukünftig eigene Produkte herstellen können, denn hier sind – vielleicht auch nur noch – einige Hürden zu überwinden. Neben den Kosten für einen 3D-Drucker, die bei einer Etablierung der Geräte auf dem Massenmarkt noch sinken dürften, sind es vor allem die Anforderungen an die Bedienung eines solchen Druckers. Es gehört schon ein wenig mehr Beschäftigung mit der Materie dazu, einen qualitativ hochwertigen 3D-Ausdruck zu erstellen, als ein Blatt Papier in einen Drucker zu legen und darauf ein Schreiben zu drucken. Die Einstellung und die Anpassung der verschiedenen Parameter an das jeweils zu druckende Objekt, bedarf einiger Beschäftigung mit der Materie.

Noch einen Schritt weiter geht es, wenn man nicht nur fertige Dateien ausdrucken, sondern selbst konstruieren möchte. Für die Bedienung eines geeigneten 3D-Konstruktionsprogramms ist einiges Vorwissen nötig, egal, ob man sich das Wissen autodidaktisch aneignet oder Schulungen besucht.

Auch wird sicherlich nicht jedes Produkt daheim herstellbar sein. Hier limitiert alleine schon die Materialauswahl, die herzustellenden Teile. Auf absehbare Zeit werden es thermoplastische Kunststoffe sein, die für die Herstellung von Teilen im 3D-Druck bei Anwendungen zuhause zur Verfügung stehen. Somit fallen alle Dinge die im größeren Umfang Metallteile enthalten schon einmal weg. Hier bleibt einem nur der Weg zu einem professionellen Unternehmen, das auch Metalle beispielsweise im Laser-

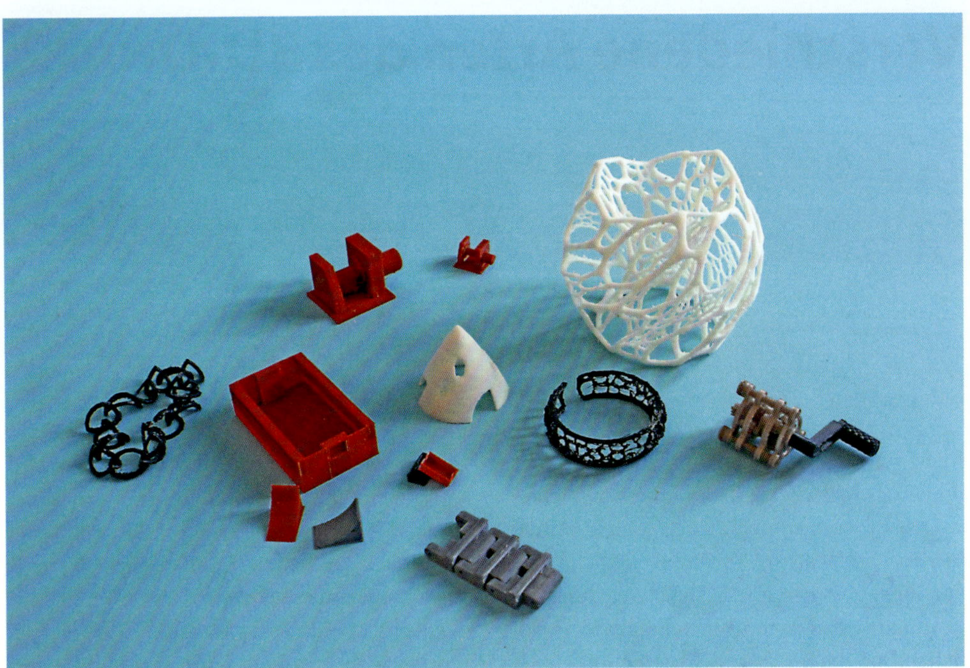

Die verschiedensten Teile für die unterschiedlichsten Anwendungen lassen sich mittels des 3D-Drucks auch daheim herstellen

sinterverfahren verarbeiten kann – und das hat dann mit der Industrieproduktion im eigenen Heim wiederum nichts mehr zu tun.

Die „vierte industrielle Revolution", die viele schon heraufbeschwören, ist der 3D-Druck also wohl noch nicht. Oder wie es das „Handelsblatt" in einem Artikel vom Februar 2013 ausdrückte: „Die Revolution wird abgeblasen".

Doch auch wenn mit diesen Aussagen ein wenig auf die Bremse gedrückt wird, hat der 3D-Druck in der Heimanwendung natürlich ein enormes Potenzial. Insbesondere wenn aus Kunststoffen Objekte in kleiner Stückzahl oder gar Einzelstücke, die vielleicht sogar personalisiert sind, hergestellt werden sollen, ist diese Technik auch für den heimischen Schreibtisch eine tolle Möglichkeit.

Und ganz abgesehen davon ist die Beschäftigung mit dieser faszinierenden neuen Technik ein tolles Erlebnis und für jeden, der sich für Technik interessiert ein echtes Abenteuer –fühlt man sich bei der Betrachtung eines 3D-Druckers, der ein selbst konstruiertes Objekt druckt, doch fast in einen Science-Fiction-Film versetzt.

Verschiedene Arten des 3D-Drucks

Allen 3D-Druck-Verfahren gemein ist, dass bei ihnen das herzustellende Objekt in Schichten aufgebaut wird. In den letzten Jahren wurden hierbei verschiedenste Verfahren entwickelt, die vor allem in der Industrie zur Herstellung von Prototypen aber auch kleinen Stückzahlen von Serienprodukten verwendet werden.

Hier sollen lediglich einige dieser Verfahren aufgeführt werden.

Selektives Lasersintern (SLS): Beim SLS wird mittels eines Laserstrahls ein pulverförmiger Werkstoff „verbacken" und somit ein festes Werkstück geschaffen. Hierbei liegt auf einer sich absenkenden Plattform der pulverförmige Werkstoff. Nachdem der zu verfestigende Teil einer Schicht mit dem Laser verbunden wurde, senkt sich die Plattform ab und eine neue Schicht des Werkstoffs wird aufgetragen. Dann

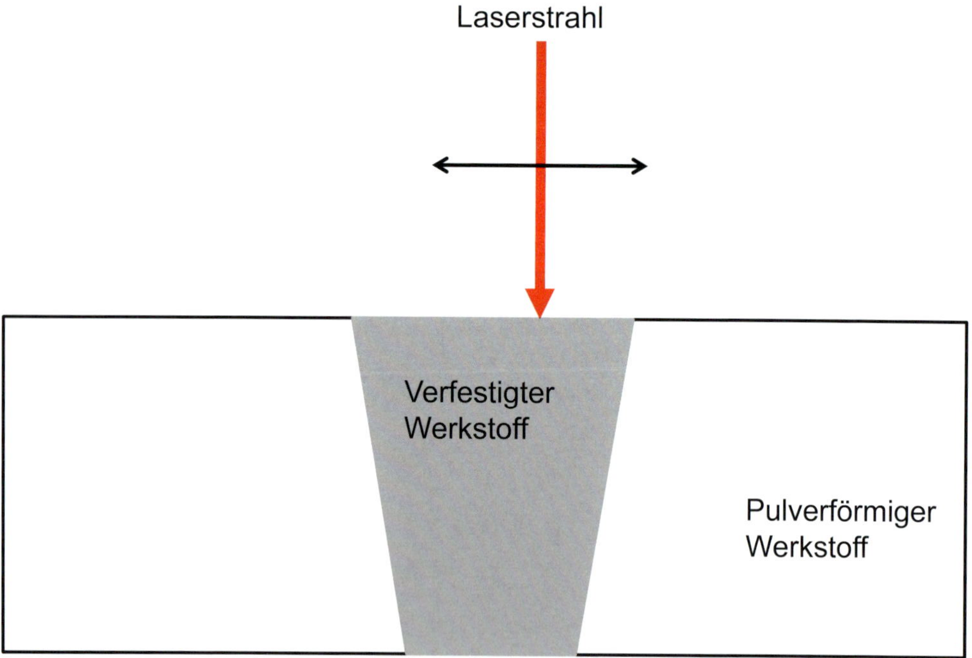

Schematische Darstellung des Lasersinterns

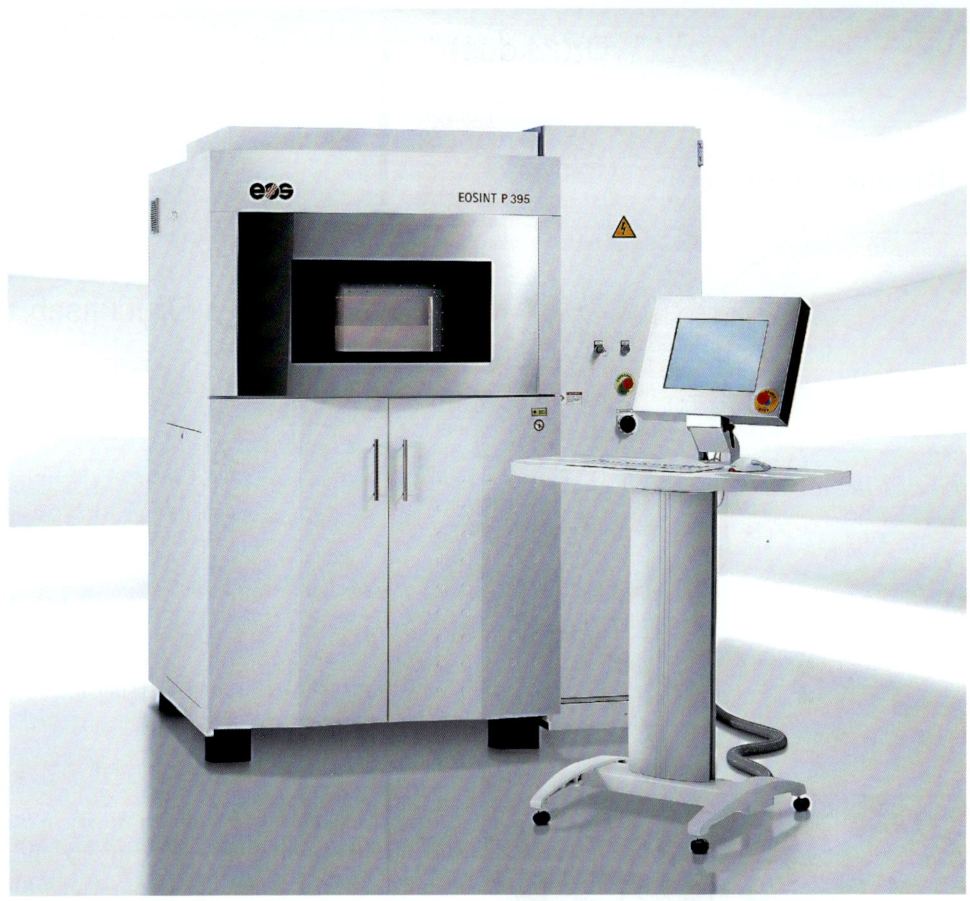

Kunststoff-Laser-Sinter-System Eosint P 395 des Herstellers EOS (Foto: EOS)

fährt der Laser wieder über die zu verfestigenden Teile und der Prozess beginnt von Neuem.

Mit diesem Verfahren lassen sich neben thermoplastischen Kunststoffen auch Metalle und Keramiken verarbeiten.

Stereolithografie (STL): Bei der Stereolitografie geht man ähnlich vor, wie beim Lasersintern, allerdings handelt es sich hier bei den Werkstoffen um Flüssigkeiten, beispielsweise Epoxidharze, die mit einem Laser (in Spezialfällen auch mit UV-Licht) punktgenau ausgehärtet werden. Das Werkstück ruht hierbei auf einer Plattform, die sich wie beim Lasersintern, je nach der Dicke der Schichten nach unten bewegt.

Schmelzschichtung (engl. Fused Deposition Modeling FDM): Bei diesem Verfahren werden schmelzfähige Kunststoffe in Form dünner Fäden neben- und aufeinander angeordnet, um so dreidimensionale Gebilde zu erstellen. Hierzu verfährt eine anhebbare Heizdüse, aus der der Kunststofffaden austritt auf einer fahrbaren Plattform (alternativ verfährt die Heizdüse über einer absenkbaren Plattform) und baut aus dem Kunststofffaden das Werkstück auf. Die Fäden schmelzen dabei zusammen und verbinden sich so zu einem sehr belastbaren Kunststoffkörper.

Drucker wie sie derzeit für die Heimanwendung angeboten bzw. selbst gebaut werden basieren nahezu ausnahmslos auf dieser Technik.

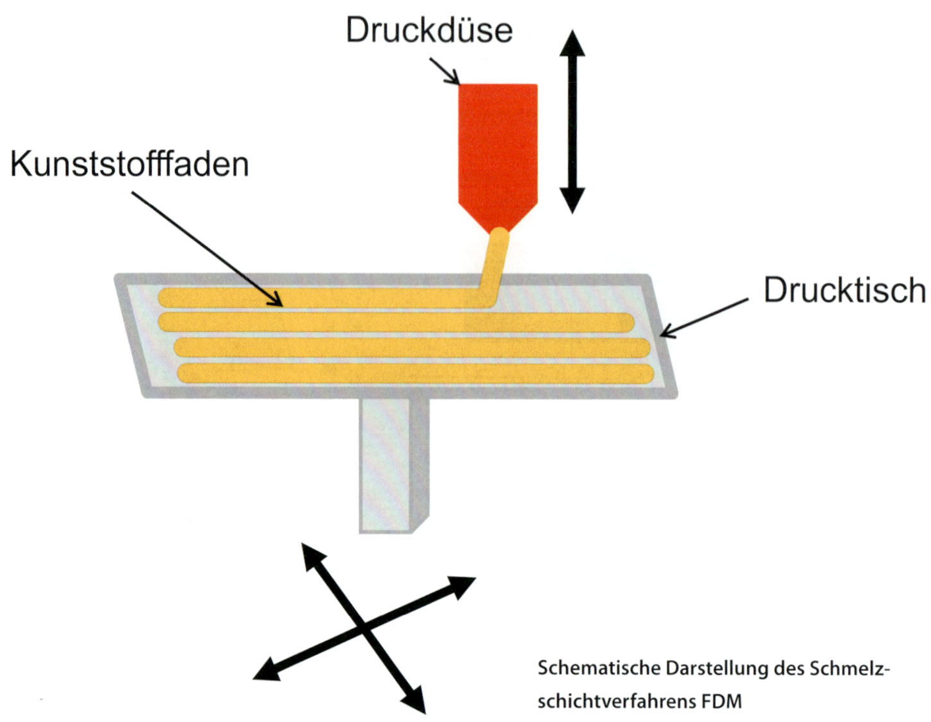

Schematische Darstellung des Schmelzschichtverfahrens FDM

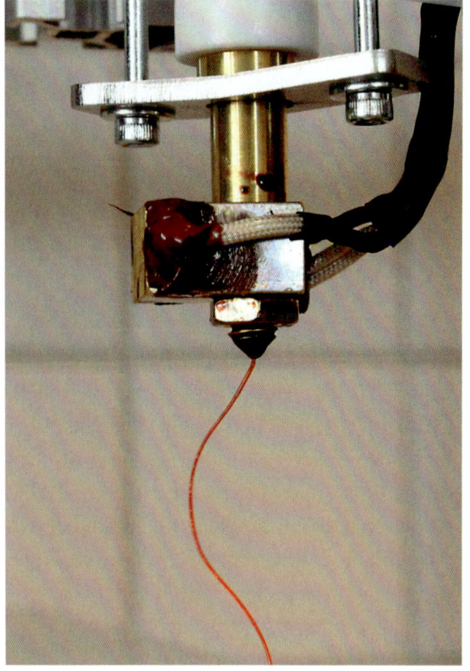

Bisher – man muss gerade bei Aussagen zur Zukunft dieser sich dynamisch entwickelnden Technik sehr vorsichtig sein – ist nur das FDM-Verfahren für den Heimanwender praktikabel. Mit diesem kann man kostengünstig, ungefährlich und mit relativ einfachen Mitteln sehr gute Ergebnisse erzielen.

Austreten des Kunststofffadens aus der Extruderdüse

3D-Druck zuhause

Ist 3D-Druck zuhause sinnvoll? Antwort ist ein klares Jein! Aus wirtschaftlichen Gesichtspunkten ist es sicherlich sinnvoller die 3D-Objekte, die man wirklich benötigt bei einem der zahlreichen Dienstleister (zu diesen kommen wir später noch) zu bestellen. Doch hier geht es sicherlich nicht vorrangig um wirtschaftliche Gesichtspunkte. Die Beschäftigung mit dem 3D-Druck ist an sich schon faszinierend, sodass das fertige Objekt am Ende der Kette manchmal eher zum Beiwerk wird – der Weg ist das Ziel, wie es so schön heißt. Das Ausloten der Möglichkeiten und der Unmöglichkeiten ist es, was den 3D-Druck für den engagierten Benutzer so spannend macht.

Möglichkeiten – und Unmöglichkeiten

Doch was ist möglich und was nicht. Zunächst einmal lassen sich nur Kunststoffe (welche das genau sind, wird noch erläutert) verarbeiten. Alles, was aus Festigkeitsgründen Metall oder andere Materialien bedarf, fällt somit aus. Man wundert sich aber, welche Festigkeit die Kunststoffteile aus einem 3D-Drucker besitzen. Die richtige Einstellung vorausgesetzt erreicht man dabei Festigkeiten, die überraschen. Sollte trotzdem die Verwendung von Metall zur Stabilisierung unabdingbar sein, so kann man mit einer geschickten Konstruktion an den notwendigen Stellen Metallverstärkungen einplanen, sodass auch diesen Anwendungen nichts im Wege steht.

Möglich sind somit Objekte für die verschiedensten Anwendungen, von reinen Ansichtsmustern, Schmuckstücken oder Modellbauteilen, bis hin zu speziellen Werkzeugen und nützlichen Helfern. Natürlich lassen sich auch gewisse Teile für einen 3D-Drucker fertigen, sodass es quasi möglich ist, dass ein 3D-Drucker (in gewissen Grenzen) seinen eigenen Nachfolger produziert – ein faszinierender Aspekt der sogenannten Replicator-Idee.

Es können somit Einzelstücke aber auch kleine Serien von Kunststoffteilen gedruckt werden, die sich an die eigenen Bedürfnisse perfekt anpassen lassen. Der große Vorteil des schichtweisen 3D-Drucks ist dabei, dass selbst starke Hinterschneidungen kein Problem darstellen. Als Hinterschneidungen bezeichnet man Teile eines Werkstücks, die beim herkömmlichen Gießen aus Kunststoff nicht aus der Form zu entfernen wären, weil sie hinter der Trennnaht der Gussform liegen und beim Herausnehmen aus der Form – wenn dies überhaupt gelingen sollte – beschädigt würden (siehe Abbildung). Solche Teile lassen sich durch herkömmliche Herstellungsverfahren nur mit sehr aufwendigen Formen gießen. Durch den Schichtaufbau mittels 3D-Druckern lassen sie sich aber absolut problemlos fertigen.

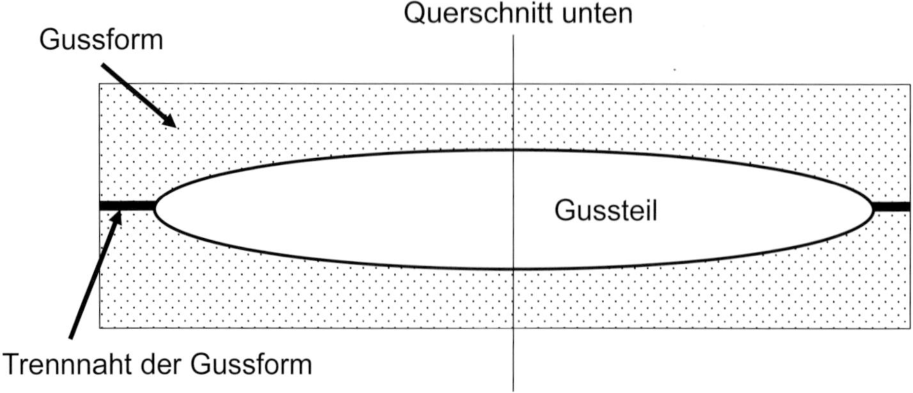

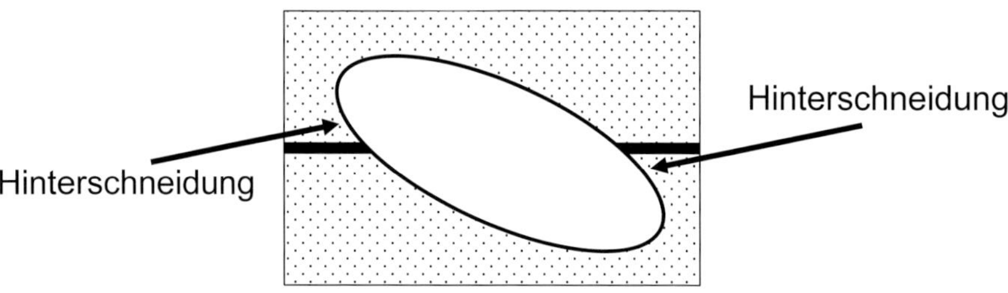

Sogenannte Hinterschneidungen sind bei Gussteilen aus Kunststoff ein großes Problem. Beim FDM-Verfahren stellen sie hingegen keine Schwierigkeit dar

Einer der großen Vorteile des 3D-Drucks gegenüber beispielsweise der Fertigung eines Werkstücks mittels Drehen und Fräsen ist, dass hier das Teil nicht durch die Entfernung von Material, sonder durch das gezielte Hinzufügen erstellt wird. Somit ist beispielsweise der Materialverbrauch deutlich geringer, als wenn man ein Teil aus einem massiven Kunststoffblock herausarbeitet.

Der zweite wahrscheinlich noch wichtigere Vorteil ist, dass sich beim 3D-Druck identische Teile beliebig oft und je nach Bedarf problemlos produzieren lassen.

Grundlagen

Will man sich intensiver mit dem 3D-Druck zuhause beschäftigen, so sollte man sich auf jeden Fall mit den Grundlagen dieser Technik beschäftigen. Zu wissen, mit welchen Materialien man arbeitet und wie diese in Form gebracht werden, ist eine sehr gute Basisfür ein erfolgreiches Ergebnis. Daher hier ein paar Grundlagen und -begriffe, bevor es in die Praxis geht.

Kleine Begriffskunde

Mit einer neuen Technik tauchen auch immer wieder neue Begriffe auf. So auch beim 3D-Druck, bei dem viele dieser Begriffe aus der CNC-Technik stammen, die aber nicht unbedingt allgemein bekannt sind. Um Ihnen den Einstieg in diese „Fachsprache" einfacher zu machen, möchte ich hier einige der Begriffe kurz erklären.

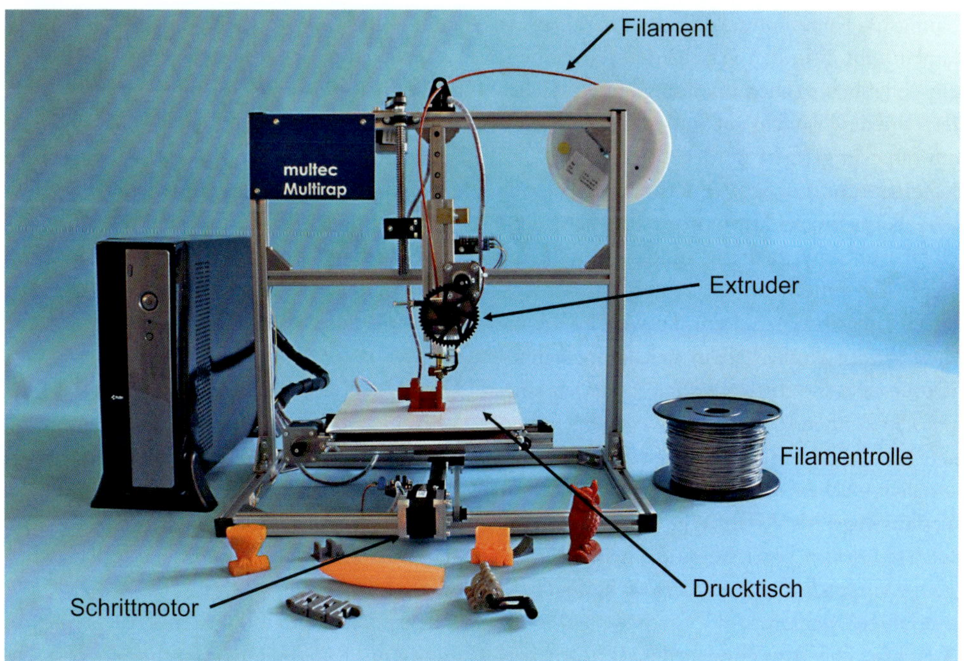

Wichtige Begriffe rund um den Aufbau eines 3D-Druckers

Drucktisch: Als Drucktisch wird die Fläche bezeichnet, auf der der 3D-Drucker das Druckobjekt aufbaut. Meist wird dieser Drucktisch mit einem Heizbett ausgestattet, welches die Fläche auf eine bestimmte Temperatur erwärmt und so die Haftung des Druckobjekts während des Drucks verbessert.

Extruder: Der Extruder ist sozusagen der Druckkopf des 3D-Druckers. Mittels eines >*Schrittmotors* wird hier das >*Filament* in eine Heizdüse gefördert, welche durch eine elektrische Heizung den Kunststoff zum Schmelzen bringt. Der geschmolzene Kunststoff wird dann durch eine dünne Öffnung der Düse (häufig mit einem Durchmesser von 0,2-0,5 mm) gepresst, wodurch der Kunststofffaden zum Druck des Objekts erzeugt wird.

Filament: Als Filament wird der Rohstoff bezeichnet, der zum Druck der Teile verwendet wird, man kann ihn somit mit der Tinte bzw. dem Toner bei einem herkömmlichen Drucker vergleichen. Die meistverwendeten Durchmesser sind hierbei 3 mm oder 1,75 mm und die häufigsten Kunststoffe ABS oder PLA. Das Filament gibt es in den verschiedensten Farben, einschließlich solcher, die fluoreszieren. Geliefert wird das Filament auf Spulen, die beweglich am Drucker gelagert werden können.

Schrittmotor: Ein Schrittmotor ist eine besondere Form des Elektromotors, der sich nicht einfach unbegrenzt dreht, sondern durch Ansteuerung mit einem Schrittmotortreiber sich jeweils „schrittweise" dreht. So wird eine Umdrehung der Motorwelle in viele kleine Schritte unterteilt, die einzeln gesteuert werden können. So können sehr genaue Wege abgefahren werden, die die Positionierung des Drucks erst möglich machen.

Verfahrwege: Als Verfahrwege werden die Wege in den >*Achsen* bezeichnet, die beispielsweise der >*Drucktisch* oder der >*Extruder* bewegt bzw. „verfahren" werden.

X-Achse: Die Bewegungen der 3D-Drucker-Teile in unterschiedliche Richtungen werden wie im Koordinatensystem mit X, Y und Z bezeichnet. Üblicherweise beschreibt dabei die X-Achse eine Bewegung von rechts nach links bzw. umgekehrt (beim Blick von vorne auf den Drucker).

Y-Achse: Hiermit wird die Bewegung von vorne nach hinten bzw. umgekehrt bezeichnet.

Z-Achse: Die ist die Bewegung nach oben bzw. unten.

Aufgrund der häufigen Verwendung sollen hier auch noch zwei Begriffe aus dem Bereich der Software kurz erläutert werden.

Open Source: Viele der beim 3D-Druck für Heimanwender benutzten Programme sind sogenannte Open-Source-Projekte. Kurz gesagt kann man darunter Programme verstehen, deren Quellcode – also die Basis der Programmierung – nicht wie bei den meisten kommerziellen Programmen verschlüsselt und für den Nutzer nicht einsehbar ist, sondern die offen zur Verfügung steht. Dadurch wird ermöglicht, dass eine ganze Gemeinschaft an Programmierern an der Weiterentwicklung der Programme mitwirken kann – und dies aus Idealismus.

Freeware: Als Freeware werden Programme bezeichnet, die von den Programmierern oder auch Softwareunternehmen – aus welchen Gründen auch immer – kostenlos angeboten werden und von jedermann genutzt werden können. Manchmal bitten die Programmierer um eine kleine Spende für ihre Arbeit. Wenn man mit der Software zufrieden ist, sollte man dies ruhig auch einmal in Erwägung ziehen.

Das Druckmaterial: Filamente

Wer einen Brief ausdrucken will benötigt Papier und Tinte bzw. Toner. Und wer einen 3D-Ausdruck machen will? Der benötigt dafür im FDM-Verfahren das entsprechende Ausgangsmaterial in Form eines thermoplastischen Kunststoffs.

Bei den weitaus meisten Druckern wird hierfür mit Rundmaterial verschiedener Durchmesser und aus unterschiedlichen Grundstoffen

Die Vielfalt an verschiedenen Filamenten wird immer größer

gearbeitet. Doch was ist das eigentlich für ein Material und welche Unterschiede bestehen? Diese und noch weitere Fragen sollen hier beantwortet werden.

Der Begriff Filament kommt aus dem Lateinischen und bedeutet „Faden". Für den FDM-Druck werden normalerweise Filamente mit zwei unterschiedlichen Abmessungen verwendet.

Abmessungen

Die weitaus meisten FDM-Drucker arbeiten mit Filamenten mit entweder 1,75 mm oder aber mit 3 mm Druckmesser. Die meisten Drucker können nur mit einer Filamentdicke arbeiten, einige Hersteller bieten aber auch entweder Wechselextruder oder aber Wechseldüsen an, um beide Filamentgrößen verwenden zu können.

Man kann nicht sagen, dass eine Größe generell zu empfehlen ist. Ist ein Drucker gut konstruiert und kalibriert, kann er mit beiden Filamenten identische Ergebnisse erzielen. Allerdings verzeihen Drucker mit größeren Düsen, die oft auch mit dickerem Filament gefüttert werden, besser einmal leichte Einstellungsfehler. Gleichzeitig sind sie aber von der Möglichkeit der Feineinstellung begrenzter.

Deutlich wichtiger ist es aber, dass die verwendeten Filamente wirklich die angegebenen Dimensionen einhalten bzw. Abweichungen bekannt sind und ausgeglichen werden können. Auch wenn die Filamente meist mit den Angaben 1,75 mm oder 3 mm verkauft werden, so sollte man doch nachprüfen, ob diese Werte auch eingehalten werden. Am besten macht man dies mit einem Messschieber, mit dem man vor der Verwendung eines neuen Filaments von einem anderen Hersteller oder Lieferanten als dem bisherigen die Dicke nachprüft. Auch wenn die Abweichungen gering erscheinen, so wirken sich diese doch zum Teil recht stark aus. Hier ein Beispiel: Wenn ein Filament zwischen 2,9 und 3,0 mm in der Dicke schwankt, dann heißt das, dass am Düsenausgang 7% mehr oder weniger Material austritt, was einer um 7% schwankende Breite des abgelegten Fadens entspricht. Dass dies das Ergebnis ganz signifikant beeinflussen kann, ist klar.

Glücklicherweise haben die Slicing-Programme eine Einstellung für den Durchmesser des Filaments, meist unter einem Begriff wir

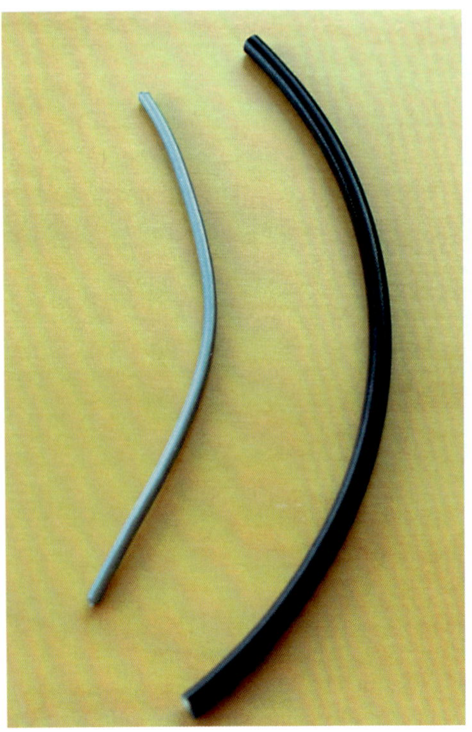

Gut zu erkennen: Links 1,75-mm-Filament, rechts 3-mm-Filament

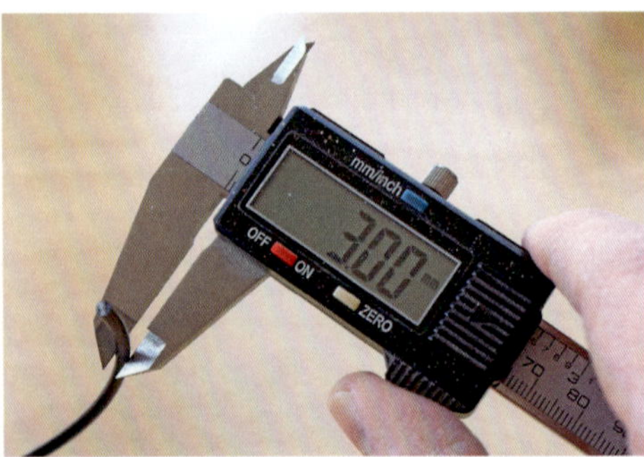

Nachmessen ist wichtig: dieses Filament hat den angegebenen Durchmessen von 3 mm, ...

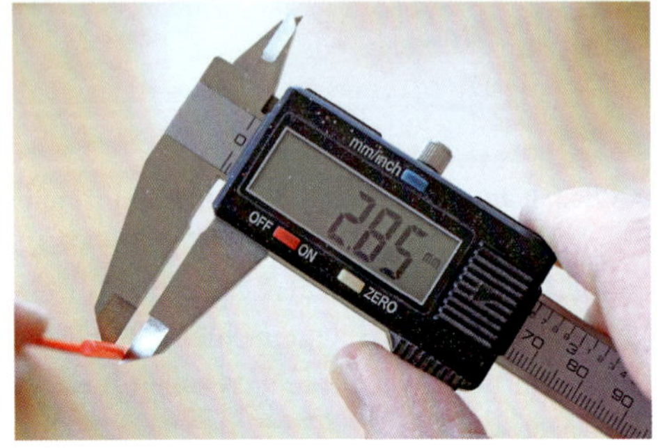

... während dieses bei gleicher Angabe nur 2,85 mm dick ist

„Filament“ oder „Dimension“ zu finden. Hier gibt man die korrekten, gemessenen Werte des Filamentdurchmessers ein. Intern verrechnet das Slicing-Programm dann, wie viel Länge des Filaments bei der verwendeten Düse extrudiert werden muss, um die korrekte Materialmenge auf das Druckobjekt aufbringen zu können.

Material

Weitaus vielfältiger als die Abmessungen des Filaments sind die erhältlichen Materialien, auch wenn einige davon noch recht exotisch und nur für Spezialanwendungen sinnvoll sind.

ABS

ABS (Acrylnitril-Butadien-Styrol) ist ein auf Erdölbasis hergestellter thermoplastischer Kunststoff, der für viele Anwendungen benutzt wird. Beispielsweise werden auch viele Spielzeuge wie Lego-Steine daraus produziert.

ABS war eines der ersten Materialien, welches für den FDM-Druck in Heimanwendungen verwendet wurde. Er ist gut verfügbar und in vielen Farben, aber auch klar, lieferbar.

Ein deutlicher Nachteil von ABS ist seine recht hohe Schmelztemperatur von 215 bis 250°C, die eine hohe Heizleistung erfordert. Noch schwieriger wird ABS durch seine hohe Schrumpfneigung, die dazu führt, dass sich Drucke häufig vom Druckbett lösen (Warping). Hier sind nur Heizbetten, die recht hohe Temperaturen (um die 100°C) erreichen sinnvoll, zudem muss häufig noch mit anderen Hilfsmitteln gearbeitet werden. Sehr sinnvoll – wenn auch im Hobbybereich nur selten umgesetzt –

ist das Drucken in einer komplett temperierten Kammer, um die Schrumpfung des Materials möglichst gering zu halten.

In der Zwischenzeit bieten einzelne Hersteller, beispielsweise das deutsche Unternehmen Orbi-Tech (www.orbi-tech.de) auch ein smartABS genanntes Material an, welches eine deutlich geringere Tendenz zur Schrumpfung aufweist.

Ein weiterer Nachteil von ABS sind Ausdünstungen, die bei der Erhitzung – und damit beim 3D-Druck – entstehen. Diese sind nicht nur unangenehm, sondern stehen auch im Verdacht gesundheitsschädlich zu sein. ABS sollte daher nur in gelüfteten Räumen verarbeitet werden. Am besten sollte der Drucker auch nicht direkt neben dem Bediener stehen, sodass dieser nicht die gesamte Zeit den Dämpfen ausgesetzt ist.

PLA

PLA (Polylactide oder Polylactid acid) ist ein sogenannter Biokunststoff, der aus chemisch aneinander gebundenen Milchsäuremolekülen besteht. Die Lactide werden dabei durch die Vergärung von Melasse oder die Fermentation von Glukose durch Bakterien gewonnen.

PLA hat mehrere Vorteile, die es zu dem derzeit absolut besten Grundmaterial für den heimischen 3D-Druck machen. Es lässt sich mit relativ geringen Temperaturen von 180 bis 230°C drucken, auch das Heizbett kommt mit geringeren Heizleistungen für die benötigten 50 bis 60°C aus.

PLA lässt sich geruchsfrei und ohne schädliche Dämpfe verarbeiten, was gerade dann ein großer Vorteil ist, wenn man den 3D-Drucker nicht in einem gesonderten Bereich, sondern direkt im Büro unterbringen will oder muss.

Der weitaus größte Vorteil ist aber die sehr geringe Schrumpfungsneigung, welche zum einen das Haften am Drucktisch deutlich verbessert (daher auch die niedrige mögliche Drucktischtemperatur) zum anderen aber auch die Maßhaltigkeit der gedruckten Objekte sehr positiv beeinflusst. So können recht genaue Passungen hergestellt werden, die wenn überhaupt, nur wenig nachbearbeitet werden müssen. Dies macht PLA auch zu einem hervorragenden Grundmaterial für Teile, die aus verschiedenen gedruckten Einzelteilen hergestellt werden müssen, aber auch für solche, die eine exakte Maßhaltigkeit aufweise sollten, beispielsweise im Modellbau oder wenn 3D-Druckteile mit Teilen aus anderen Materialien kombiniert werden sollen.

PLA ist sehr gut verfügbar und in einer großen Farbvielfalt lieferbar. Auch fluoreszierende, transparent-farbige oder klare Varianten sind erhältlich.

Für besondere Anwendungen können auch sogenannte SoftPLA-Varianten verwendet werden. Diese Materialien weisen eine flexible Beschaffenheit auf und können beispielsweise für den Druck von Stempeln, speziellen Dämpfungselementen oder auch Reifen, zum Beispiel im Modellbau, verwendet werden.

Laywoo-D3

Ein faszinierendes Material ist das von dem deutschen Ingenieur Kai Parthy entwickelte

Ein besonderes Material ist solches holzartige Filament (Foto: Multec)

Lawoo-D3. Hierbei sind einem thermoplastischen Kunststoff feinste Holzpartikel beigemischt. Hierdurch hat das gedruckte Objekt eine holzartige Oberfläche und lässt sich auch entsprechend bearbeiten, beispielsweise schleifen. Ein Nebeneffekt der Holzbeimischung ist zudem, dass Laywoo-D3 keinerle Schrumpfungseffekt aufweist.

Je nach Drucktemperatur verändert sich die Farbe des Materials, je heißer gedruckt wird, umso dunkler wird das „Holz". Die Temperatur variiert dabei zwischen 175°C und 250°C. Eine etwas problematische Eigenschaft dieses Materials ist die Neigung zum Verstopfen der Druckdüse, die sich bei der Verarbeitung ergibt.

Laybrick

Ähnlich wie Laywoo-D3 ist Laybrick ein ganz besonderes Filament. Es erzeugt eine Oberfläche, die nicht mehr an Kunststoff, sondern an Stein beziehungsweise Beton erinnert. Laybrick ist derzeit noch im Erprobungsstadium, die Verarbeitungshinweise sind daher noch in Bearbeitung und die Arbeit damit ist noch mit einer Tüftelei verbunden. Auch Laybrick, welches bei 165 bis 190°C verarbeitet werden sollte (auch höhere Temperaturen sind möglich und erzeuge eine andere Oberfläche, dann muss der Druckkopf aber gekühlt werden), neigt zum Verstopfen der Düse.

BendLay

BendLay ist ein glasklares Material, welches in seinen gedruckten Eigenschaften an Polycarbonat erinnert. Es ist äußerst biegsam und widerstandsfähig und zeigt keinen Weißbruch beim Biegen. Dabei ist es einfacher zu verarbeiten als ABS.

Nylon

Auch Nylon lässt sich sehr gut drucken und insbesondere die US-Firma taulman 3D (taulman3D.com) hat hier einige Produkte im Angebot. Nylon zeichnet sich durch seine sehr hohe Stabilität und Härte aus, bedarf aber sehr hoher Drucktemperaturen und ist schwierig in der Verarbeitung. Nicht unproblematisch ist die starke – und sicher nicht gesundheitsfördernde – Geruchsentwicklung bei der Verarbeitung.

PC

PC (Polycarbonat) lässt sich auch auf dem 3D-Drucker verarbeiten. Allerdings ist auch hier die Verarbeitung recht schwierig und bei der Verarbeitung entstehen ebenfalls unangenehme und gesundheitsschädliche Dämpfe.

HiPS

HiPS (High Impact Polystyrene) ist ein durch Kautschuk modifiziertes, hochschlagfestes Polystyrol, welches ebenfalls für den 3D-Druck verwendet werden kann. Dieses Material zeichnet sich ebenfalls durch seine hohe Widerstandsfähigkeit aus und ist daher vor allem für stärker belastete Teile sehr gut geeignet.

Nachteil ist auch hier vor allem die problematische Geruchsentwicklung bei der Verarbeitung.

TPE

TPE (Thermoplastischer Elastomer) ist ein Material, welches in seinen Eigenschaften fast an Gummi erinnert und daher für Anwendungen geeignet ist, in denen im Normalfall dieses Material zum Einsatz käme. Die Verarbeitung dieser Materialien ist nicht einfach und muss daher gründlich ausprobiert werden.

PVA

PVA (Polyvinylalkohol) ist ein besonderes Material, welches nicht zum Aufbau eines Drucks eingesetzt wird, sondern lediglich als Stützmaterial (bei Verwendung eines Mehrfachextruders) eingesetzt werden kann. PVA ist ein thermoplastisches Polymer (Schmelzpunkt 190-210°Celsius), welches durch Hydrolyse von Polyvinylestern synthetisiert wird. Die Besonderheit von PVA ist dabei, dass es wasserlöslich ist. Seine

Wasserlösliches Stützmaterial: PVA auf der Rolle, hier von Multec

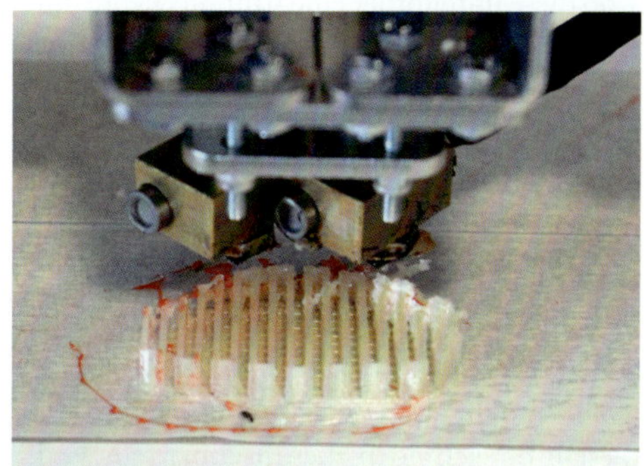

Druck einer Stützstruktur aus PVA

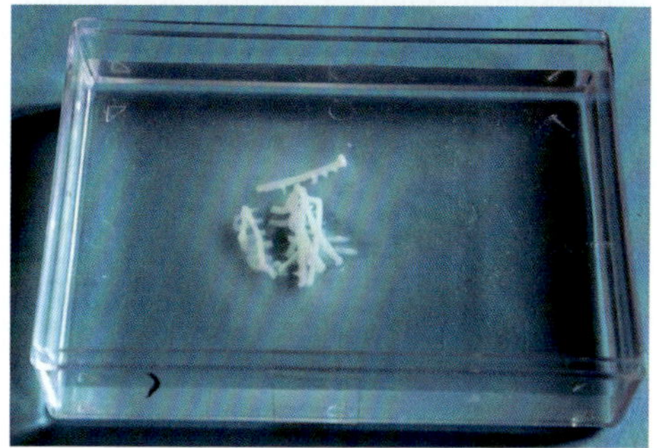

PVA löst sich in Leitungswasser langsam vollständig auf

Eigenschaften machen es daher zu einem idealen Material für den Druck von Stützstrukturen, die sich einfach in Wasser auflösen lassen, ohne dass man sie mechanisch aufwendig entfernen muss.
Erste Bedingung für diese Verwendung von PVA ist natürlich die Verwendung eines Dualextruders, der zwei verschiedene Filamente verarbeiten kann. Die zweite Notwendigkeit ist ein Slicing-Programm, welches es ermöglicht, bei einem Dualextruder einzustellen, dass ein Extruder für das eigentliche Druckmaterial, der andere aber für das Stützmaterial verwendet wird. Sowohl Slic3r als auch Cura haben diese Möglichkeit, durch die immer weitere Verbreitung von Dual-Extrudern dürfte aber auch bei anderen Slicer dieses Feature implementiert werden.

Beim Druck wird nun einfach das Stützmaterial nicht mit dem normalerweise genutzten PLA oder ABS, sondern eben mit PVA gedruckt. Anschließend wird das komplette Objekt in normales Leitungswasser gelegt und das Stützmaterial löst sich einfach auf. Nach einiger Zeit kann dann das saubere Druckteil einfach entnommen werden.

Wo Licht ist, ist allerdings meist auch Schatten, denn PVA hat ein paar schwierige Eigenschaften. Zum einen ist es stark hygroskopisch, also wasseranziehend. Je mehr Feuchtigkeit es aus der Luft aufnimmt umso schlechter lässt es sich drucken. Man sollte PVA also immer, wenn es nicht benutzt wird, in einer luftdichten Verpackung, am besten mit einem Tütchen Kieselgel aufbewahren.

Zum anderen hat es etwas schwierige Druckeigenschaften, so neigt es beim längeren Stehen in einer beheizten Düse zum Verklumpen und zum Verstopfen der Düse. Man sollte es daher immer erst sehr kurz vor dem Druck laden und nicht zu lange in der Düse stehen lassen. Ferner empfiehlt es sich die Düse nach dem Drucken mit PVA immer mit einigen Zentimetern PLA zu „spülen", um PVA-Rückstände und so ein Verstopfen zu vermeiden.

Auch die Haftungseigenschaften von PVA auf dem Druckbett sind schwierig und es neigt zum Ablösen von vielen Untergründen. Abhilfe schafft es, ein Raft aus PLA zu drucken, um die Haftung zu vermitteln, und erst dann PVA darauf zu drucken.

Diese Aufstellung erhebt keinen Anspruch auf Vollständigkeit, insbesondere da in sehr schneller Folge auch neue Materialien für den 3D-Druck zugänglich gemacht werden. Immer wieder kommen neue Produkte auf den Markt – ob diese nun immer eine bahnbrechende Entwicklung sind, sei dahingestellt.

Auf jeden Fall ist die Forschung im Kunststoffbereich sehr rege und insbesondere PLA gilt als eines der Materialien der Zukunft, kann es die kunststoffverarbeitende Industrie doch zu einem guten Teil unabhängig vom endlichen Rohstoff Erdöl machen. Insofern können 3D-Druck-Enthusiasten von diesen Entwicklungen profitieren und es bleibt interessant, was in diesem Bereich noch alles machbar sein wird.

Derzeit ist auf jeden Fall für den normalen Anwender PLA das Material der Wahl. Es ist einfach zu verarbeiten, gesundheitlich unbedenklich sowie günstig und einfach zu bekommen. Achten Sie aber auf jeden Fall auf eine gute Qualität und kaufen Sie am besten im Fachvertrieb. Minderwertiges PLA aus unsicheren Quellen ist nicht nur häufig komplizierter und unbeständiger in der Verarbeitung, sondern kann auch Beimischungen haben, die einige der Vorteile wieder zunichtemachen.

Lieferung und Lagerung

Meist wird das Material auf entsprechenden Rollen (übliche Liefermengen sind 750-Gramm- bzw. 1-Kilogramm-Rollen, aber auch 2,3-Kilogramm-Rollen werden angeboten), die auch gleichzeitig direkt am Drucker entsprechend befestigt werden könne, damit das Filament direkt abgespult werden kann. In seltenen Fällen – zum Beispiel bei teuren Spezialmaterialien – wird das Material in kleineren Gebinden

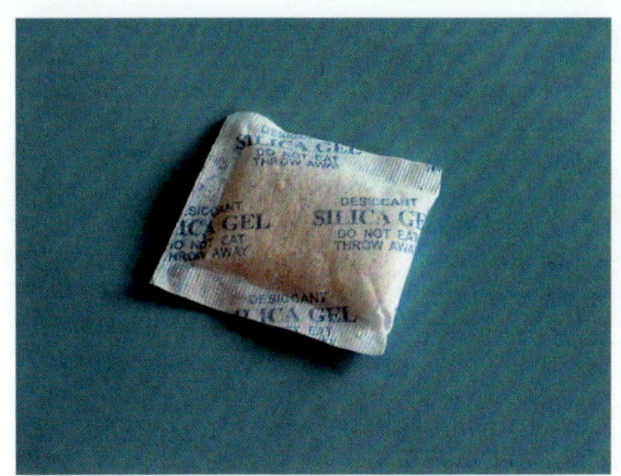

Solch ein Tütchen mit Kiesel- oder Silica-Gel nimmt die Feuchtigkeit der Luft auf und ist bei der Lagerung von Filamenten hilfreich. PVA sollte man nie ohne ein solches Tütchen, und nur in einer luftdichten Verpackung aufbewahren

(zum Teil zu 250 Gramm) lose geliefert. Dieses Filament sollte man dann zur besseren Handhabung auf vorhandene Leerspulen aufwickeln. Natürlich kann man sich auch passende Spulen oder andere Aufnahmebehälter selbst ausdrucken. Vorlagen gibt es dafür in den Downloadplattformen genug, wenn man nicht selbst konstruieren möchte. Legt man das lose Filament einfach so neben den Drucker, ist meist ein Verknoten vorprogrammiert, was zu einem Druckfehler führt. Und das ist gerade bei teuren Spezialmaterialien doppelt ärgerlich.

Auch wenn das Material auf Rollen geliefert wird, kann es beim Hantieren damit zu Verknotungen kommen. Achten Sie immer darauf, dass es sauber geführt ist, und befestigen Sie lose Enden nach dem Druck am besten an der Spule, zum Beispiel in den Löchern, die an den Spulen vorhanden sind.

Kunststoffe sind generell mehr oder weniger empfindlich gegen UV-Strahlung. Es kann daher nicht schaden, wenn man die Filamentspulen bei Nichtbenutzung dunkel aufbewahrt, beispielsweise in einem Schrank oder einem geeigneten Karton.

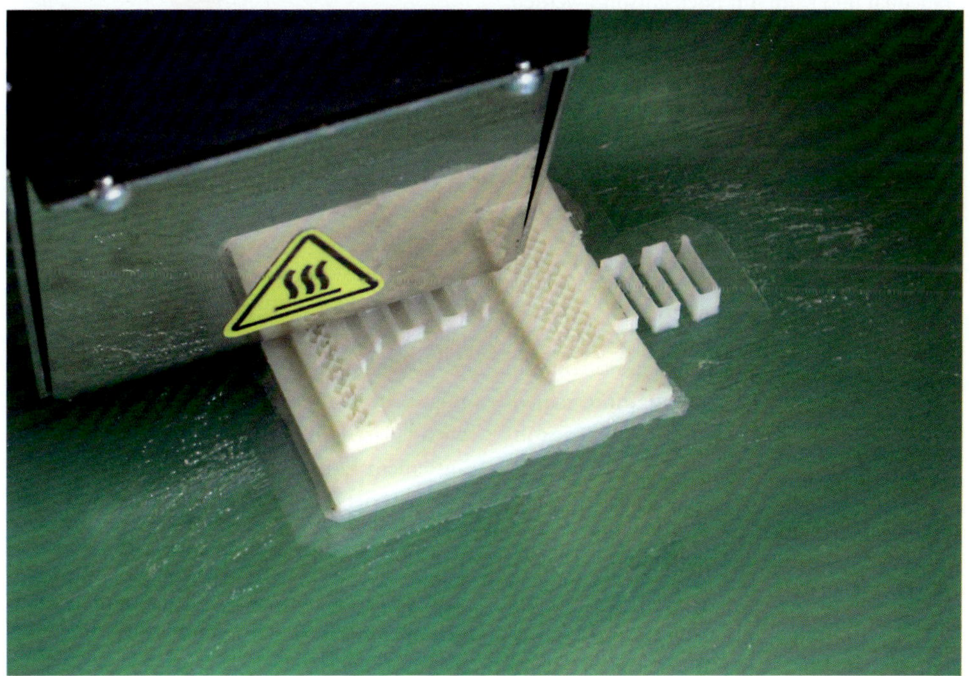

ABS lässt sich bei entsprechender Vorbereitung der Druckfläche und einem ausreichend leistungsstarken Heizbett gut drucken

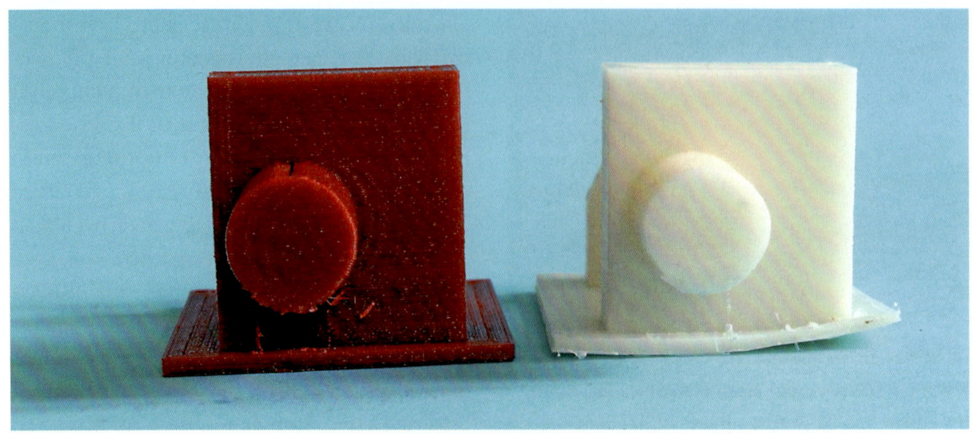

Das größte Problem bei der Verarbeitung von ABS ist seine starke Neigung zum Schrumpfen. Dies führt nicht nur zum Ablösen von der Druckplatte während des Druckens, sondern auch dazu, dass sich die gedruckten Teile verziehen können. Hier ein Beispiel eines Teils aus rotem PLA und weißem ABS

PVA ist ein ganz besonders schwierig zu lagernder Kunststoff, da er stark hygroskopisch, also wasseraufnehmend, ist. Liegt PVA einfach so an der Luft, ist er binnen kurzer Zeit unbrauchbar und kann nur noch entsorgt werden. Dieser Kunststoff muss daher immer luftdicht verpackt sein. Am besten geben Sie in die Verpackung noch ein kleines Tütchen mit Kieselgel, welches die Luftfeuchtigkeit bindet. Solch eine Vorsichtsmaßnahme kann auch in der Verpackung anderer Filamentsorten nicht schaden.

Extruder verfährt hoch und runter

Drucktisch verfährt vor- und rückwärts sowie seitwärts

Schema eines Druckes, bei dem der Tisch seitlich und vorwärts, der Extruder auf- und abwärts verfährt

Drucktechnik

Die Drucktechnik beruht bei den 3D-Heimdruckern immer auf dem gleichen Prinzip. Ein je nach Drucker und Einstellung unterschiedlich dicker Faden geschmolzenen Kunststoffs wird neben und übereinander in Schichten gelegt. So wird nach und nach ein kompaktes Werkstück erschaffen, da der heiße neue Faden den bereits liegenden anschmilzt und sich so fest mit diesem verbindet.

Somit benötigt ein 3D-Drucker immer einen „Druckkopf“, der aus einer beheizbaren Düse besteht, in die je nach Drucker unterschiedlich das Material in Form des fadenförmigen Kunststoffs (Filament genannt) gefördert wird. Diese Düse legt die Kunststofffäden nun auf einem Drucktisch ab. Um die Schichtung und die richtige Positionierung des Materials zu erreichen, gibt es nun zwei Möglichkeiten. Bei vielen Druckern bewegt sich der Drucktisch nach links und rechts. Nachdem eine Schicht gedruckt wurde, der Extruder mit der Düse um einen definierten Weg nach oben gefahren, um die nächste Schicht zu drucken. Die Alternative dazu ist, dass der Drucktisch selbst nach unten

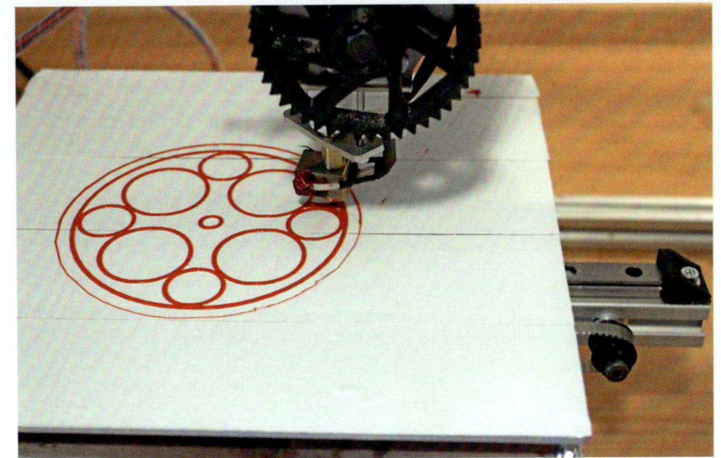

Der multec Multirap ist ein Beispiel für diese Technik. Gedruckt wird hier ein Ansteuerungsrad für Modellbauservos des Users NewtonRob von der Plattform Thingiverse

fährt, der Extruder mit der Düse also immer auf der gleichen Höhe bleibt.

Beide Systeme funktionieren gut und es hängt alleine von der technischen Ausführung (und der Bedienung) ab, wie genau die Drucker drucken.

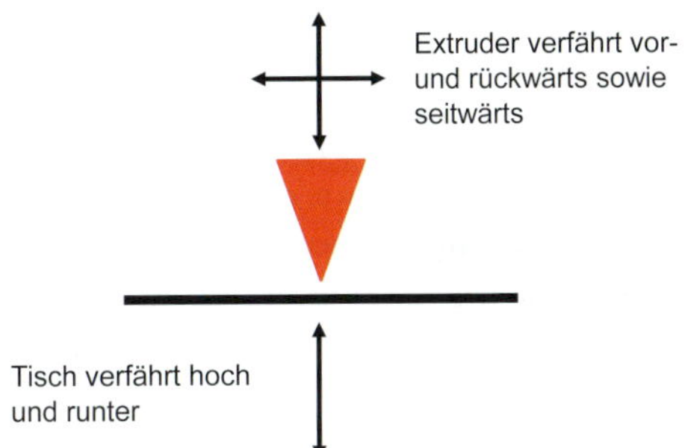

Schema eines Druckers bei dem der Druckkopf vorwärts und seitlich, der Tisch aber auf- und abwärts verfährt

Beim Easy3DMaker von 3Dfactories bleibt der Extruder auf einer Ebene, der Tisch bewegt sich von diesem weg

Software

Der beste und genaueste 3D-Drucker funktioniert ohne die richtigen Befehle durch den Computer nicht und wird kein sinnvolles Produkt zustande bringen. Ausnahme sind einige Drucker, bei denen die fertig aufbereiteten Daten von einer SD-Karte oder einem anderen Speichermedium direkt gedruckt werden. Doch 3D-Drucker benötigen nicht nur einfach zum Drucken selbst ein Programm, das ihnen die richtigen Befehle gibt. Schon vorab wird Software benötigt, mit der die zu druckenden Gegenstände konstruiert und aufbereitet werden. Deshalb fasse ich die hier vorgestellten Programme (ich erhebe hierbei keinerlei Anspruch auf Vollständigkeit, denn der Markt ist zu schnelllebig, um jede Software vorzustellen) in drei Kategorien zusammen: Konstruktion, Aufbereitung und Druckersteuerung.

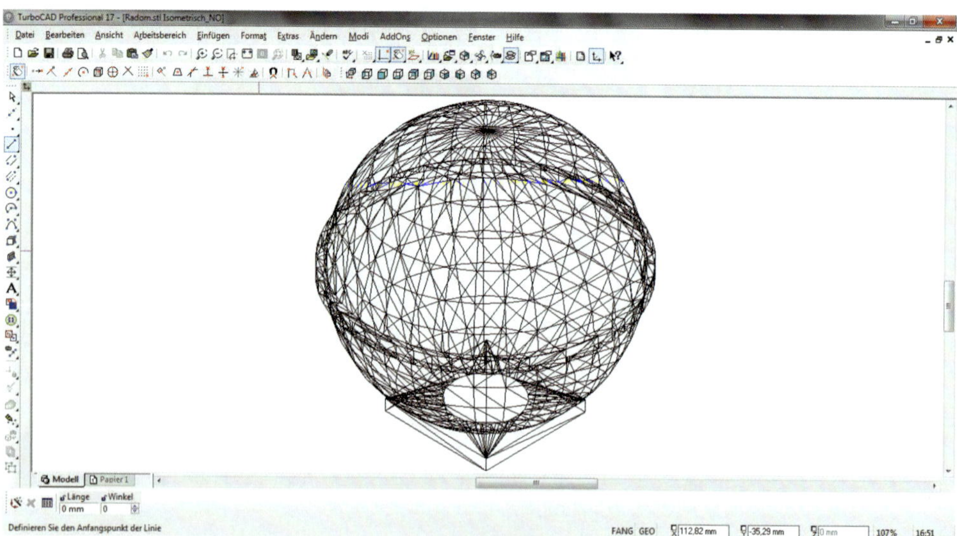

Bei dieser Zeichnung sind die Dreiecke gut zu erkennen, aus denen sich die Oberfläche des Objekts zusammensetzt

Konstruktion

Um ein Objekt ausdrucken zu können, muss man zunächst einmal eine Datei dieses Werkstücks als dreidimensionale Konstruktion besitzen. Je nachdem, was man machen möchte, können unterschiedliche Programme sinnvoll sein. Will man beispielsweise technische und maßhaltige Teile für den Haushalt oder den Modellbau konstruieren, kommt man um ein CAD-Programm fast nicht herum. Möchte man dagegen eher künstlerisch frei arbeiten und Modelle von Tieren oder Menschen drucken, so ist ein Programm, wie beispielsweise Blender, welches eigentlich für die Erstellung von Animationsfilmen entwickelt wurde, sinnvoll. Je nachdem, welches Programm man nutzen will, kann man hier eine Menge Geld ausgeben. Man kann aber auch auf freie oder kostengünstige Versionen verschiedener Programme ausweichen. So ist beispielsweise für den Hobbybereich in vielen Fällen eine ältere Version eines CAD-Programms sinnvoll, die es häufig zu sehr viel günstigeren Preisen als die aktuellen Versionen gibt.

Wichtig ist, dass bei den Programmen, mit denen Sie Ihre 3D-Modelle erstellen möchten, die Möglichkeit der Ausgabe im STL-Format gegeben, beziehungsweise diese in Form von Zusatzmodulen/Plug-Ins einzufügen ist. STL – dies steht für *Surface Tesselation Language*, manchmal auch übersetzt mit *Stereolithografie* oder verballhornt als „Stupid Triangels, lots of them" – ist die allgemein übliche Dateiform für dreidimensionale Konstruktionen. Bei diesem Dateiformat werden die Oberflächen durch Dreiecke dargestellt. Je mehr Dreiecke hierfür verwendet werden, umso feiner werden beispielsweise Rundungen etc. dargestellt, dafür sind die entsprechenden Dateien aber auch umso größer.

Allen Programmen, mit denen dreidimensionales Konstruieren möglich ist, ist eines gemein: einfach in der Bedienung sind sie nicht. So bedarf es schon einiger Beschäftigung mit den Programmen, um ein sinnvolles Ergebnis zu erreichen. Vor allem ist ein sehr gutes räumliches Vorstellungsvermögen unabdingbar, um mit einem PC eine dreidimensionale Zeichnung zu erstellen.

CAD

Für die meisten technischen Konstruktionen dürfte ein CAD-Programm die beste Wahl sein. Nun kann man für die aktuelle Version eines professionellen CAD-Programms leicht einen vier- zum Teil sogar fünfstelligen Betrag bezahlen. Neben einigen einfachen kostenlosen CAD-Programmen gibt es aber auch immer ältere Versionen dieser Programme, die zum Teil für unter einhundert Euro zu erwerben sind. Beispielsweise kostete das hier von mir verwendete Programm TurboCAD Pro in der Version 17 99 €, während für die aktuelle Version 19 um die 1.000 € zu bezahlen waren. Die Unterschiede in den Versionen sind für den Heimanwender kaum relevant.

Bei CAD-Programmen ist die Vorgehensweise einer dreidimensionalen Konstruktion immer ähnlich. Es werden verschiedene 3D-Objekte wie Quader, Kugeln und Zylinder miteinander verschmolzen beziehungsweise voneinander abgezogen. Verschmilzt man beispielsweise einen Quader mit einem Zylinder in der Längsachse, so erhält man einen länglichen Kasten, an dem ein Stück Rundmaterial angesetzt ist. Zieht man den Zylinder vom Quader ab, so erhält man einen Kasten, durch den ein rundes Loch verläuft. Als praktisches Beispiel hier die schrittweise Konstruktion eines Halters für einen Gartenschlauch in TurboCAD 17 Pro.

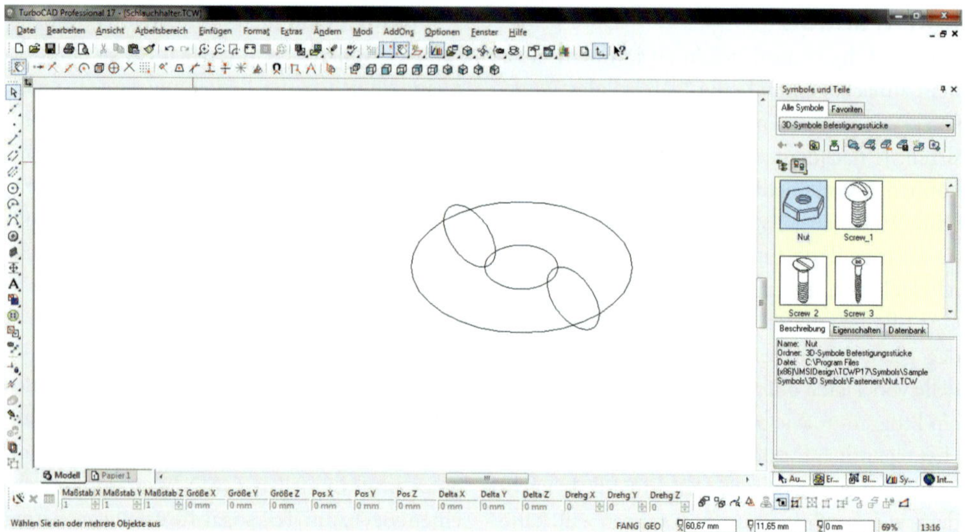

Beispiel einer CAD-Konstruktion. Ziel ist ein Halter, der einen Gartenschlauch an einem Zaun führt. Zunächst beginnt man mit dem (schwer zu erkennenden) Drahtmodell eines Ringes, der den Schlauch führt

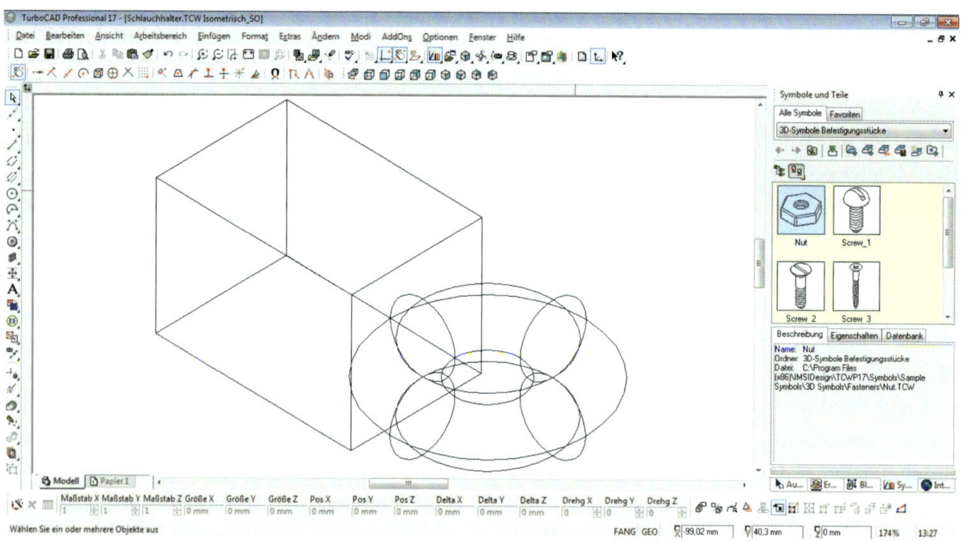

Dazu wird ein Klotz in Form eines Quaders gezeichnet, der den Ring am Zaunpfahl befestigten soll

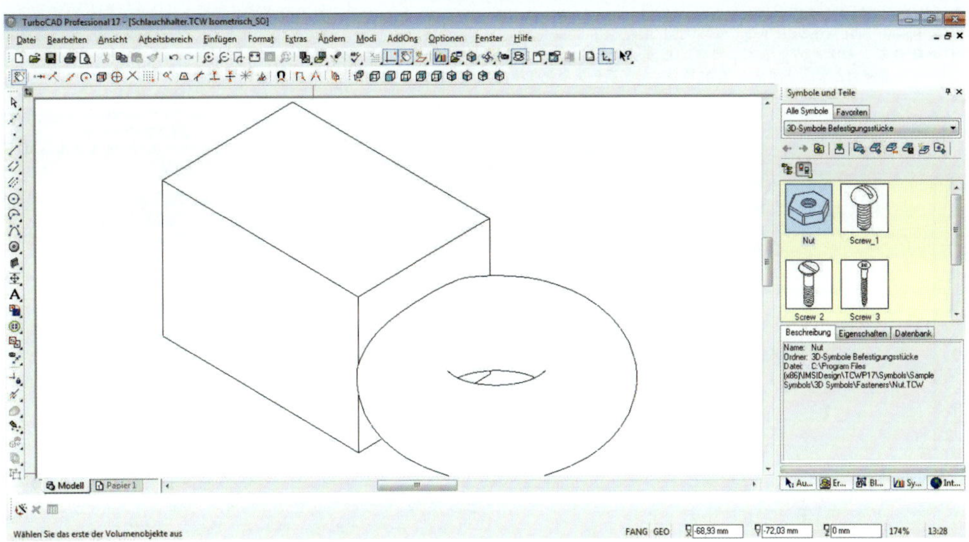

Beide Teile werden miteinander verschmolzen und somit verbunden

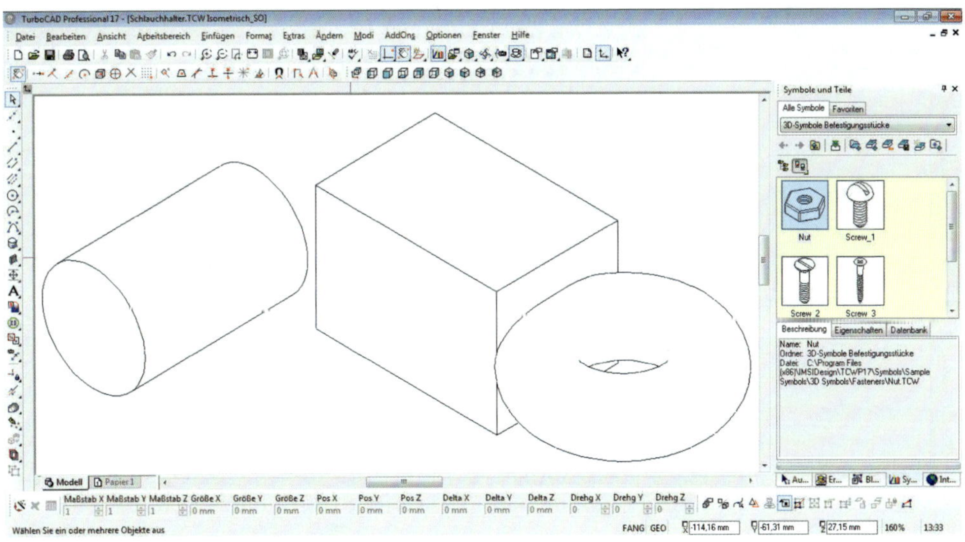

Um den Quader am Zaunpfahl befestigen zu können, benötigt er ein entsprechendes Loch. Hier zeichnet einen Zylinder mit dem Durchmesser des Zaunpfahls …

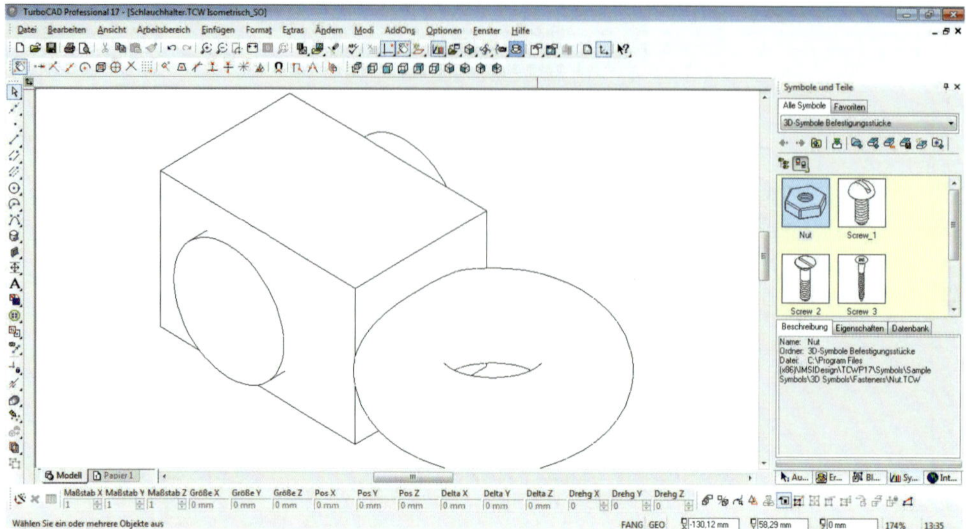

... positioniert ihn im Quader ...

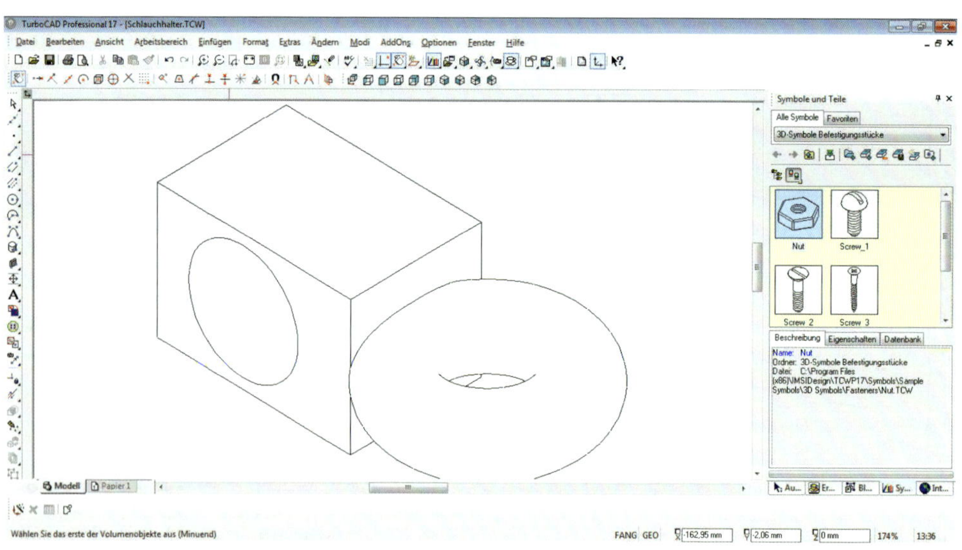

... und entfernt sein Volumen aus dem Quader, es entsteht das gewünschte Loch

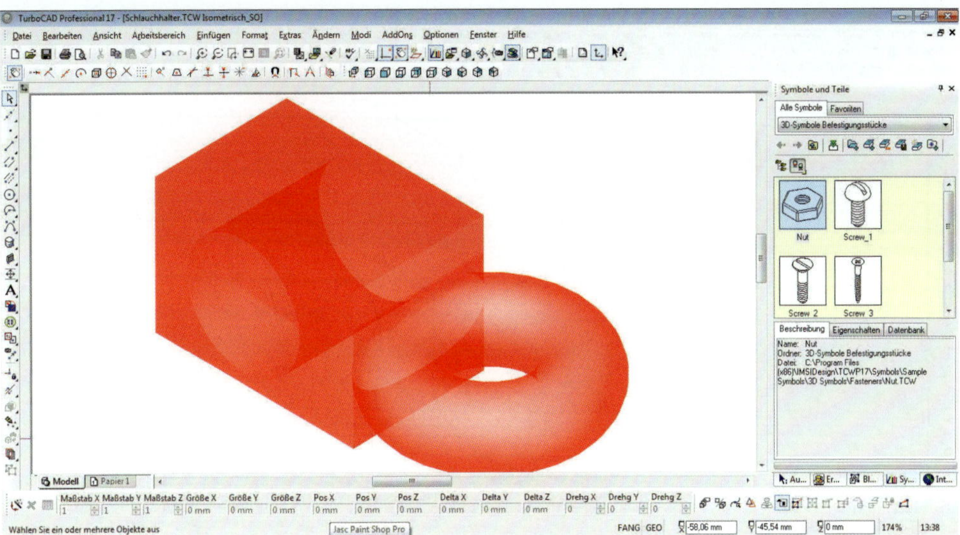

Wenn man das Objekt rendert, ihm also die entsprechende Farbe und Oberfläche zuordnet, können man sich das fertige Produkt schon fast vorstellen

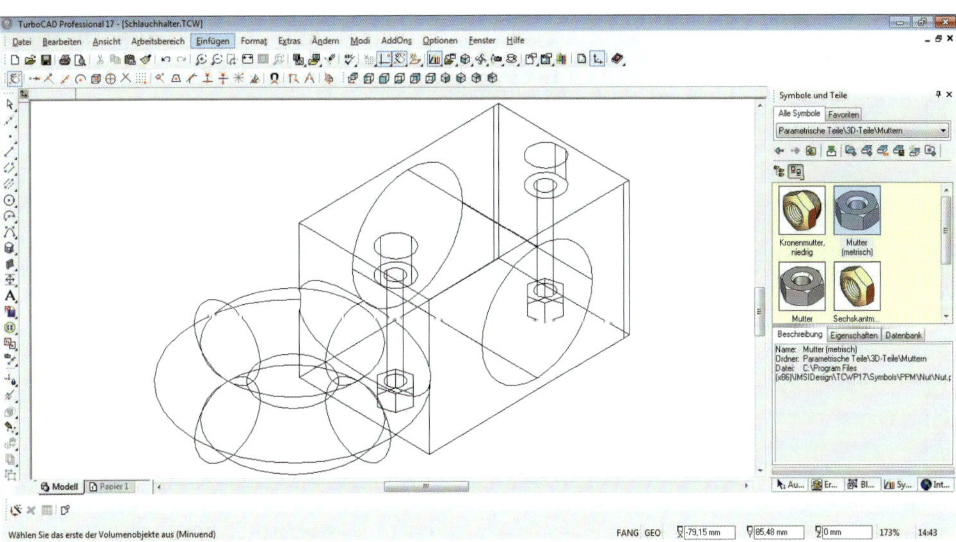

Jetzt wird der Klotz noch mit den entsprechenden Bohrungen sowie Aufnahmen für Schraubenköpfe und Muttern versehen

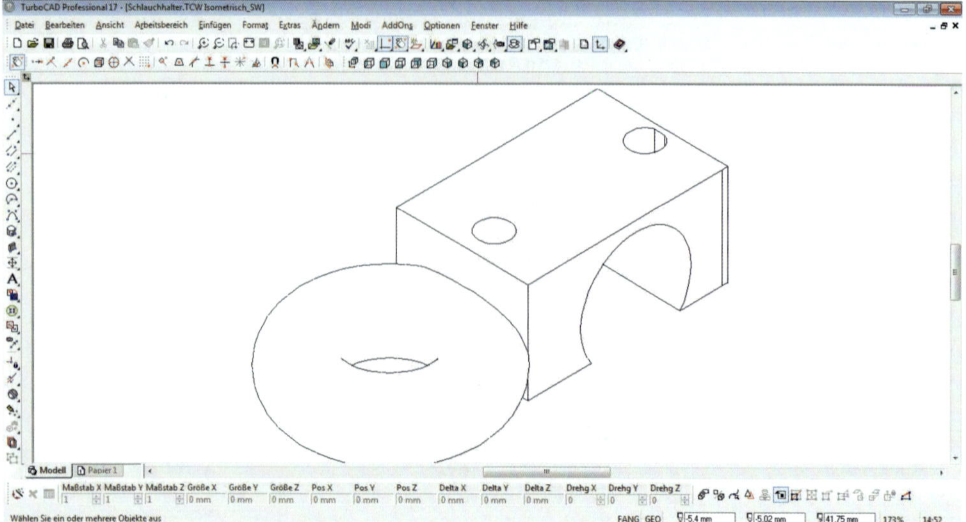

Um den Halter befestigten zu können, muss ein Teil des Quaders abnehmbar sein. CAD-Programme bieten hier die Möglichkeit, Schnitte an gewünschter Stelle durch das Objekt vorzunehmen. So erhalten wir ein Hauptteil des Schlauchhalters …

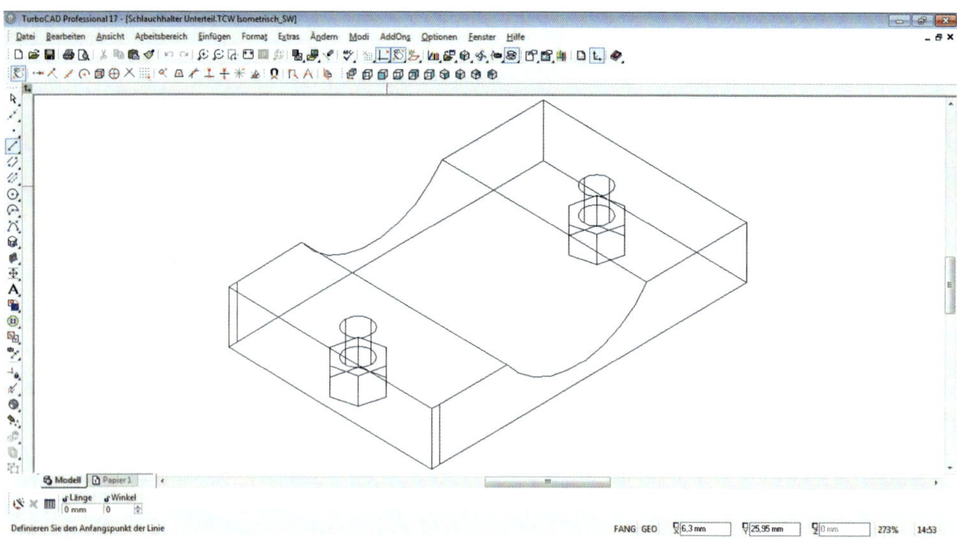

… und ein kleineres Teil, um ihn befestigen zu können

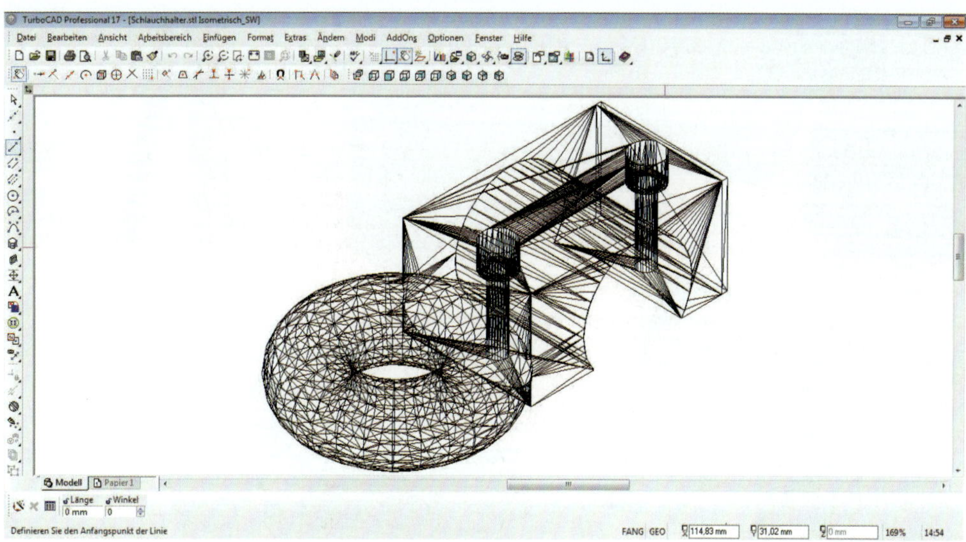

Nach der Umwandlung in eine STL-Datei sieht das Ganze dann so aus

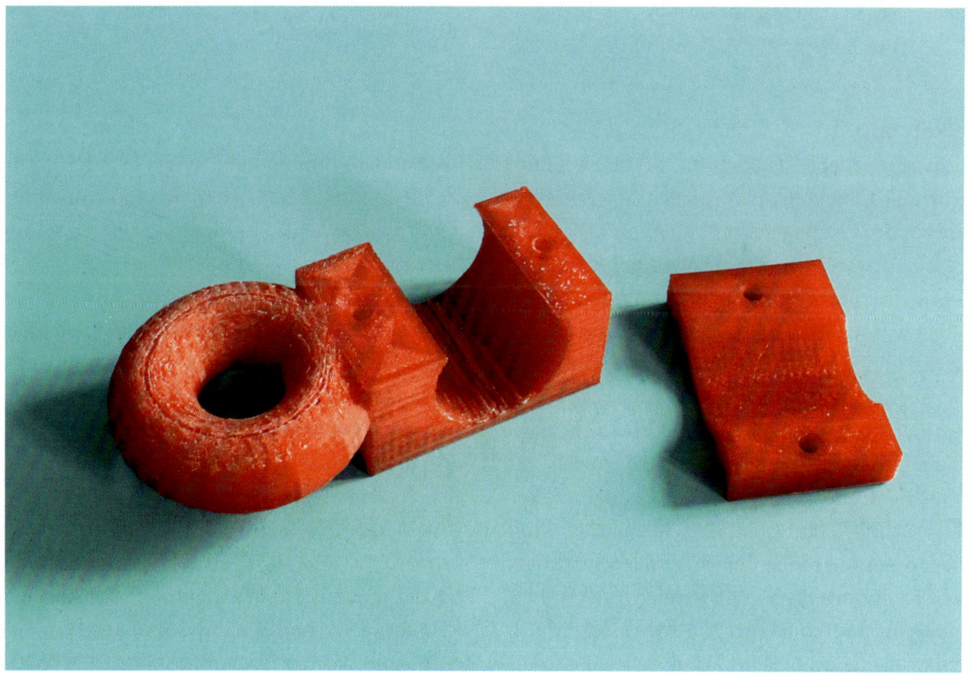

Und nach dem Druck so

Der Schlauchhalter im Einsatz

Sketchup

Ein sehr beliebtes Programm für die Erstellung von 3D-Objekten auch für den 3D-Druck ist das in der Grundversion kostenlose Programm Sketchup, welches vor allem in der Zeit als es vom Internetriesen Google zur Verfügung gestellt wurde, als Google Sketchup sehr viele Fans fand. In der Zwischenzeit wurde Sketchup zwar weiterverkauft, die Grundversion ist aber noch immer kostenlos und findet sich unter www sketchup.com. Trotz des Verkaufs existiert auf Google immer noch sehr viel Material zu Sketchup. Interessant sind auch die vielen Plug-Ins, die zum großen Teil von einer sehr aktiven User-Community erstellt werden. Sie ermöglichen bzw. vereinfachen viel Arbeitsschritte, so kann Sketchup in der Grundversion beispielsweise keine STL-Dateien exportieren. Mithilfe eines entsprechenden Plug-Ins ist dies aber problemlos (je nach Plug-In auch mit Umwegen über andere Programme) möglich. Auch fertige 3D-Modelle zum kostenlosen Download für den Privatanwender werden in großer Zahl im Netz angeboten.

Im Folgenden nun eine kurze Anwendung von Sketchup bei der Konstruktion eines einfachen Hauses, Verfeinerungen sind hier natürlich bis in kleinste Details möglich. Auch Sketchup arbeitet – wie ein „echtes“ CAD-Programm – mit der Verschmelzung und der Entfernung verschiedener geometrischer Körper mit- bzw. voneinander. Es ermöglicht jedoch ein etwas intuitiveres und weniger abstraktes Arbeiten als die meisten CAD-Programme, so können Rechtecke, Kreise etc. durch sogenanntes „Drücken“ und „Ziehen“ in Volumenkörper verwandelt werden. Durch die anschaulichere optische Darstellung fällt es vielen Nutzern hier auch leichter, sich das fertige Objekt vorzustellen.

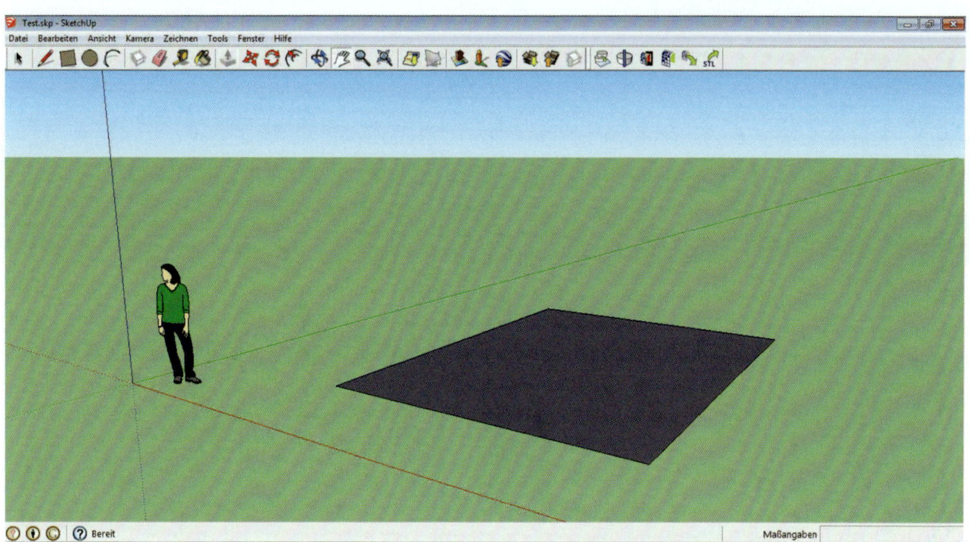

Beispiel einer Konstruktion in Sketchup. Als Basis für ein zu zeichnendes Haus wird die Grundfläche gezeichnet …

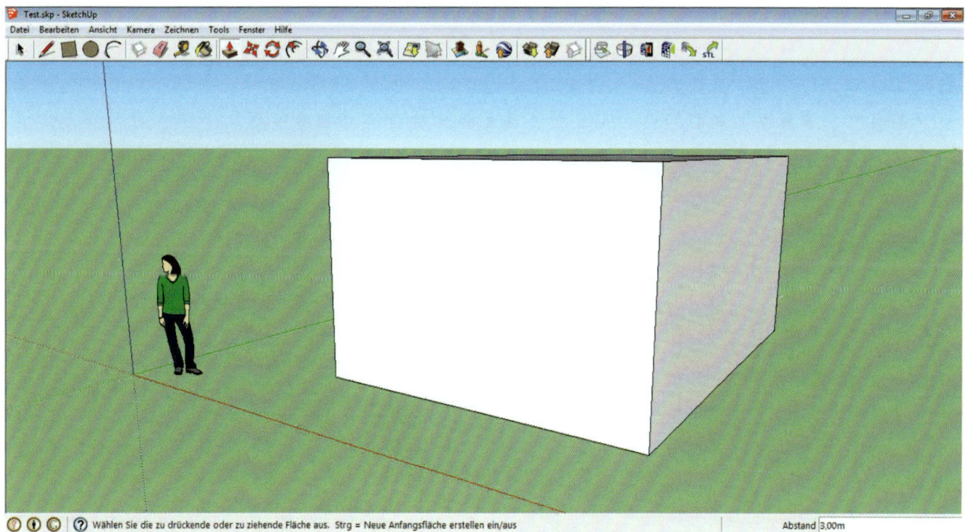

… und nach oben in die Höhe gezogen

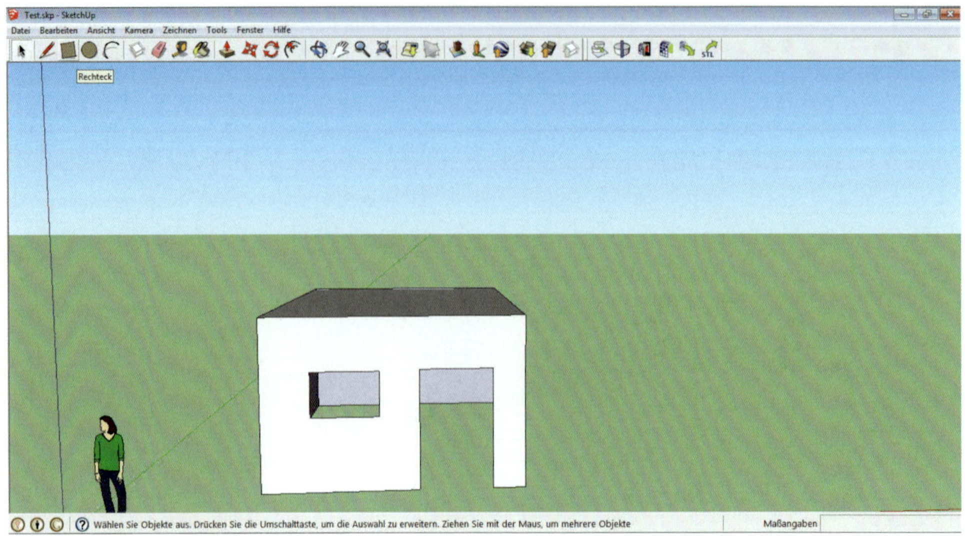

In die Wände werden weitere Rechtecke als Fenster und Türen gezeichnet und von den Wänden entfernt, sodass die entsprechenden Öffnungen entstehen

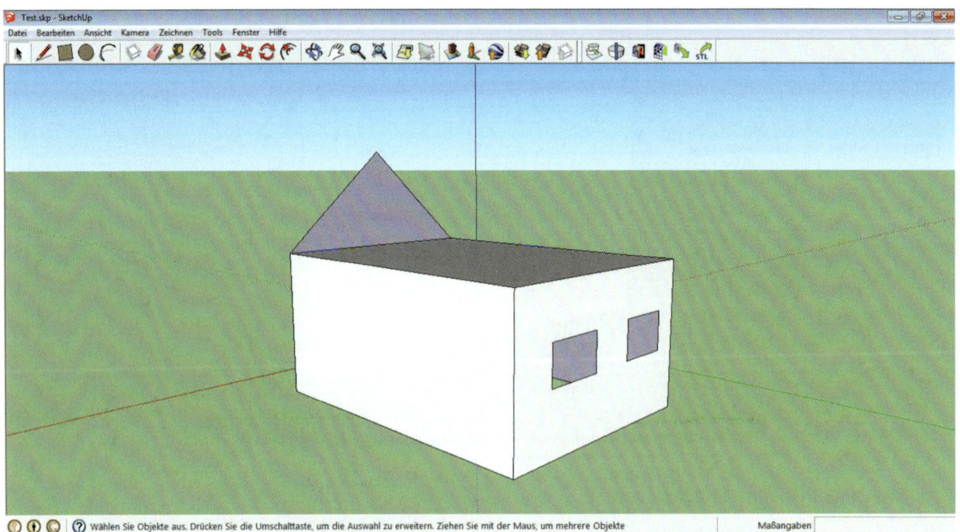

Anschließend wird der Giebel konstruiert …

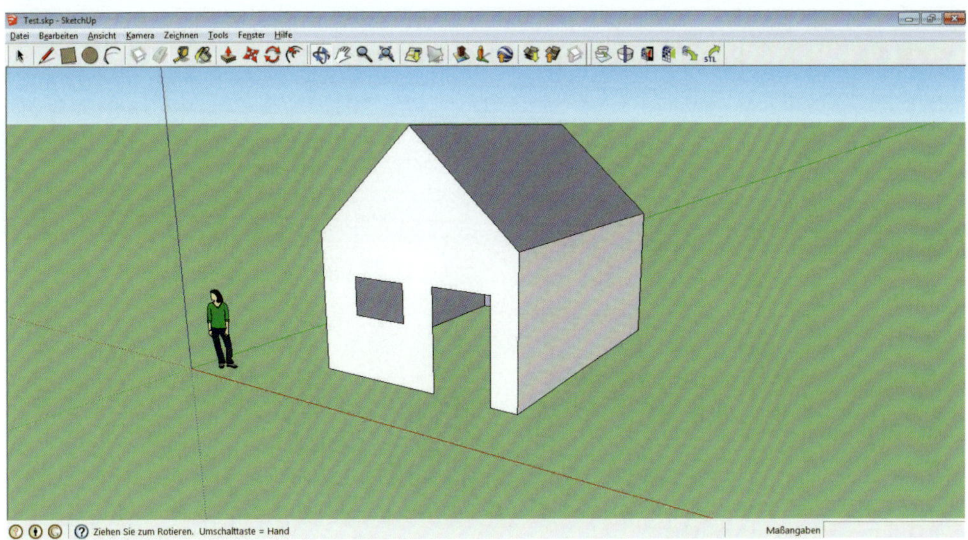

... und wiederum durch das Ziehen nach hinten das komplette Dach aufgesetzt

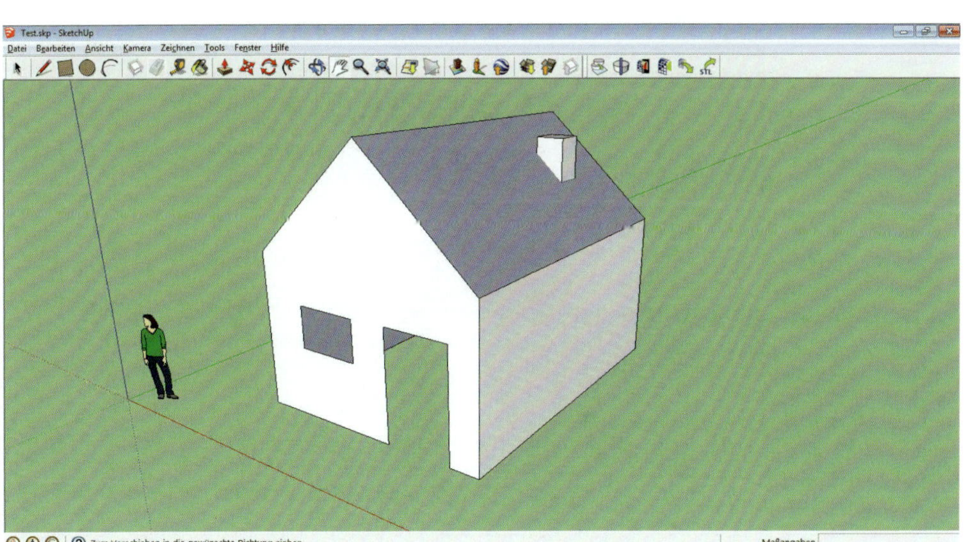

Anschließend erfolgen noch Verschönerungen wie ein Schornstein

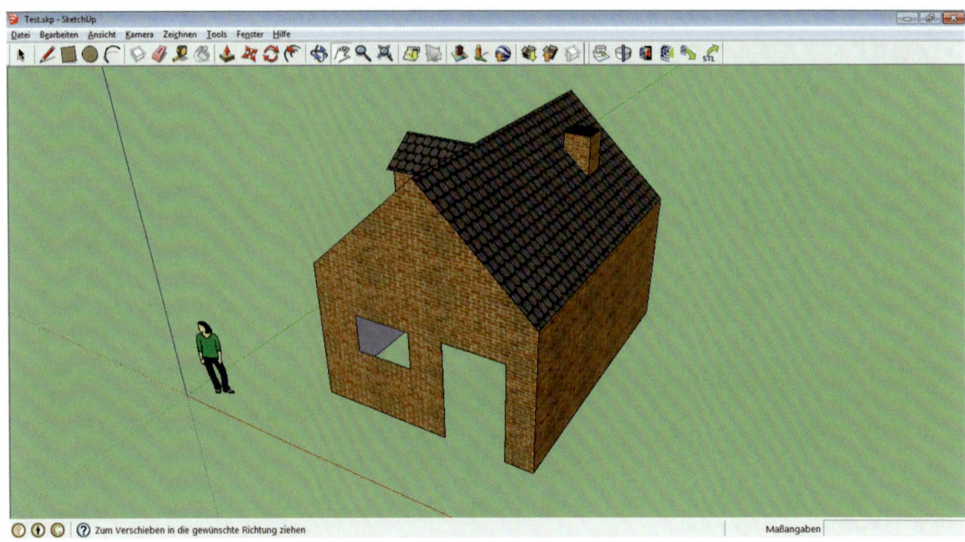

Wer mag kann in Sketchup den jeweiligen Flächen sehr einfach entsprechende Oberflächentexturen zuweisen

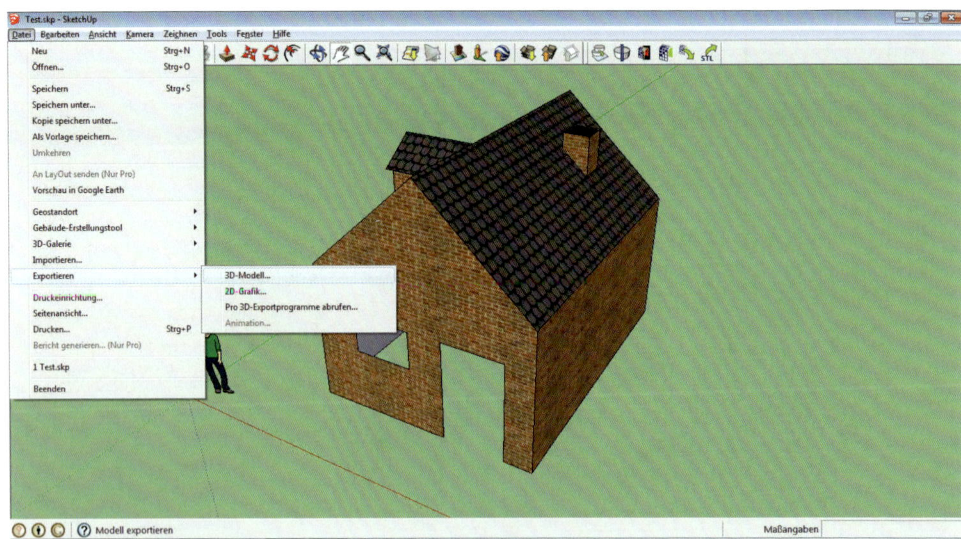

Zur Umwandlung in eine STL-Datei kann man nun eines der angebotenen Plug-Ins für Sketchup verwenden oder aber den Weg über ein weiteres Programm wie Blender (siehe nächsten Abschnitt) gehen. Dazu wird eine 3D-Datei erzeugt, ...

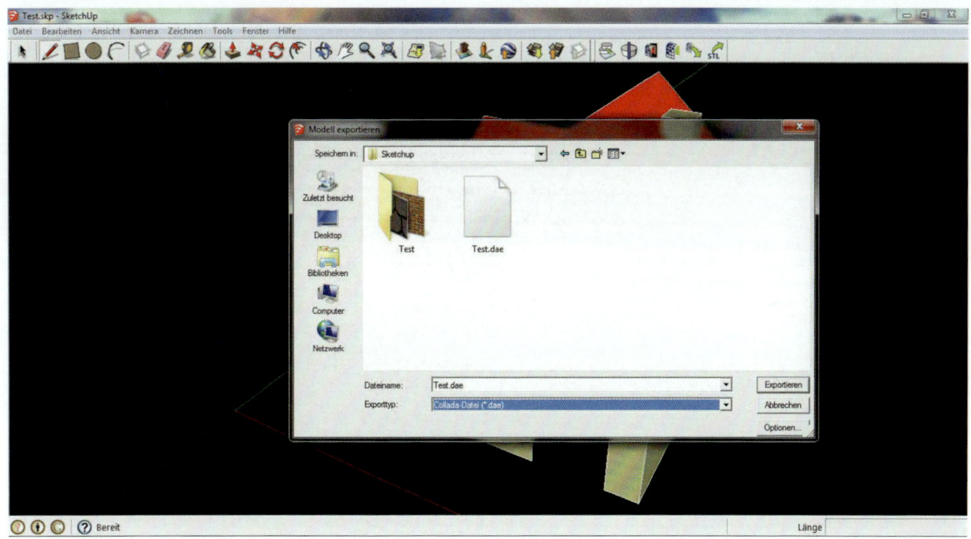

… zum Import in Blender wird in diesem Beispiel das Collada-Format gewählt, …

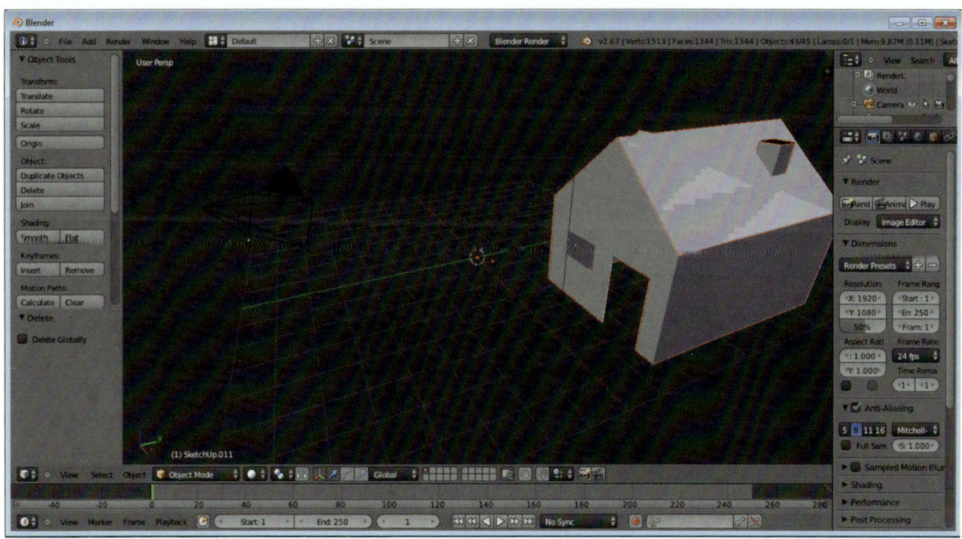

… und in Blender importiert

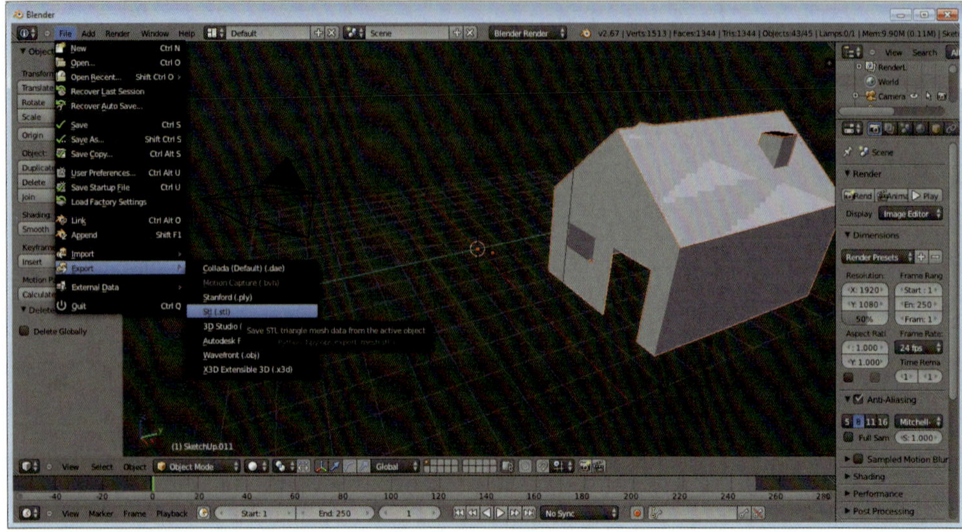

Aus Blender kann dann wieder eine STL-Datei exportiert werden, die man für den 3D-Druck vorbereiten kann

Das fertige Häuschen ausgedruckt

Blender

Kommen wir zu einem dritten Programm, welches sich allerdings nicht nur zur direkten Konstruktion eignet, sondern auch sehr gut für die Umwandlung verschiedener 3D-Formate in druckbare STL-Dateien verwendet werden kann.

Es handelt sich dabei um das ebenfalls kostenlos erhältliche Blender (www.blender.org). Ursprünglich wurde dieses Programm für die Erstellung von 3D-Animationen entwickelt und besitzt einen enormen Funktionsumfang, der für den Einsteiger zunächst verwirrend ist. Es gibt aber sowohl im Netz sehr gute kostenlose Tutorials, als auch Fachliteratur zum Thema, die hier Hilfestellung leisten. Für den 3D-Druck werden zudem nur sehr begrenzt die Funktionen des Programms ausgereizt, sodass man sich für diese Anwendungen nur mit einem geringeren Teil der Befehle beschäftigen muss. In der vorherigen Bilderserie haben wir bereits gesehen, wie Dateien mit Blender umgewandelt werden können.

Hier nun ein kleines Beispiel, wie in Blender ein einfaches Modell erstellt werden kann. Nutzern von Blender wird Gus der Lebkuchenmann aus einem Tutorial sicherlich bekannt vorkommen …

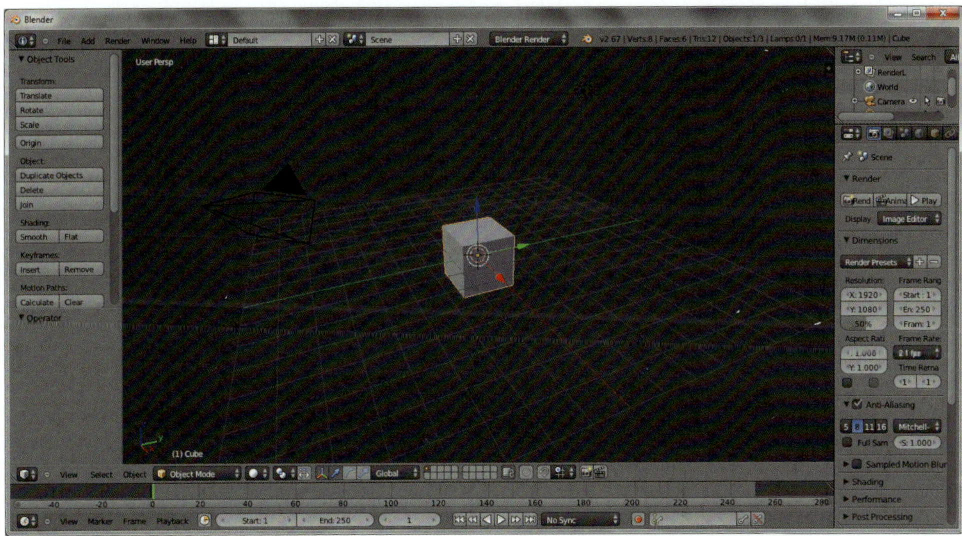

Auf den ersten Blick ist die Oberfläche von Blender verwirrend. Hat man sich aber in das Programm – bzw. die für unsere Zwecke wenigen benötigten Punkte – eingearbeitet, so fällt auch hiermit das Arbeiten leicht

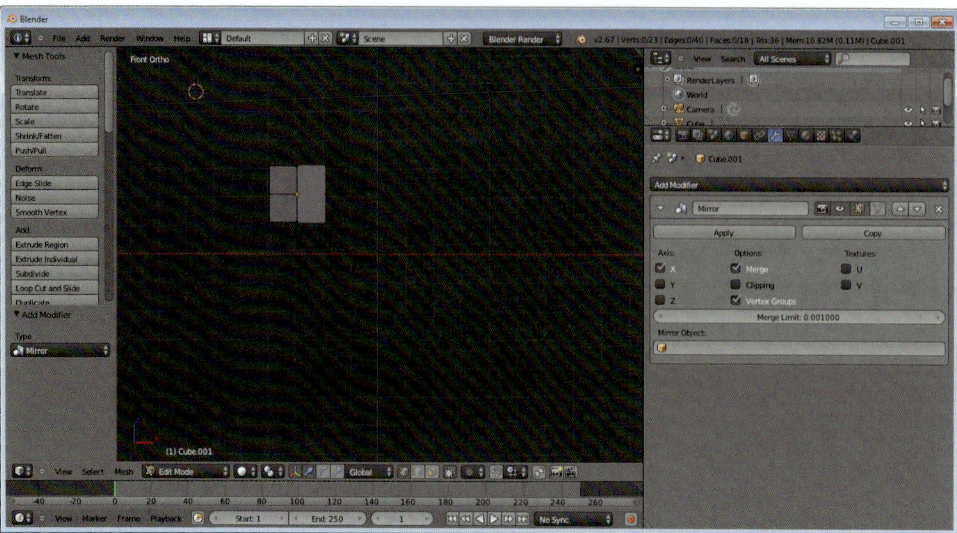

Noch schwer vorstellbar, aber aus diesem Kästchen wird einmal ein Lebkuchenmann namens Gus

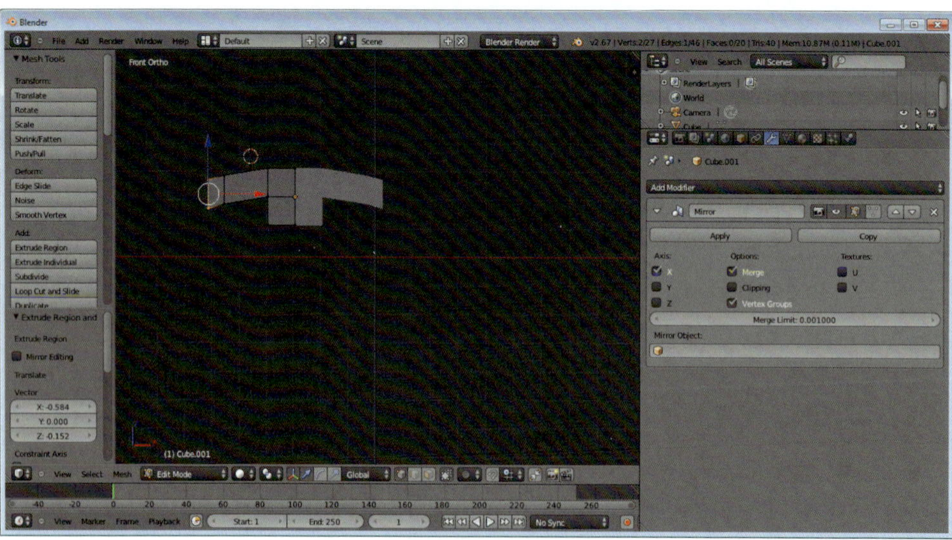

Die Kästchen werden so verschoben, dass sich Arme …

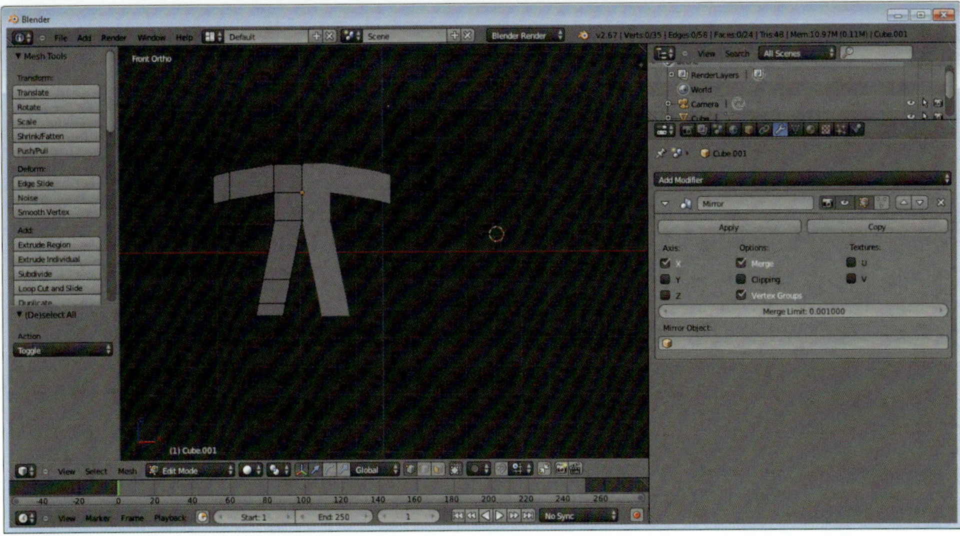

… und Beine ergeben

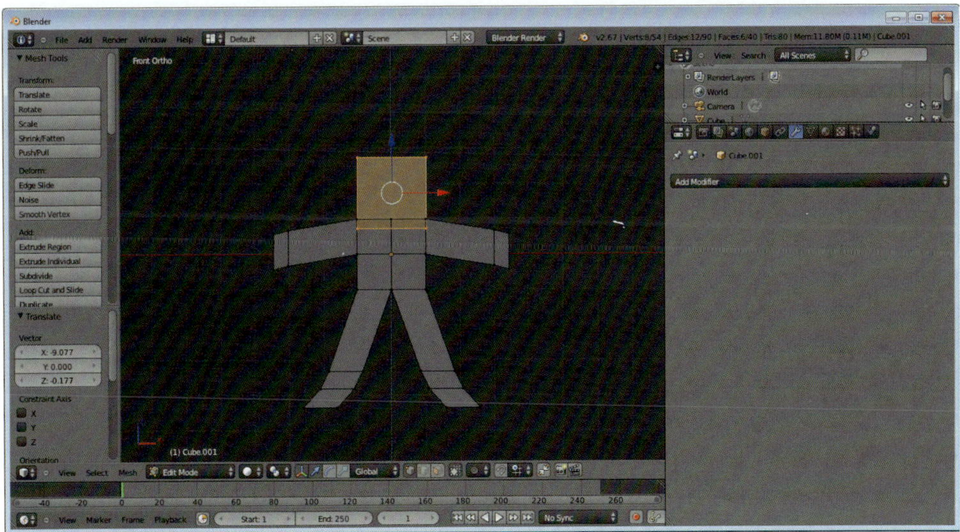

Ein weiteres Kästchen wird als Kopf angesetzt …

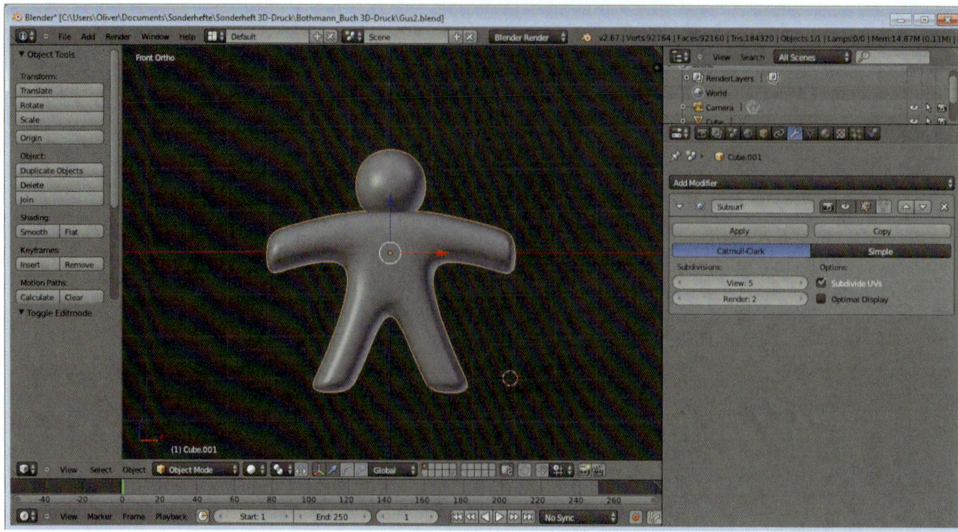

… und wie der ganze Körper abgerundet, um organischere Formen zu erhalten

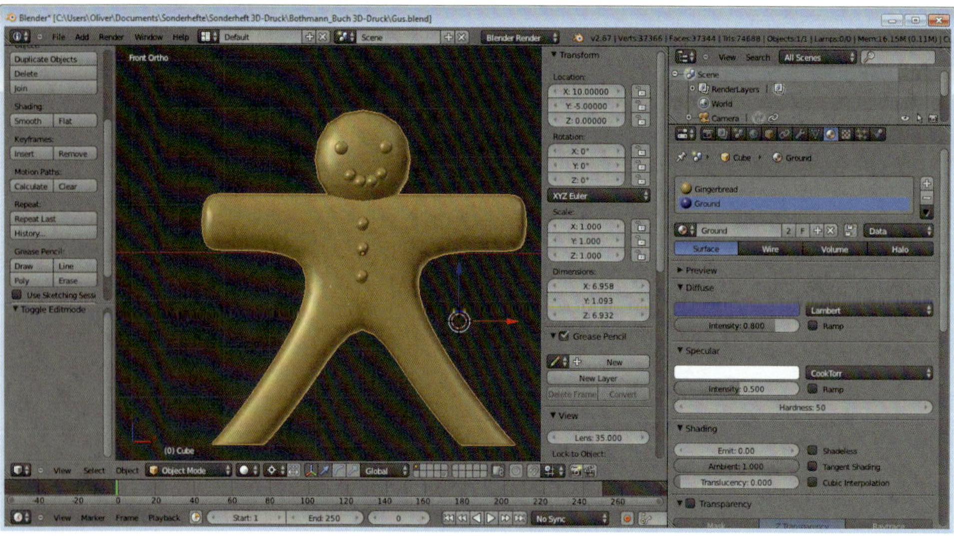

Noch eine ansprechende Oberfläche (die muss für eine Druckdatei natürlich nicht sein) und ein paar Details machen den Lebkuchenmann attraktiver

Zwei Exemplare von Gus in unterschiedlichen Farben gedruckt

Weitere Programme in Kurzvorstellung

Da man eigentlich „nur" eine STL-Datei benötigt, um etwas auf dem heimischen 3D-Drucker auszudrucken, gibt es eine Fülle an Möglichkeiten und Programmen, mit denen man diese Dateien erstellen kann. Mit den drei oben beschriebenen habe ich selbst Erfahrungen gemacht, dies ist bei den anderen hier angegebenen Programmen nicht unbedingt so. Mit diesen können aber genauso gute (vielleicht sogar noch bessere?) Dateien erstellt werden. Vieles ist hierbei aber auch eine Geschmacks- oder Gewöhnungssache. Einige Beispiele für weitere Programme – ohne Anspruch auf Vollständigkeit – sollen hier angegeben werden. Beim Stöbern im Netz stößt man aber ständig auf neue Programme oder Projekte, welche mal mehr, mal weniger gelungen sind. Bevor man sich solch ein Programm herunterlädt, sollte man aber auch immer darauf achten, ob sofort oder später Kosten entstehen. Und es ist selbstverständlich, dass man mit entsprechender Virensoftware etc. solche Programme vor der Installation überprüft.

CAD-Programme

Bei vielen CAD-Programmen – auch professionellen – sind ältere Versionen meist recht kostengünstig zu bekommen. Häufig werden diese von Zweitverwertern noch längere Zeit angeboten, teilweise auch in Softwarepaketen, die man günstig erstehen kann.

Zwei günstige bzw. kostenlose CAD-Programme, die recht weit verbreitet sind, sind die folgenden.

- **FreeCAD**: kostenloses Open Source Projekt eines CAD-Programms mit großem Funktionsumfang. > www.freecadweb.org
- **ViaCAD**: recht günstiges CAD-Programm mit vielen Funktionen. > www.viacad.avanquest.com

3D-Modellierungsprogramme

Bei den Programmen für die 3D-Modellierung ist das Angebot – auch an günstiger und kostenloser – Software nahezu schon unüberschaubar. Trotzdem sollen hier einige Programme aufgeführt werden.

- **123D**: Mit der Produktreihe 123D hat das Unternehmen Autodesk (auch bekannt unter anderem durch das professionelle CAD-Programm AutoCAD) verschiedene Programme für die 3D-Modellierung und die Bearbeitung solcher Programme entwickelt und stellt diese in der Grundversion kostenlos zur Verfügung. > www.123dapp.com
- **Art of Illusion**: kostenloses Open Source Projekt, mit dem hervorragende 3D-Grafiken erstellt werden können. Schön sind auch die zahlreichen Tutorials, die zu diesem Programm verfügbar sind. > www.artofillusion.org

Drucken, ohne selbst zu konstruieren

Sie haben einen 3D-Drucker aber keine Lust oder keine Zeit selbst zu konstruieren? Auch das ist kein Problem und Ihnen werden die Druckobjekte nicht ausgehen! „Schuld" daran sind die verschiedensten Plattformen, von denen man fertige 3D-Modelle – oft schon im STL-Format – downloaden kann.

Die Vielfalt ist hier immens. Ob Schmuckstück oder Blumenvase, Ersatzteil für das Handy oder Spielzeug für die Kinder – es gibt hier (fast) nichts, was es nicht gibt. Der eigene 3D-Drucker wird so sogar ohne eigene Konstruktionen genug zu tun bekommen.

Eines aber bitte nicht vergessen: Die Fairness. Die Modelle werden beispielsweise bei Thingiverse für den Privatanwender von anderen Nutzern kostenlos zur Verfügung gestellt. Wenn Sie ein solches Modell also verwenden, dürfen Sie dies nur für Ihre privaten Zwecke tun. Zum Verkauf sind die Modelle nicht ge-

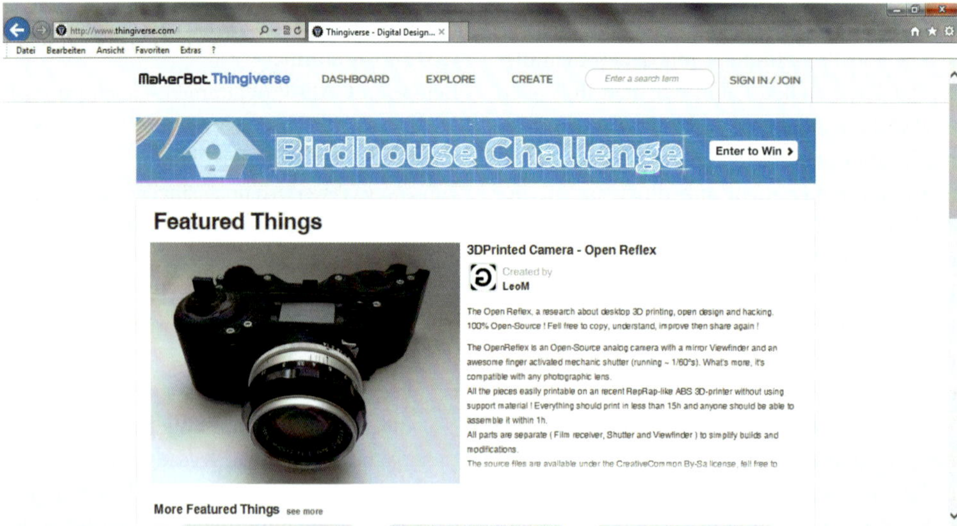

Screenshot der Startseite von Thingiverse, einer hervorragenden Austauschplattform für 3D-Modelle zum Ausdruck (Quelle: thingiverse.com)

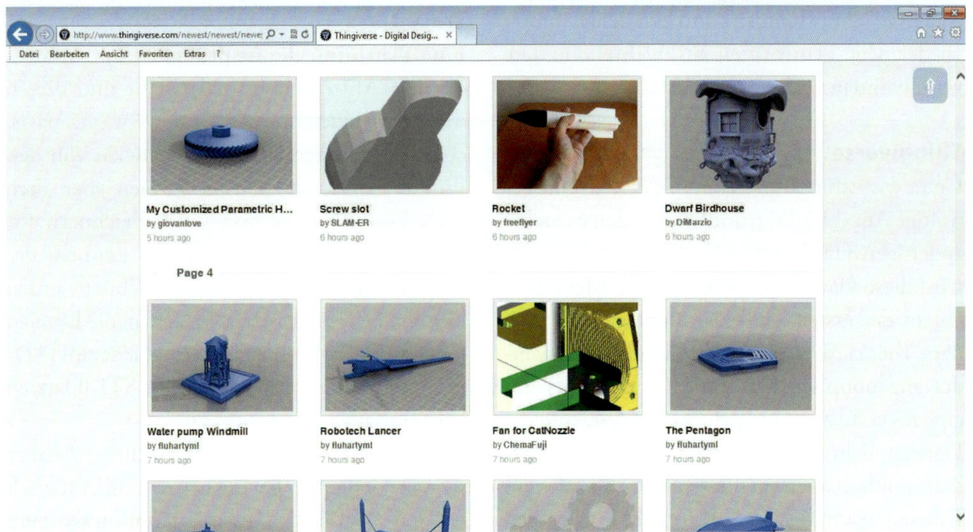

Nahezu minütlich kommen auf Thingiverse neue Modelle dazu (Quelle: thingiverse.com)

dacht! Und bitte schmücken Sie sich auch nicht mit fremden Federn, indem Sie solche Konstruktionen als Ihre eigenen ausgeben. Zumal dies insbesondere bei Dateien von professionellen Plattformen durchaus auch rechtliche Konsequenzen haben kann.

Wie im Internet üblich sollte man beim Download von Dateien sehr gründlich die Nutzungsbedingungen durchlesen und allgemein auf Fallen achten.

Hier kann nur eine Auswahl solcher Seiten angegeben werden, denn auch hier ist die Ent-

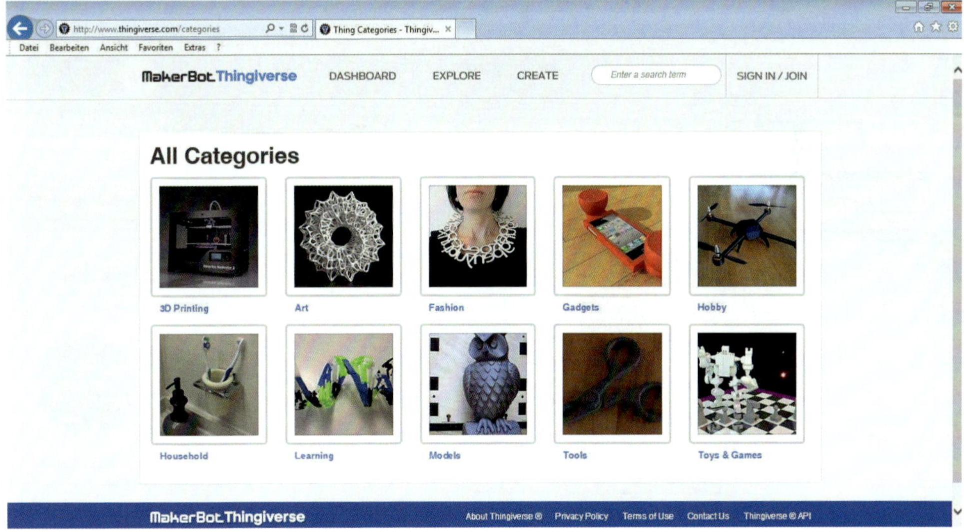

In verschiedenen Kategorien kann auf Thingiverse nach Druckdateien gesucht werden (Quelle: thingiverse.com)

wicklung sehr dynamisch und es tauchen immer wieder neue Plattformen auf, während andere verschwinden.

Thingiverse

Unter www.thingiverse.com findet man eine gewaltige Anzahl (und stündlich werden es mehr) an fertigen STL-Dateien. Zur Verfügung gestellt wird diese Plattform von der Firma Makerbot, einem der ersten Unternehmen, welches sich dem Thema 3D-Drucker für den Heimanwender angenommen hat. Da es sich hierbei um eine reine Austauschplattform handelt, sind die Dateien nicht nur thematisch sehr unterschiedlich, sondern auch qualitativ. Neben perfekten Dateien, die man lediglich noch in den für den Drucker lesbaren Code umwandeln muss und ausdrucken kann, finden sich auch technisch nicht ganz ausgereifte Dateien, die einer gründlichen Überarbeitung bedürfen, bevor man sie nutzen kann.

Traceparts

Eine Plattform, die ursprünglich für professionelle CAD-Zeichner gedacht ist und diesen die Arbeit erleichtern soll ist www.traceparts.com. Hier finden sich CAD-Dateien von den Produkten verschiedenster Firmen aber auch DIN-Produkte, die von CAD-Zeichnern für ihre Arbeiten verwendet werden können, damit diese nicht speziell nachgezeichnet werden müssen. Sehr praktisch ist, dass man die Dateien im passenden Format für verschiedene CAD-Programme aber auch gleich als STL-Dateien herunterladen kann.

Die Seite verlangt eine Anmeldung, die aber schnell erledigt ist. Da die Dateien nicht speziell für den 3D-Druck konzipiert sind, muss man hier durchaus testen, ob sie dafür geeignet sind.

GrabCAD

Ebenso wie Traceparts ist auch GrabCAD eine Sammlung sehr hochwertiger 3D-Dateien in den verschiedensten Formaten. Die Modelle ind hierbei zum großen Teil sehr aufwendig

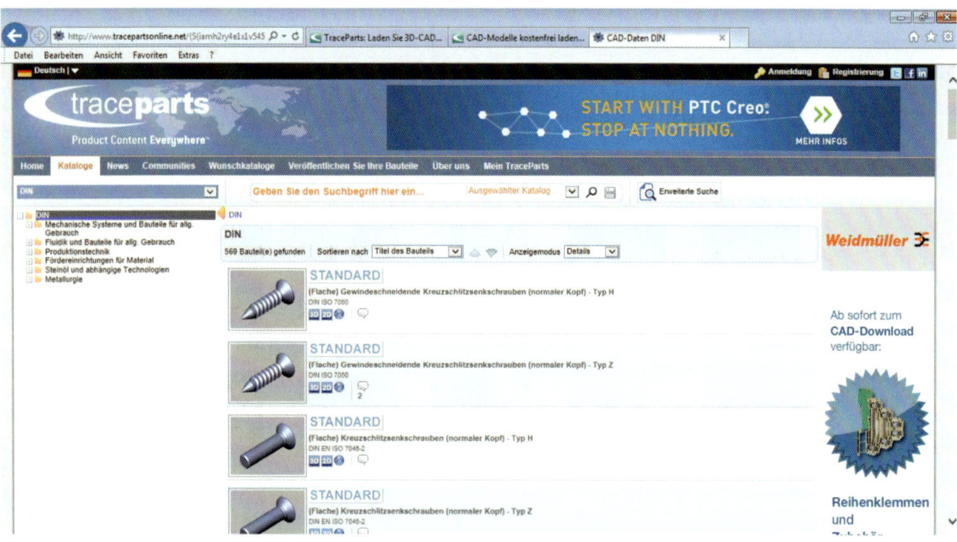

Traceparts bietet eine Vielzahl an 3D-CAD-Dateien aus den verschiedensten Bereichen (Quelle: traceparts.com)

Qualitativ hochwertige 3D-Dateien findet man ebenfalls auf GrabCAD (Quelle: grabcad.com)

ausgearbeitet und für die unterschiedlichsten Anwendungen sehr interessant.

Weitere Plattformen

Es existiert noch eine Vielzahl weiterer Plattformen, auf denen 3D-Modelle ausgetauscht werden. Die Qualität der Modelle – und auch der Plattformen selbst – ist dabei sehr unterschiedlich und nur ein Teil der Dateien überhaupt für den Druck geeignet. Häufig muss auf jeden Fall stark nachgearbeitet werden, um ein vernünftiges Objekt dabei ausdrucken zu können. Hier

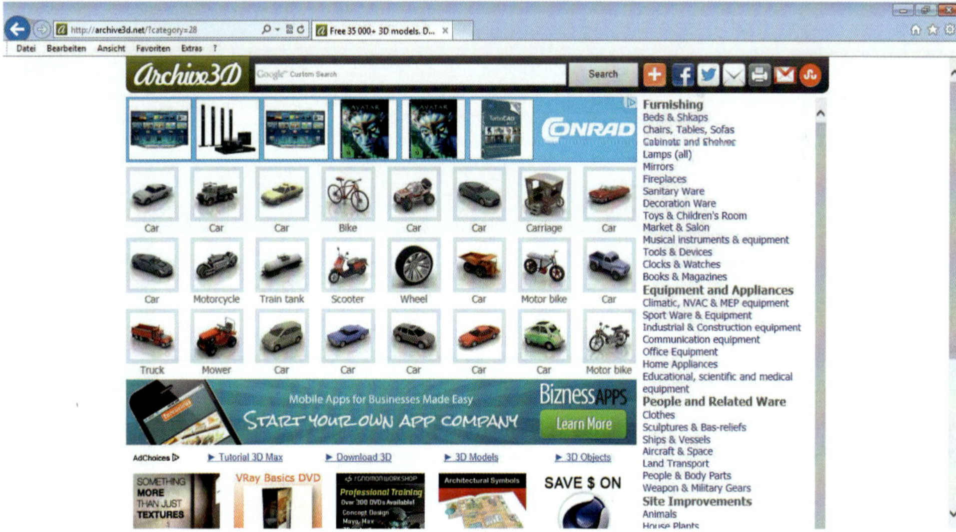

Eine Vielzahl von 3D-Dateien, die allerdings immer noch umgewandelt werden müssen bietet Archive3D (Quelle: archive3d.net)

noch eine kleine Auswahl an Plattformen ohne Anspruch auf Vollständigkeit und ohne Garantie für die Qualität der Modelle. Viele der Dateien müssen erst aus klassischen 3D-Formaten in das STL-Format umgewandelt werden (siehe nächsten Abschnitt). Bei einigen dieser Plattformen müssen Sie sich anmelden, andere bieten nur einen Teil der Modelle kostenlos an, die anderen müssen bezahlt werden.

Archive3D: Dieses Seite ist eine echte Fundgrube einer Vielzahl an 3D-Modellen, die allerdings zu einem großen Teil eher einfach gestaltet sind und aus speziellen 3D-Formaten extrahiert werden müssen. > www.archive3d.net

Trimble 3D Galerie: Hier wird für das Programm Sketchup eine große Zahl fertiger 3D-Modelle zum Download angeboten. > sketchup.google.com/3dwarehouse

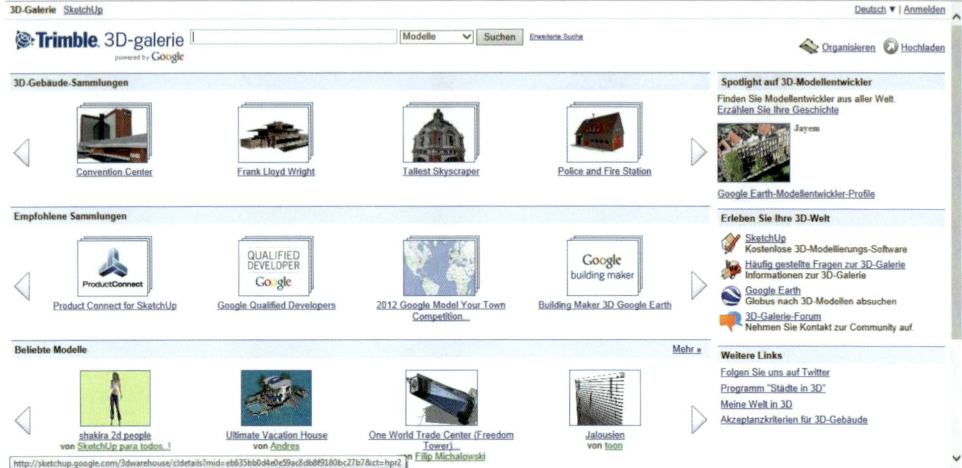

Natürlich wird für Sketchup auf einer eigenen Seite eine große Fülle an 3D-Modellen fertig angeboten (Quelle: Trimble 3D Galerie)

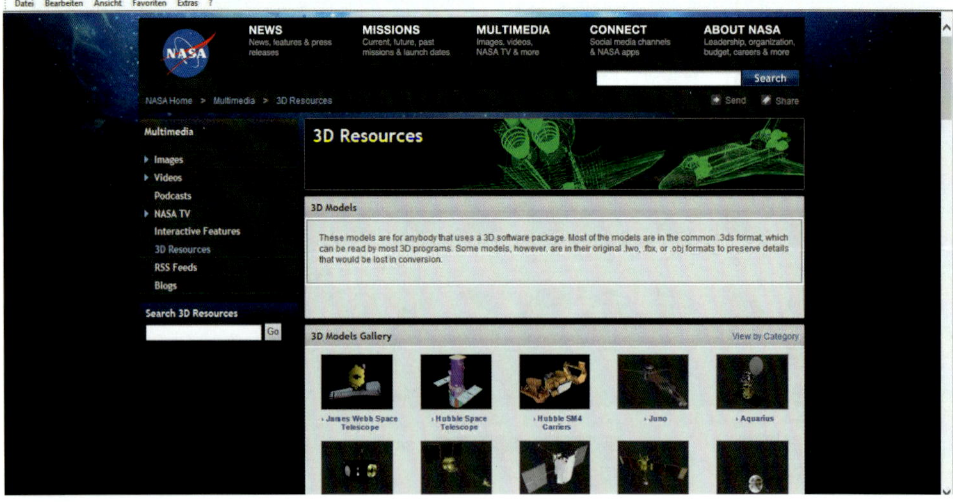

Die Nasa bietet eine Fülle ihrer Sonden, Satelliten und andere Raumfahrzeuge als fertige 3D-Modelle an (Quelle: www.nasa.gov)

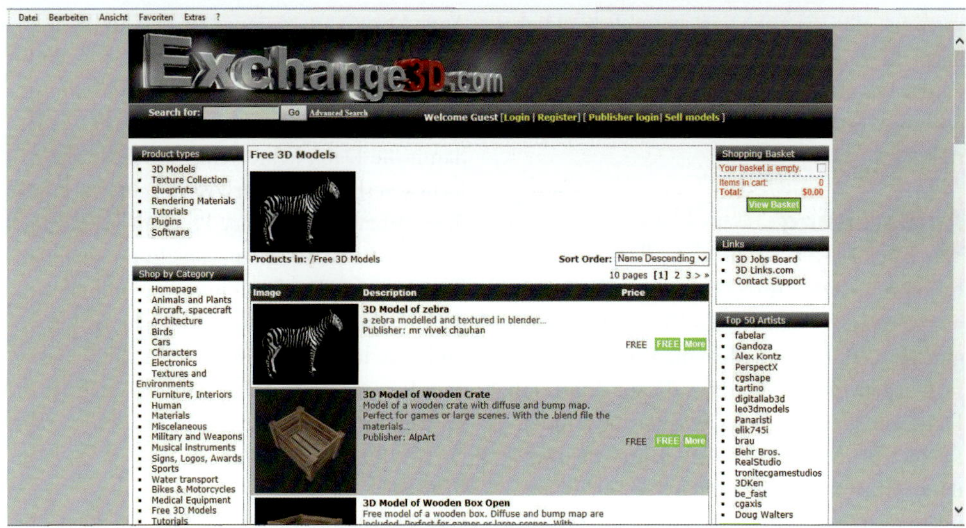

Kostenpflichtige aber auch viele kostenlose 3D-Modelle finden sich auf www.exchange3d.com (Quelle: www.exchange3d.com)

Nasa: Die amerikanische Raumfahrtbehörde bietet auf ihrer Seite eine Fülle ihrer verschiedenen Raumfahrzeuge, Sonden und Satelliten als 3D-Modelle zum Download an. > www.nasa.gov/multimedia/3d_resources

Exchange3D: Diese Seite bietet neben vielen kostenpflichtigen 3D-Modellen auch eine ganze Menge kostenfreier Dateien aus den verschiedensten Bereichen an. > www.exchange3d.com

Trekmeshes: Für die Fans des Star-Trek-Uni-

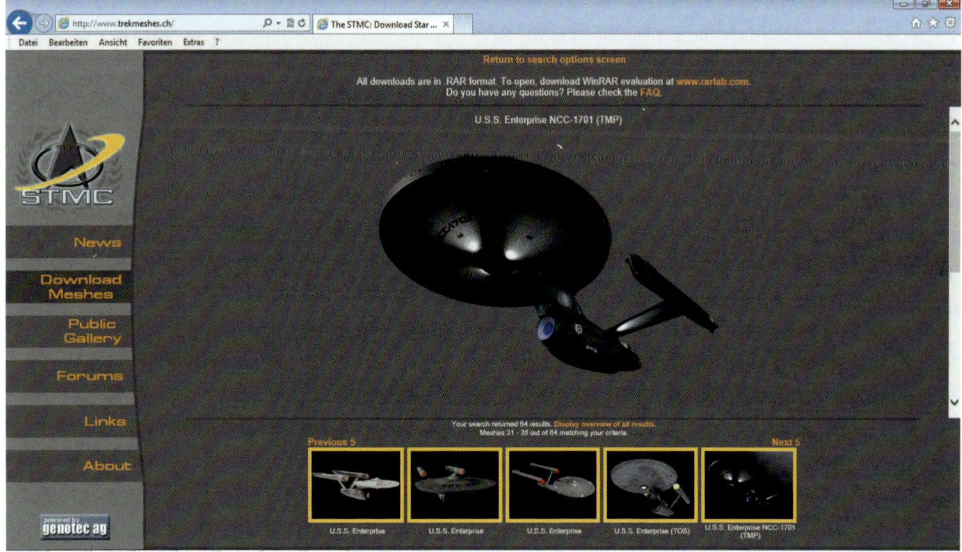

Für Trekkies ein Muss: Die Seite www.trekmesh.ch mit den verschiedensten Fahrzeugen als 3D-Modelle (Quelle: www.trekmeshes.ch)

versums gibt es noch ein besonderes Highlight: Eine Seite, auf der die verschiedensten Fahrzeuge etc. dieser Filme und Fernsehserien zum Download angeboten werden. > www.trekmeshes.ch

Aufbereitung

Wie bereits gesagt ist die Grundlage jedes 3D-Drucks eine Datei im STL-Format. Das bedeutet, man muss – wenn es das Konstruktionsprogramm nicht hergibt oder eine Datenbank dieses Format nicht anbietet – die zu druckende Datei zunächst in dieses Format umwandeln. Diese STL-Dateien werden dann von weiteren Bearbeitungsprogrammen in eine „Sprache" übersetzt, die der Drucker versteht und mit dem ihm die Wege und weitere Einstellungen vorgegeben werden, an denen er das Material zum Aufbau des Modells ablegt. Diese einheitliche Form der Befehlsübermittlung bezeichnet man als „G-Code". Dies ist eine DIN/ISO-normierte Sprache, die allgemein verständlich für CNC-Maschinen (und dazu gehört ein 3D-Drucker) ist. Allerdings haben viele Maschinen spezielle Befehle, die nur auf dieser Maschine (je nach Ausstattung) angewendet werden können.

Bevor man aber die STL-Datei in einen für unseren Drucker passenden G-Code umwandeln kann, muss diese noch überprüft werden, damit die Datei keine Fehler aufweist, die den Druck verhindern oder verschlechtern. Für all dieses gibt es verschiedene Programme und auch hier gilt alle vorzustellen ist nicht möglich. Stoßen Sie auf andere Programme, so probieren Sie diese (mit der gebotenen Vorsicht) ruhig aus und entscheiden Sie, welches das für Sie geeignete Programm ist. Hier wird beispielhaft die Verwendung mehrerer Programme vorgestellt.

Blender

Das Programm Blender haben Sie schon bei der Konstruktion von 3D-Modellen kennengelernt – erinnern Sie sich noch an Gus den Lebkuchenmann? Doch neben der Funktion als Konstruktionsprogramm kann man für den 3D-Druck Blender auch noch für andere Zwecke verwenden. So lassen sich 3D-Modelle in geeigneten 3D-Formaten, beispielsweise auch solche für Computerspiele oder Filme, in das Programm importieren, teilweise verändern und

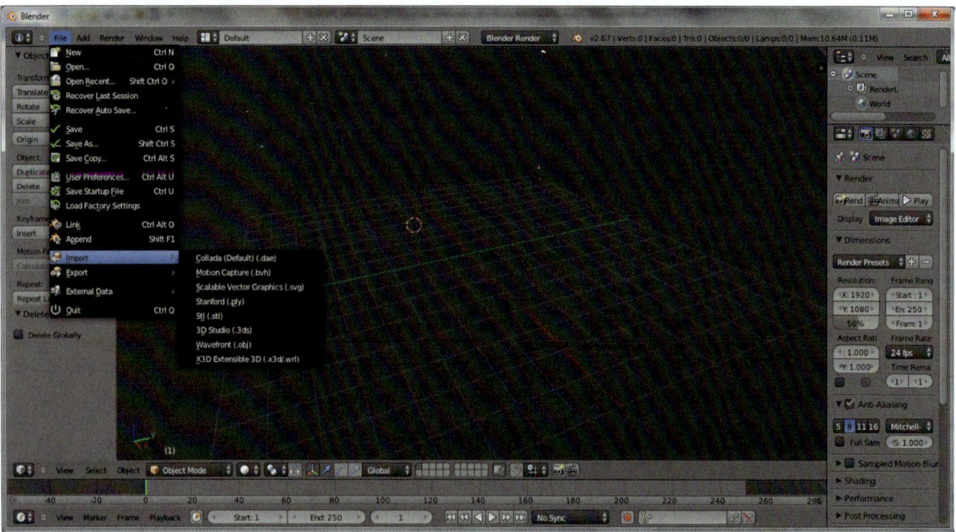

Für den Import einer 3D-Datei öffnet man in Blender den Dialog „Import", in dem man das Format der zu importierenden Datei wählen muss

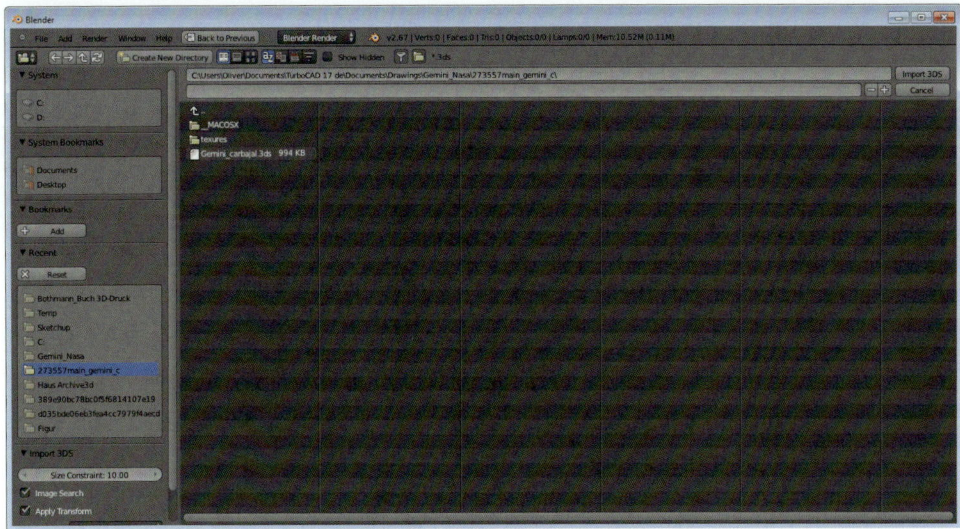

In dem folgenden Bildschirm wählt man die zu importierende Datei aus. Hier werden nur die Dateien des ausgewählten Dateiformats angezeigt. Fehlt die gesuchte Datei, so sollte man überprüfen, ob sie wirklich in diesem Ordner liegt und ob das Dateiformat richtig ist

in eine STL-Datei umwandeln. Bitte beachten Sie hierbei aber wie immer das Copyright, welches eventuell auf diesen Dateien liegt!

Wie man eine Datei in einem für die Weiterverarbeitung ungeeigneten Format in eine STL-Datei umwandelt, zeigt Ihnen der folgende Ablauf.

Blender ist somit ein sehr wichtiges Werkzeug, um Dateien im falschen Format trotzdem für den Druck verwendbar zu machen. Aller-

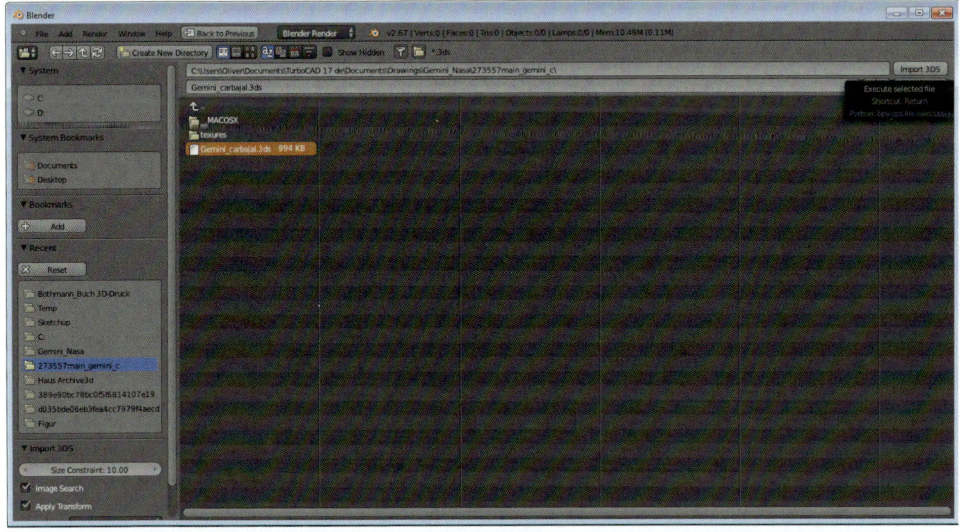

Nach der Auswahl der gewünschten Datei (hier ein Modell der Gemini-Raumkapsel von der Homepage der Nasa) klickt man auf „Import 3DS") um die Datei im Format 3D Studio (*.3DS) zu importieren

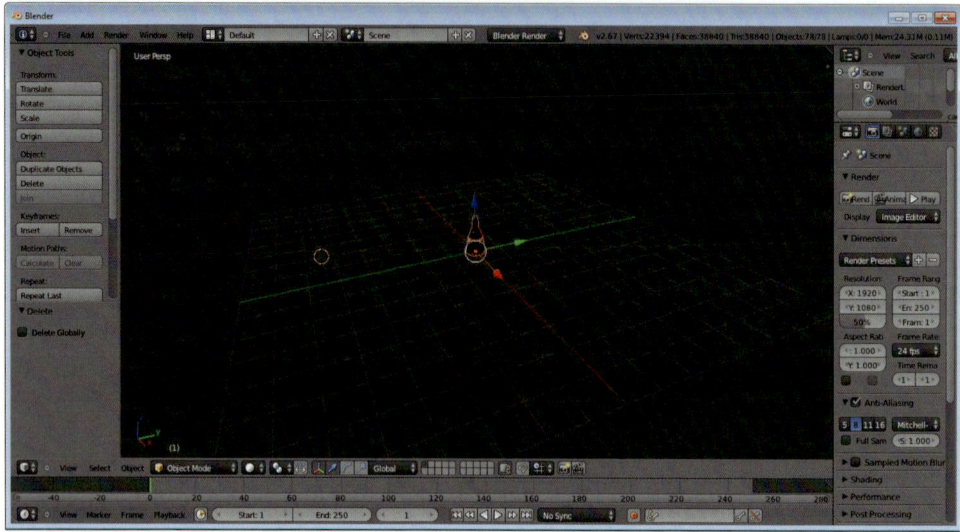

Danach sieht man dann das importierte Modell der Raumkapsel in der Ansicht in Blender

dings ist zu beachten, dass die wenigsten Dateien (es sei denn sie stammen von einer speziellen Austauschplattform) für die Verwendung auf 3D-Druckern gedacht und optimiert sind. Daher gibt es sehr viele Dateien, die noch überarbeitet werden müssen, um Fehler zu beseitigen, oder aber auch Dateien, die komplett ungeeignet sind, um sie zu drucken. Diese können dann bestenfalls als Grundlage für die Überarbeitung in Blender oder beispielsweise einem CAD-Programm dienen. Hilfreich ist Blender wie bereits oben beschrieben zur Umwandlung von Dateien aus Sketchup in nutzbare STL-Dateien.

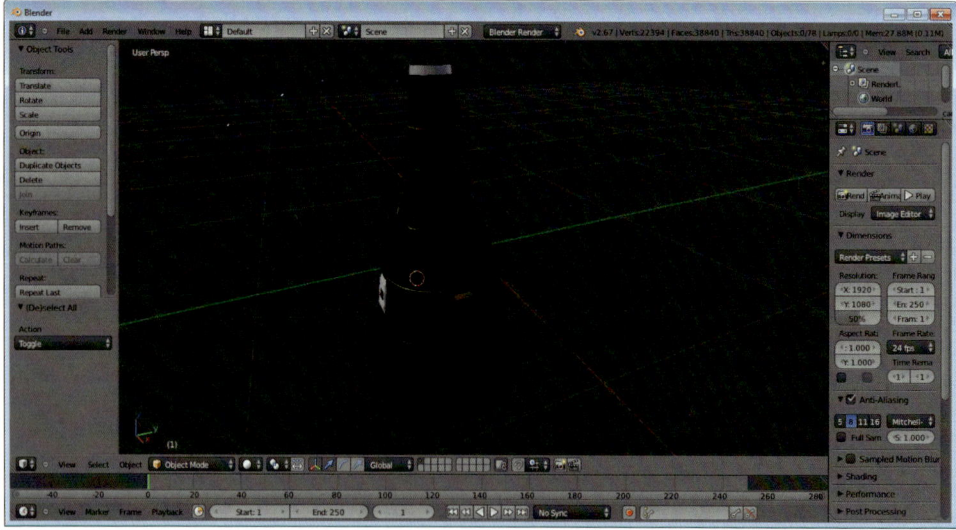

Nun kann man sich das Objekt, wenn man wünscht, auch aus der Nähe ansehen

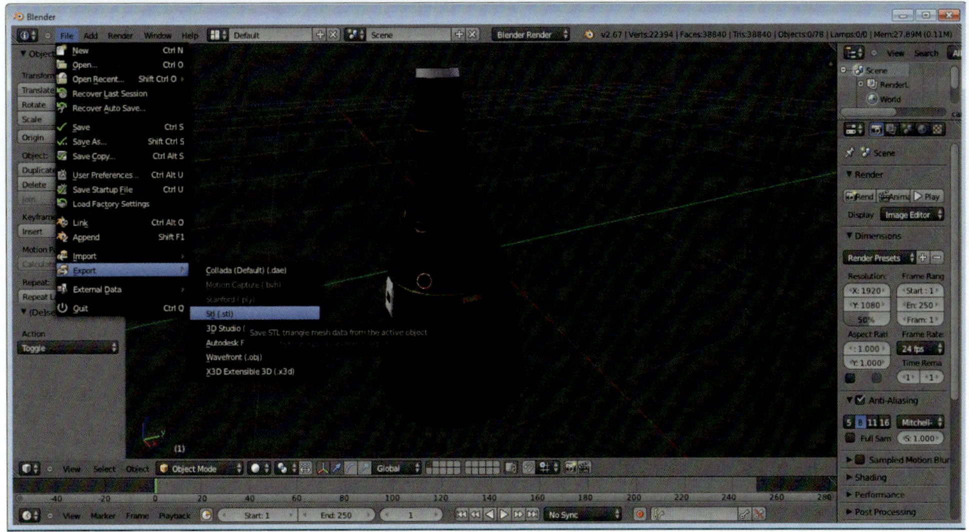

Der Exportvorgang läuft jetzt ähnlich ab, wie der Importvorgang. Man wählt im Menü „Export" das Dateiformat STL

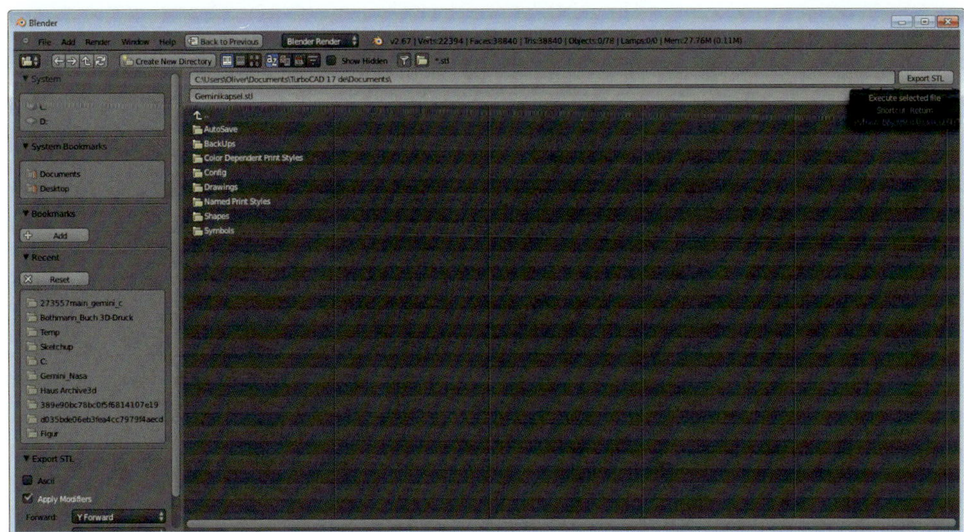

Anschließend gibt man im Folgemenü den gewünschten Dateinamen an und klickt auf „Export STL" – fertig!

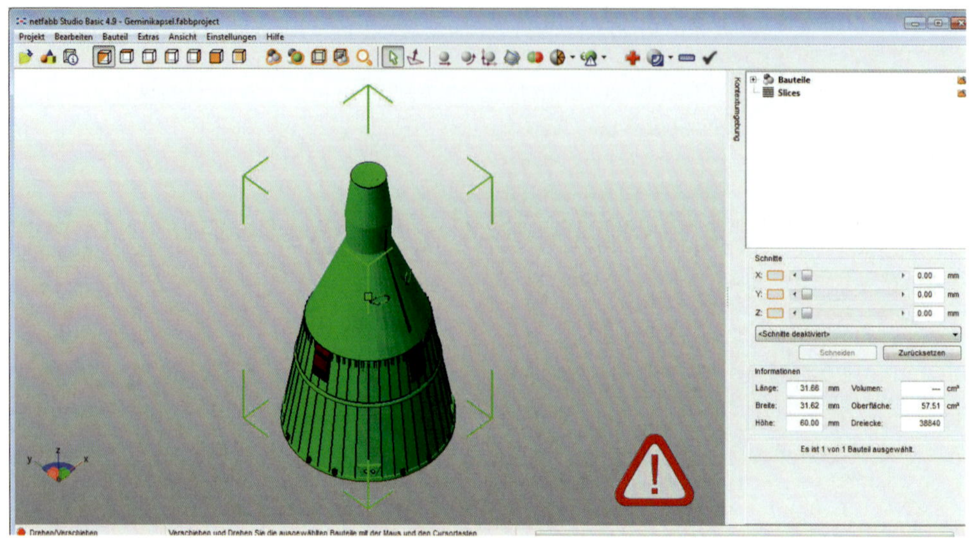

Das Objekt kann nun in einem CAD-Programm oder wie hier in Netfabb angeschaut, korrigiert und skaliert werden

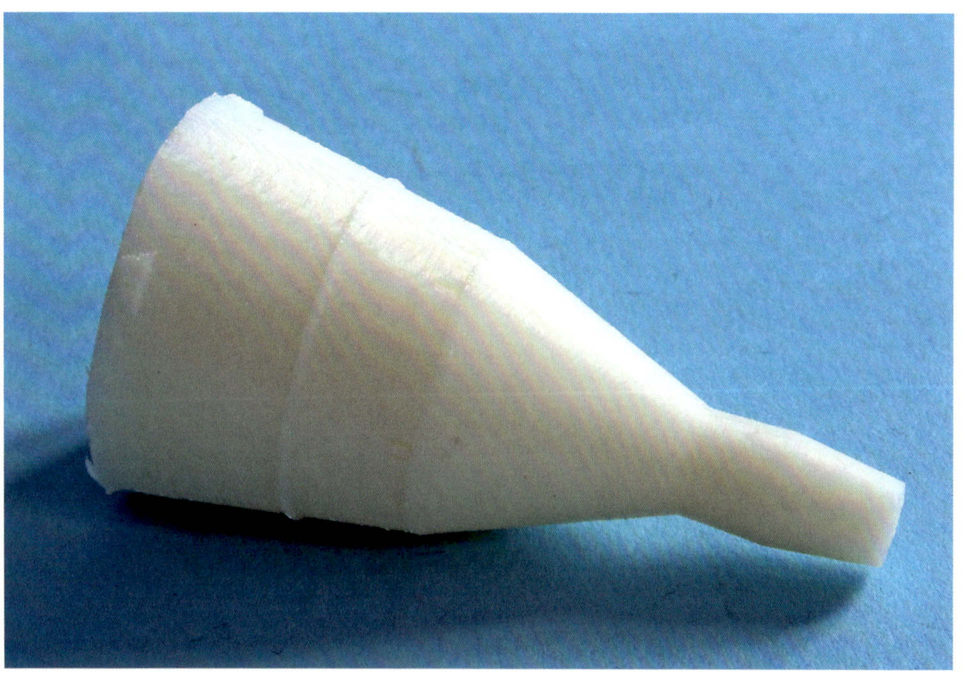

Hier die Kapsel als fertiger 3D-Druck

Netfabb

Ein weiteres sehr hilfreiches und wie ich finde für den 3D-Druck nahezu unverzichtbares Programm ist Netfabb, welches in der Version Netfabb Studio Basic kostenlos zu verwenden ist. Dieses Tool ist ein hervorragendes Werkzeug, mit dem man nahezu alle Dinge machen kann, die man zur Erstellung einer geeigneten Datei benötigt.

Das Programm lässt sich in der Basisversion unter www.netfabb.com kostenfrei herunterladen. Für den besten Support sollte man sich registrieren.

Netfabb bietet eine sehr komfortable Möglichkeit Dateien verschiedenster Formate zu importieren und anschließend in eine STL-Datei – oder einige andere Formate – zu exportieren. Der Import geschieht hier ganz einfach, in dem

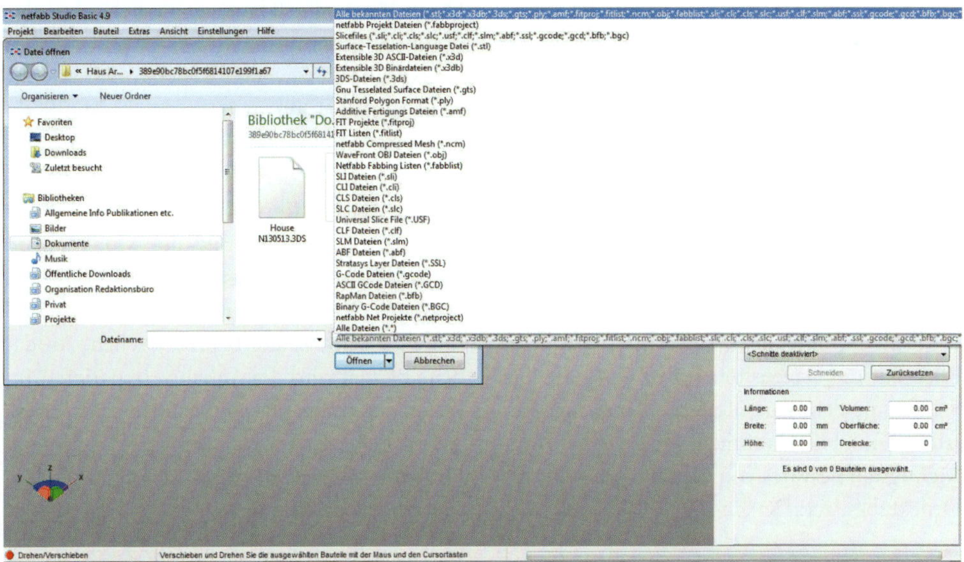

Ein Vielzahl verschiedener Dateiformate kann mit Netfabb geöffnet und dann bearbeitet werden

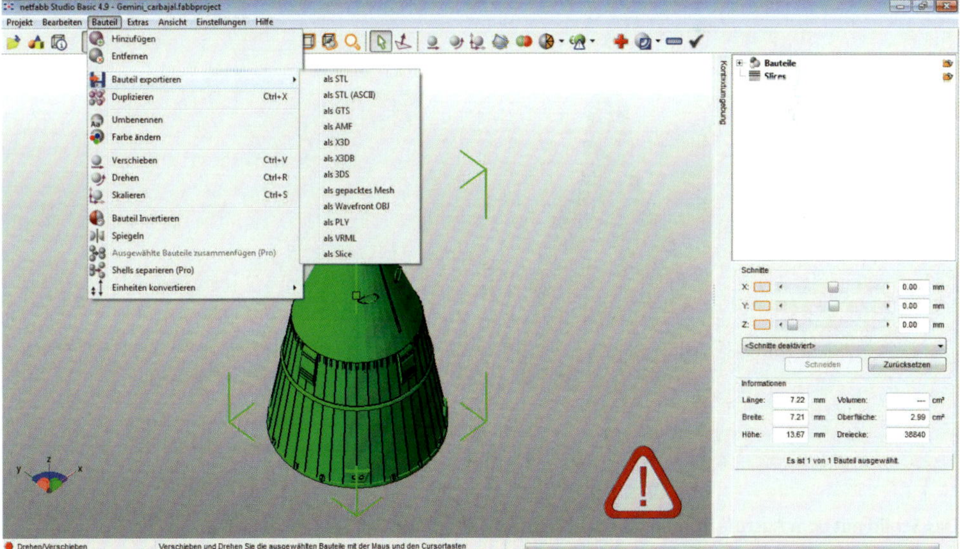

Der Export gelingt sehr einfach und die Möglichkeiten sind vielfältig

die gewünschte Datei unter „Datei öffnen" geöffnet wird. Sie steht dann sofort zur Bearbeitung zur Verfügung.

Der Export gelingt dann genauso einfach, indem man unter „Bauteil" den Punkt „Bauteil exportieren" anklickt und anschließend die verschiedenen Möglichkeiten der Formate, in die exportiert werden kann, gezeigt bekommt, wobei STL hier sicherlich die wichtigste Version ist. Übrigens bietet es sich meist an, die binäre Version der STL-Dateien zu wählen anstelle der ASCII-Version, da die binären Dateien meist deutlich kleiner sind. So ist diese Gemini-Kapsel als STL-Datei in der binären Version circa 2 MB, in der ASCII-Version dagegen 7,5 MB groß. Insbesondere wenn man Dateien bei einem Dienstleister ausdrucken lässt, kann dies wichtig sein, da hier vielfach Beschränkungen der Dateigröße vorliegen.

Dem aufmerksamen Betrachter wird beim Blick auf die Screenshots sofort das auffällige Schild mit dem Ausrufezeichen ins Auge gefallen sein. Hier kommen wir zu einem der wichtigsten Features von Netfabb für den 3D-Druckerbesitzer: Der Reparaturfunktion.

Netfabb kontrolliert die Dateien (egal welchen Formats) auf Fehler, die einen Druck erschweren, wenn nicht sogar unmöglich machen können. Klickt man bei einer Datei mit Fehler auf das rote Kreuz in der Symbolleiste, so wird ein Modell eingeblendet, auf dem die Fehler gelb auf blau zu sehen sind. Zudem wird die jeweilige Anzahl der Fehler in den Feldern für „Löcher" und „falsch orientiert" angezeigt. Dieser Wert sollte 0 betragen, was durch einige wenige Klicks erreicht wird.

Nachdem man auf „Reparaturautomatik" geklickt hat, wählt man am besten die Standardreparatur und klickt dann auf „Ausführen". Danach werden die Reparaturen vom Programm durchgeführt (das geht normalerweise sehr schnell) und das Bild des Modells wird komplett blau. Nun muss man die Reparaturen noch mit „Reparatur anwenden" bestätigen und sollte danach das alte Bauteil löschen. An das neue Bauteil wird der Anhang „(repariert)" im Dateinamen angefügt, sodass man sofort weiß, welche Datei man verwenden muss. Sollte man übrigens vergessen die Reparatur anzuwenden, so weist einen Netfabb beim Export darauf hin,

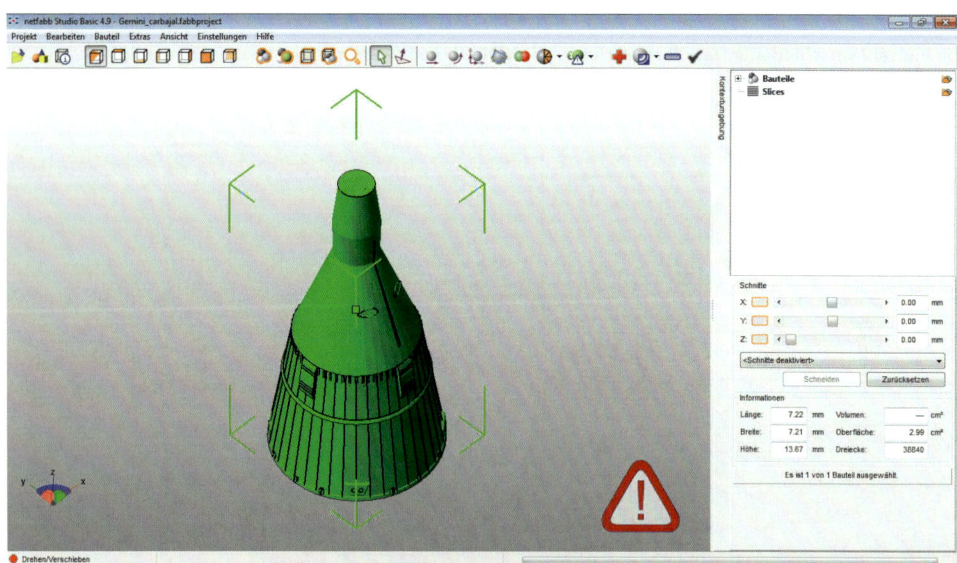

Das Schild mit dem Ausrufezeichen macht es deutlich: Mit dieser Datei stimmt etwas nicht

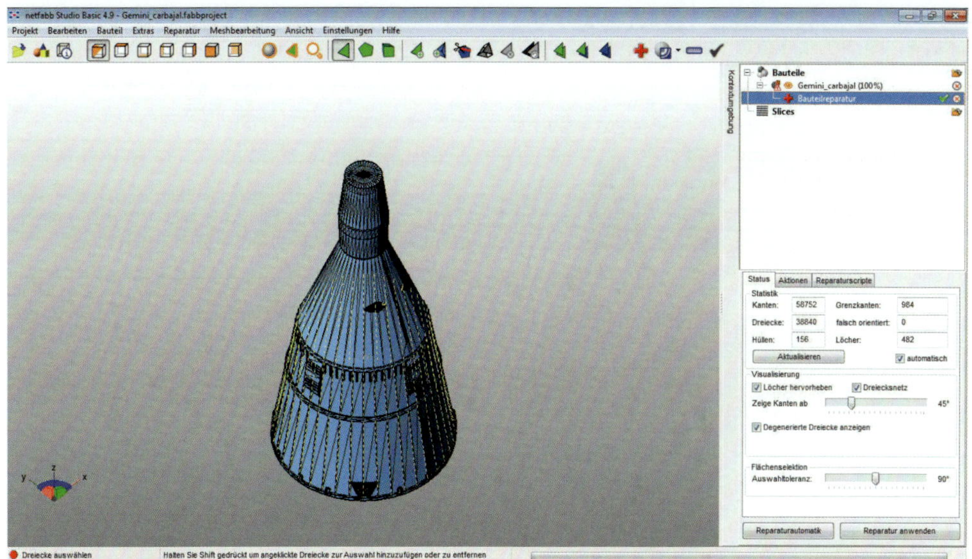

Klickt man auf das kleine rote Kreuz, so kommt man in den Reparaturbereich und bekommt am Modell angezeigt, wo Fehler in der Datei vorliegen. Im rechten Dialogfenster sieht man auch gleich, wo die Fehler liegen, denn in den Feldern „Löcher" und „falsch orientiert" sollte idealerweise der Wert 0 stehen – das ist hier (noch) nicht der Fall

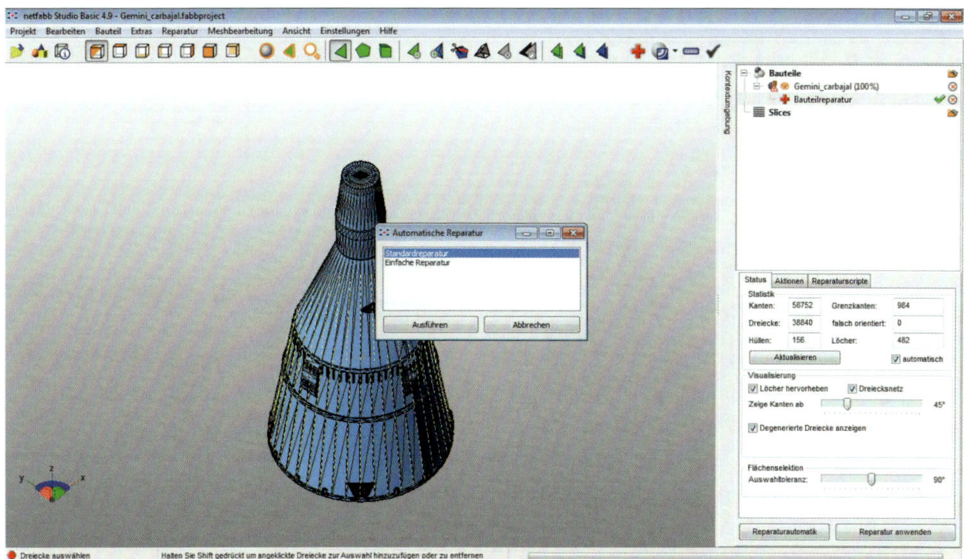

Normalerweise sollte man nach dem Klicken auf „Reparaturautomatik" die Möglichkeit Standardreparatur wählen. Hier werden alle Fehler mit den voreingestellten Werten behoben. Wer möchte, kann aber auch noch eigene Veränderungen an den Reparaturwerten vornehmen

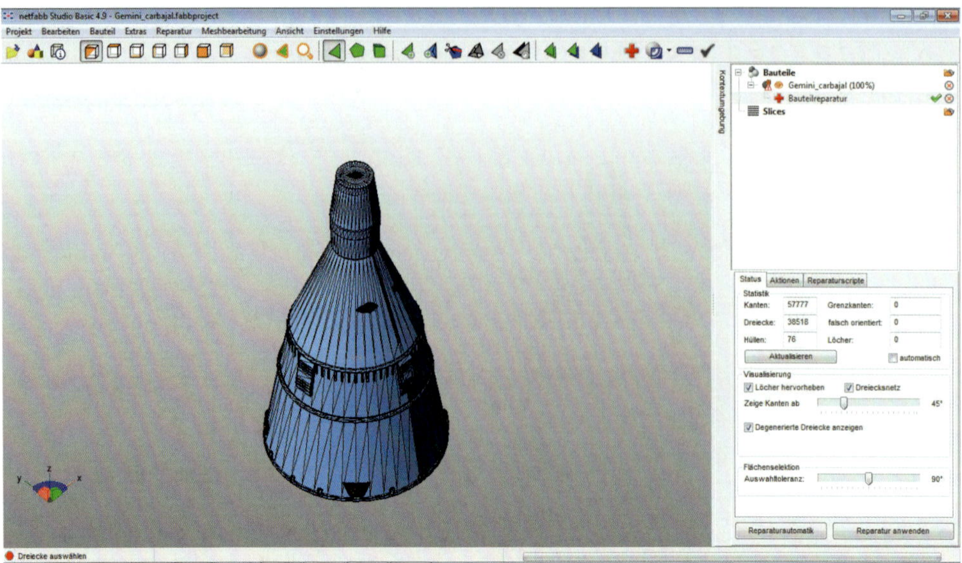

Nach der Ausführung der Reparatur ist der Wert für Löcher 0 – die Reparatur der Datei ist vorgenommen

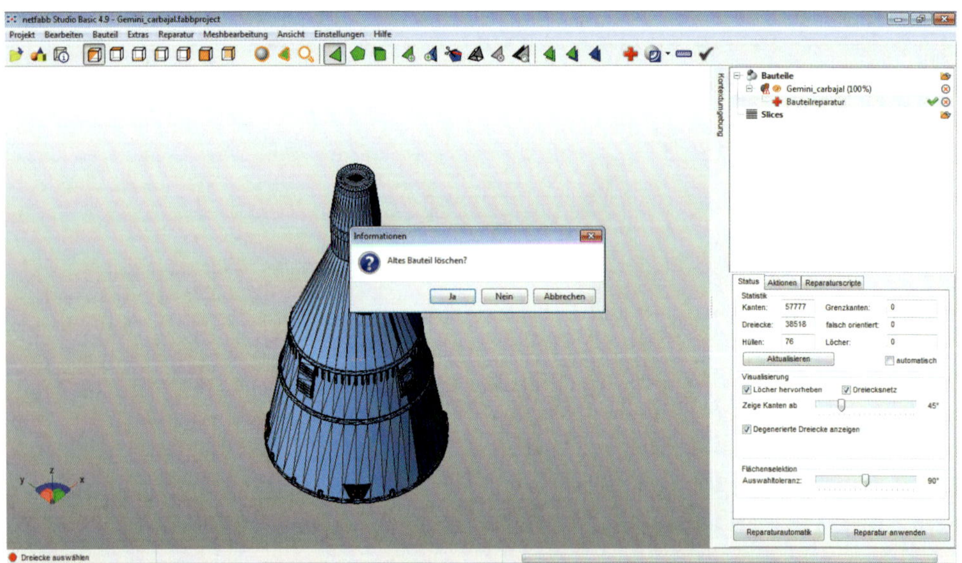

Nun muss man noch auf „Reparatur anwenden" klicken, um die Änderungen anzunehmen. Am besten löscht man das alte, fehlerhafte Bauteil. Die neue Datei bekommt praktischerweise noch den Anhang „(repariert)" an den Dateinamen angehängt, so weiß man sofort, welche Datei man weiterverwenden kann

dass die Datei Fehler enthält – so manches Mal im Eifer des Gefechts recht hilfreich.

Doch Anschauen, Exportieren und Reparieren ist noch nicht alles, was Netfabb kann. Eine sehr hilfreiche Funktion ist auch das Skalieren einer Datei. Häufig stößt man im Internet auf Dateien, die man sehr gut verwenden könnte, die aber zu klein oder zu groß sind. Hier ist Netfabb eine gute Hilfe. Hierzu kann man einfach, wie in den Bildern zu sehen, die Bauteile entsprechend skalieren.

Dies sind nur die grundlegenden Funktionen von Netfabb, die an dieser Stelle ausreichen sollen. Bei der Benutzung werden Sie noch viel

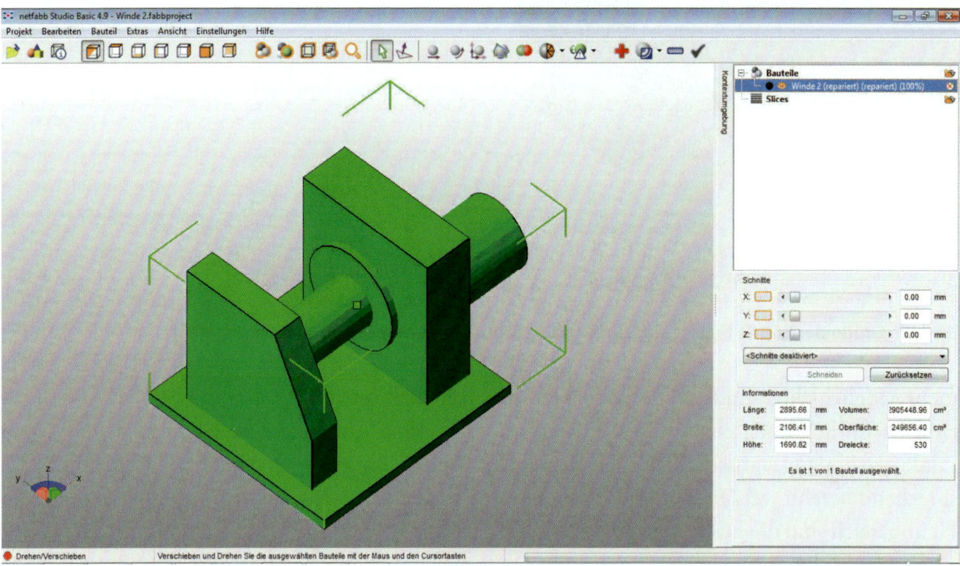

Diese Winde würde gut auf ein Modell passen – nur ist sie viel zu groß, wie man rechts im Dialogfeld sieht

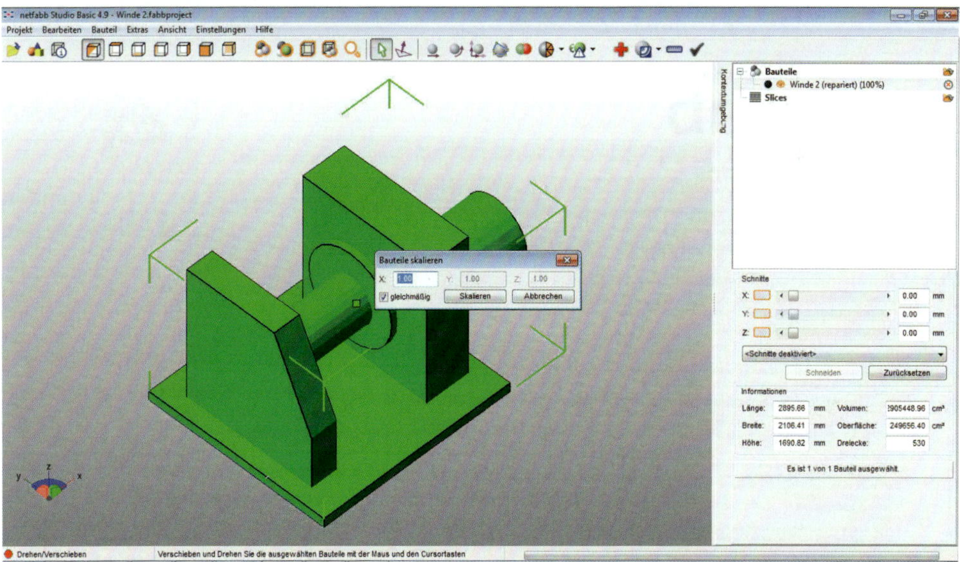

Klickt man auf den Button „Skalieren", kann man die gewünschte Größenveränderung direkt eingeben

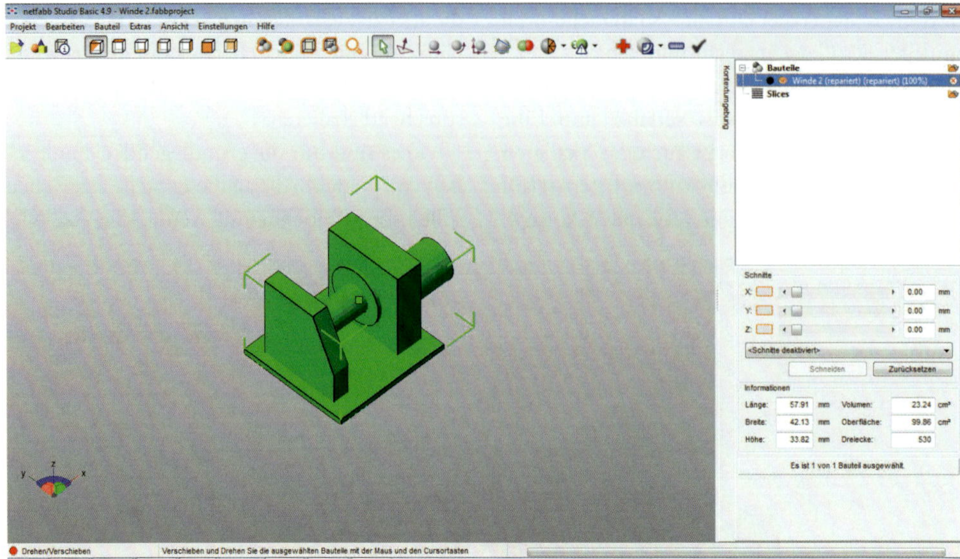

Und die Größe der Winde ändert sich direkt maßstäblich, wie man rechts sieht

mehr Möglichkeiten finden. Die Vollversionen haben natürlich noch einen deutlich höheren Funktionsumfang, müssen aber auch dementsprechend bezahlt werden. Für die Arbeiten im Heimbereich sind die Funktionen der Basisversion aber absolut ausreichend.

Meshlab

Eine Alternative zu Netfabb ist das Open Source Projekt Meshlab. Unter http://meshlab.sourceforge.net kann man sich dieses Programm kostenlos herunterladen. Es verfügt über zahlreiche Import- und Exportroutinen, sodass es

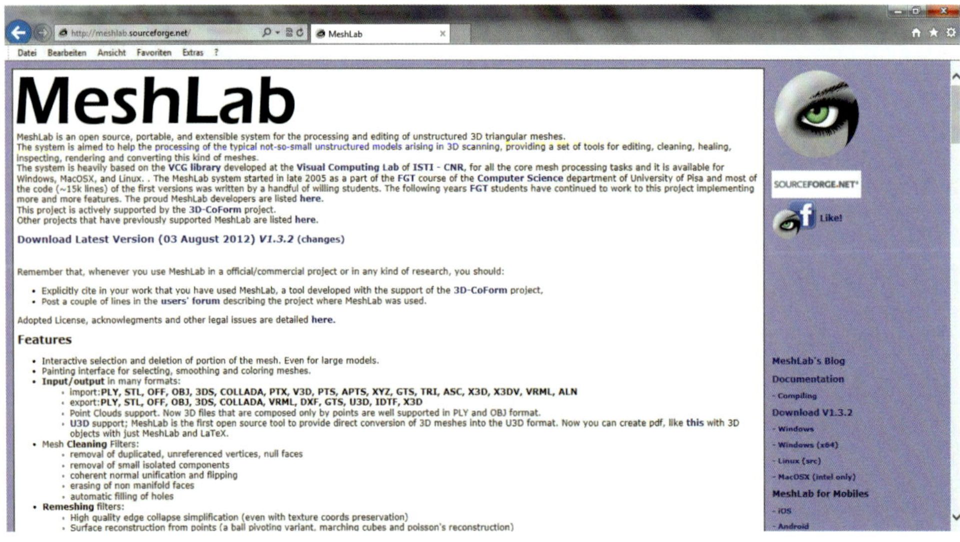

Die Startseite von Meshlab unter http://meshlab.sourceforge.net

für die Vorbereitung von Daten aus verschiedensten Programmen für den 3D-Druck sehr gut geeignet ist. Eine Besonderheit ist, dass mit Meshlab auch gut die unstrukturierten 3D-Daten von 3D-Scans nachbearbeitet werden können, um daraus in den meisten Fällen brauchbare Dateien für die Weiterverarbeitung zu gewinnen.

Meshlab erlaubt auch die Bearbeitung und Fehlerbehebung bei 3D-Druckdaten.

Druckvorbereitung

Um ein Modell auf einem 3D-Drucker ausdrucken zu können, muss es in eine Form umgewandelt werden, die der Drucker beziehungsweise sein Steuerprogramm auch versteht. Dies ist der bereits erwähnte G-Code. Eine Grundlage für den Aufbau aus den dünnen Schichten beim FDM (bzw. allen 3D-Druck-Verfahren) ist das sogenannte Slicing, wörtlich übersetzt also das „in Scheiben schneiden“ des Modells. Dies ist eine der wichtigsten Fähigkeiten, die ein entsprechendes Druckvorbereitungsprogramm benötigt und eine Grundlage für einen erfolgreichen Druck. Die Dicke dieser Schichten variiert von Drucker zu Drucker und kann dementsprechend in den Programmen – zusammen mit vielen anderen Parametern – eingestellt werden.

Wichtig ist auch, dass diese Druckvorbereitungsprogramme, wenn benötigt, Stützstrukturen einfügen. Stützstrukturen werden benötigt, da je nach Konstruktion nicht immer alle Teile des Modells direkt auf dem Drucktisch haften, sondern sozusagen in der Luft hängen. Diese würden natürlich nicht sinnvoll gedruckt werden können und müssen daher durch – später entfernbares – Material gehalten werden.

Eine weitere wichtige Ergänzung vor dem Druck, die die Druckvorbereitungsprogramme vornehmen, ist die Erzeugung einer Haftungsfläche. Hierbei wird unter ein Bauteil mit einer nur geringen Auflagefläche auf dem Drucktisch – hier bestünde die Gefahr, dass sich das Bau-

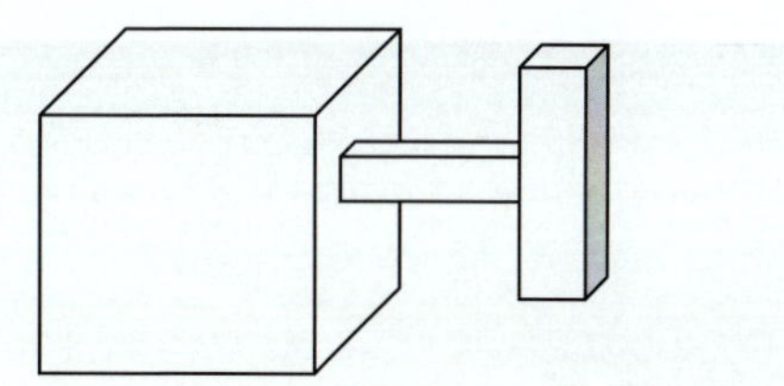

Dieses Bauteil soll gedruckt werden, doch das Problem ist das frei stehende Teil auf der rechten Seite

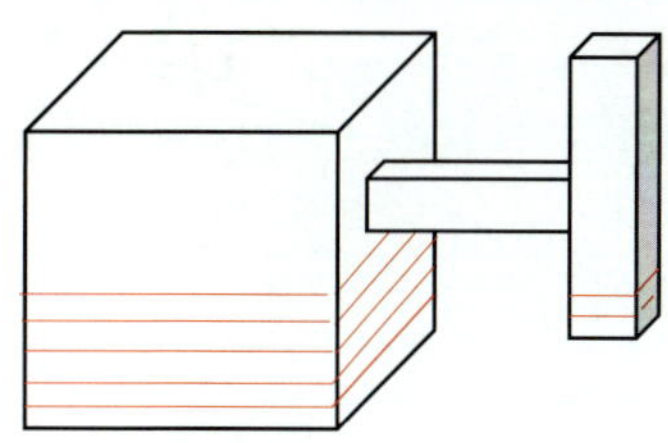

Beim Slicen des Bauteils wird es in dünne Scheiben, die der Aufbaudicke des Materials entsprechen, „geschnitten“

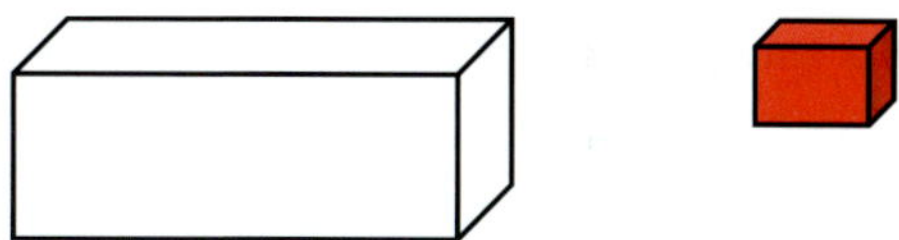

Beim Druck würde nun das rot gefärbte Teil in der Luft hängen und herunterfallen

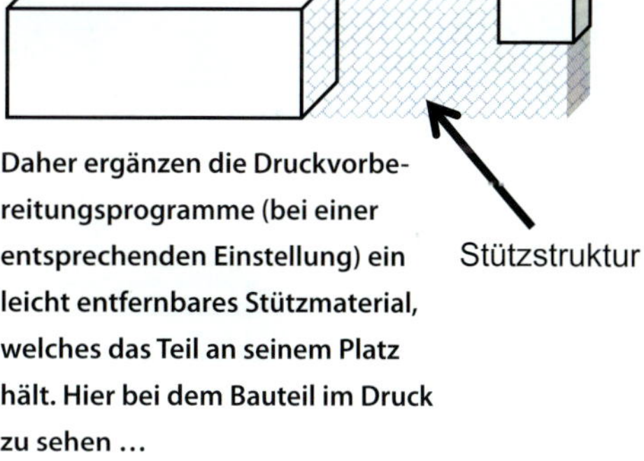

Daher ergänzen die Druckvorbereitungsprogramme (bei einer entsprechenden Einstellung) ein leicht entfernbares Stützmaterial, welches das Teil an seinem Platz hält. Hier bei dem Bauteil im Druck zu sehen …

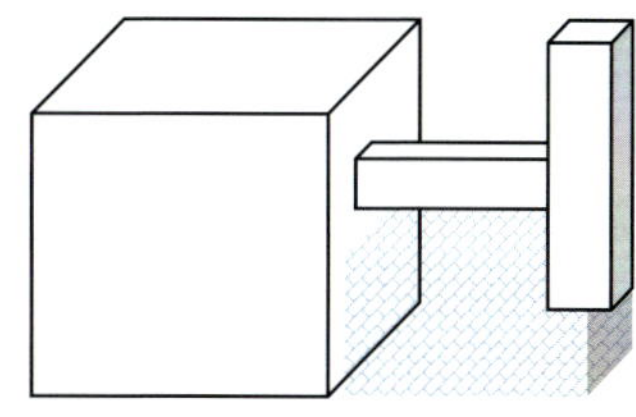

… und hier beim kompletten Bauteil

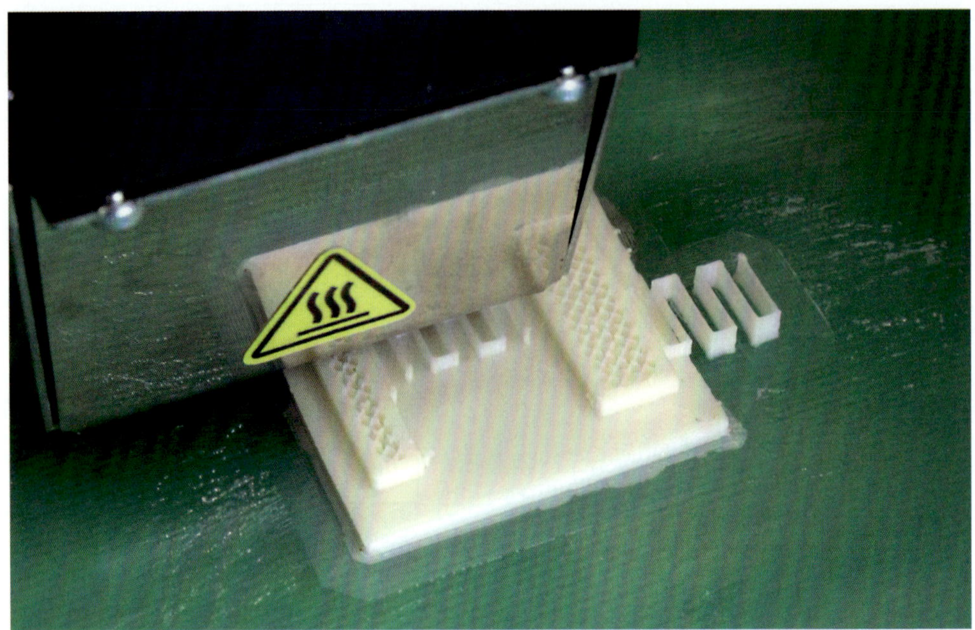

Hier gut zu erkennen die rechtwinklig angeordnete Stützstruktur im Druck

Die Stützstrukturen lassen sich bei guter Einstellung sehr leicht entfernen

teil während des Drucks vom Tisch löst – eine vergrößerte Grundfläche erzeugt, die nach dem Druck wieder entfernt wird. Diese Haftungsfläche wird meist Raft genannt.

Im Folgenden möchte ich nun zwei Programme vorstellen, mit denen ich größere Erfahrungen habe. Natürlich gibt es auch hier noch weitere Programme und immer neue Entwicklungen.

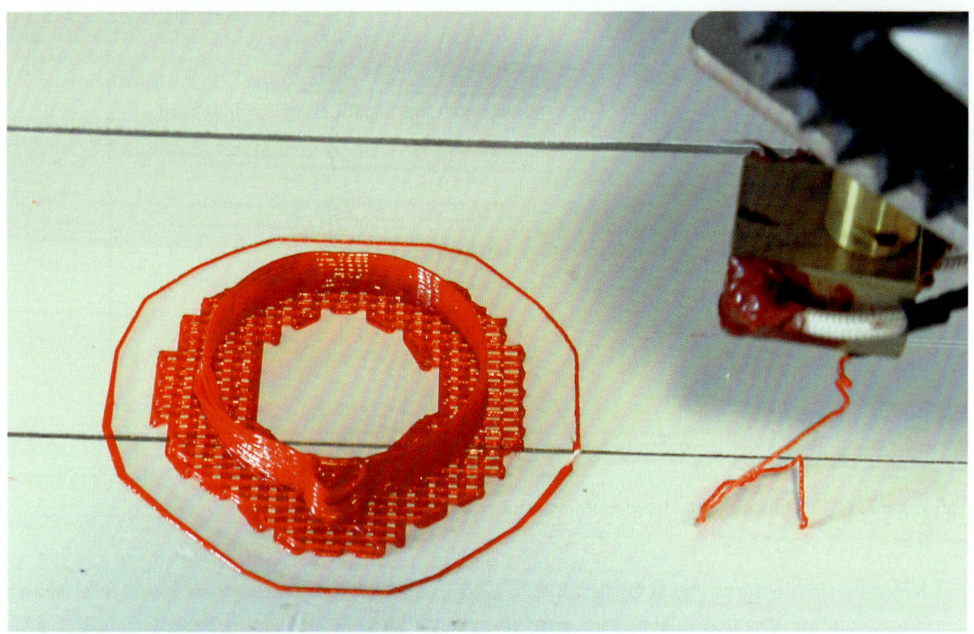

Bei Bauteilen mit kleiner Kontaktfläche zum Drucktisch erzeugen die Druckvorbereitungsprogramme eine vergrößerte Haftungsfläche (meist Raft genannt) die den Kontakt zum Drucktisch vergrößern. Dieses Material kann ebenso wie die Stützstrukturen nach dem Druck einfach entfernt werden

Slic3r

Ein weitverbreitetes Programm zur Druckvorbereitungen ist das Freeware-Programm Slic3r, welches von der Seite http://slic3r.org kostenlos für verschiedene Betriebssysteme heruntergeladen werden kann. Nach dem Herunterladen und dem Entpacken des Zip-Files lässt sich das Programm einfach als *.exe starten, eine echte Installation ist somit nicht nötig.

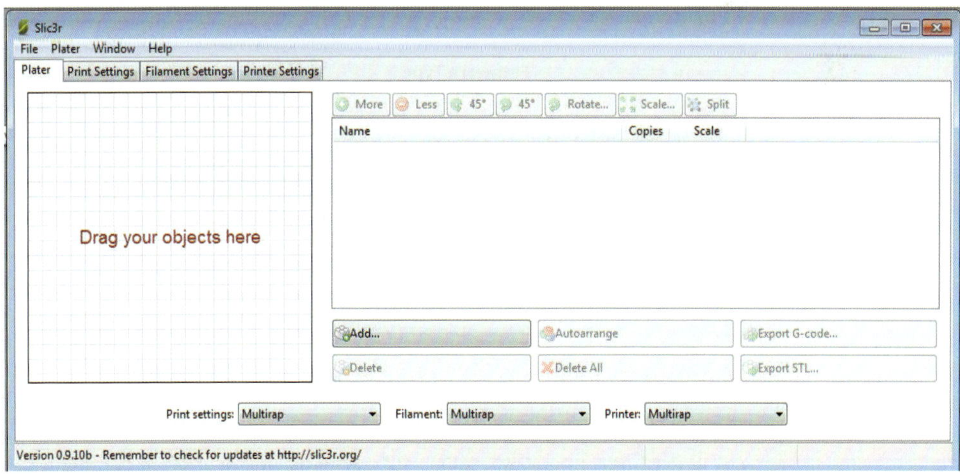

Startbildschirm von Slic3r

Der Wizard von Slic3r unterstützt bei der einfachen Einstellung des Programms

Slic3r bietet für die einfache Bedienung einen sogenannten Wizard, in dem die groben Parameter des Druckers und des gewünschten Drucks angegeben werden und als Grundprofil abgespeichert werden.

Hier werden einzelne Parameter abgefragt, die zur Einstellung des Programms zur Erstellung des G-Codes benötigt werden. Im Folgenden werden die einzelnen Schritte durchgegangen.

Alle diese Einstellungen kann man später verändern. Jedoch sind sie in den meisten Fällen für einen guten Ausdruck ausreichend. Wie immer bei 3D-Druckern sollte man bei speziellen Wünschen oder Anforderungen an den Ausdruck mit der Einstellung verschiedener Werte „spielen“. Einige Tipps dazu gibt es noch später im Buch. Doch denken Sie immer daran die alten Werte zu speicher bzw. zu notieren, damit man wieder auf die Grundeinstellungen zurück-

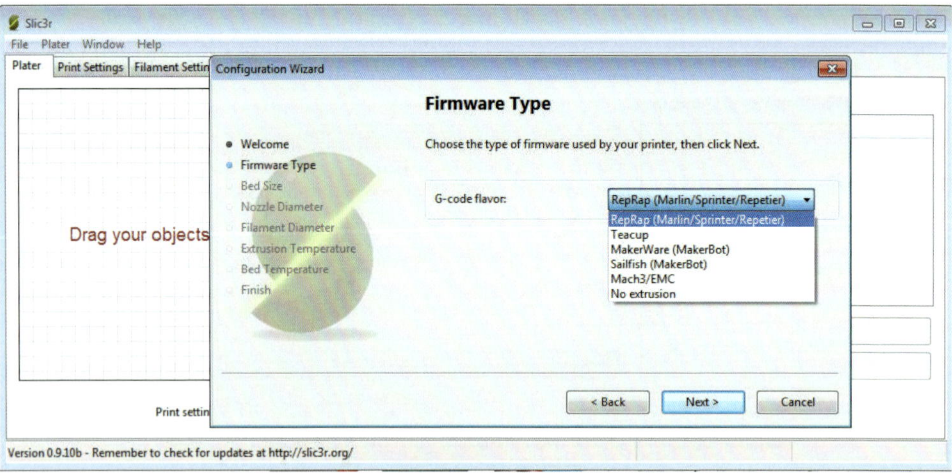

Zunächst wird die Firmware Ihres Druckers abgefragt. Sollten Sie sich diesbezüglich unsicher sein, lesen Sie im Handbuch Ihres Druckers nach bzw. fragen Sie beim Hersteller an

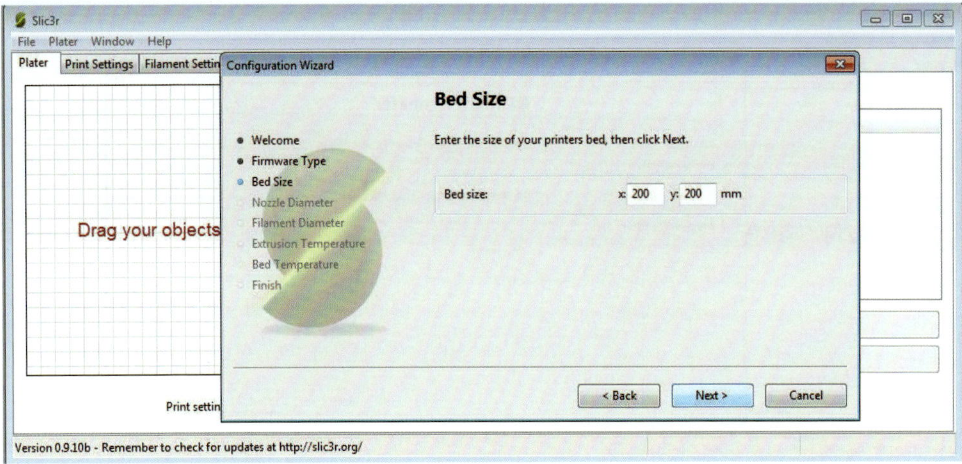

Als Nächstes wird die Größe des Drucktisches (Bed) abgefragt

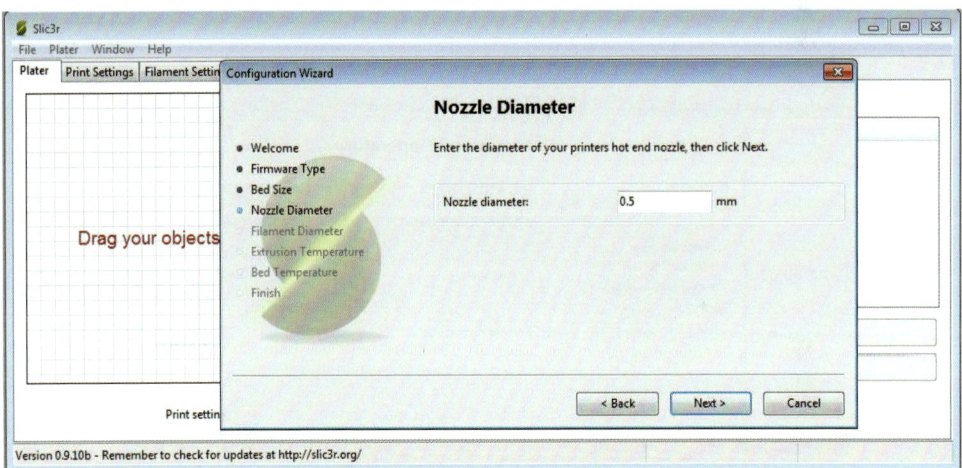

Dann der Durchmesser der Düse des Extruders

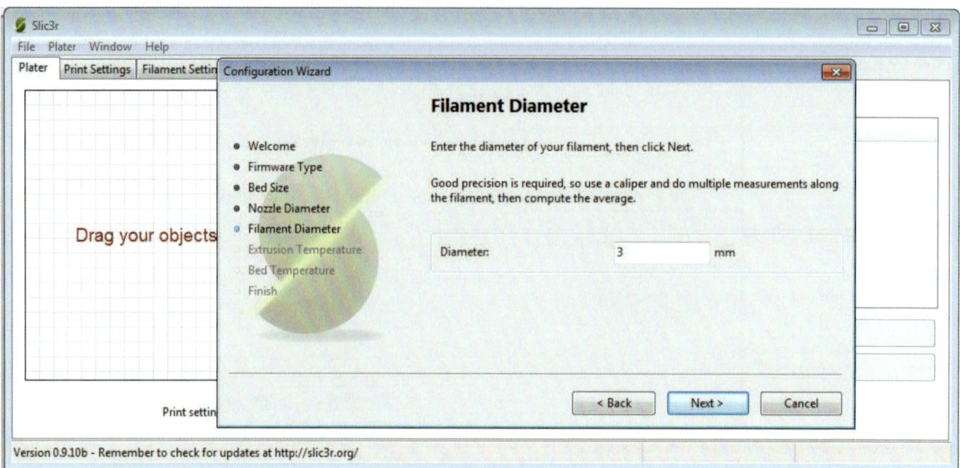

Anschließend gibt man den Durchmesser des verwendeten Filaments ein

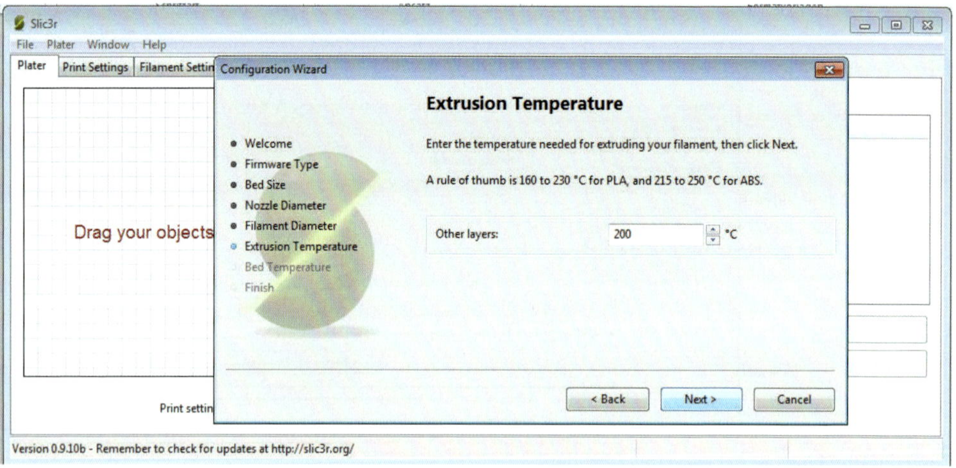

Und wählt die Temperatur der Düse

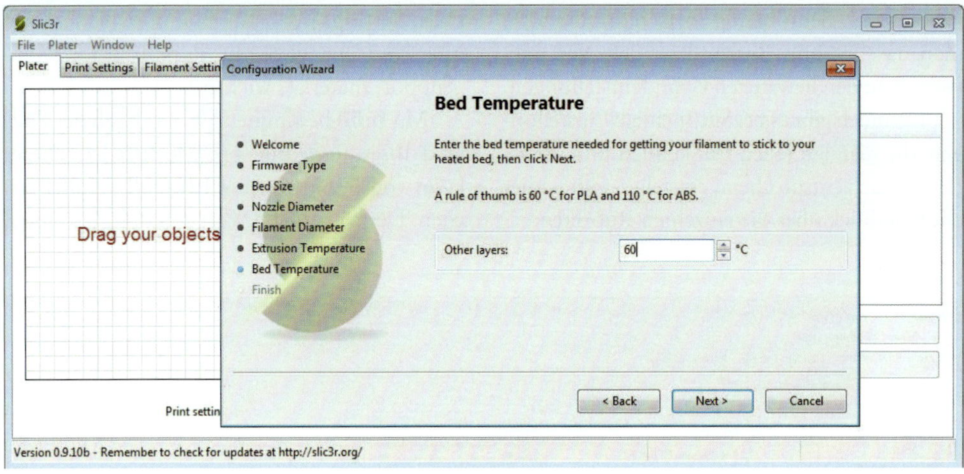

Die Temperatur des Heizbetts – wenn vorhanden – schließt die Einstellungen ab

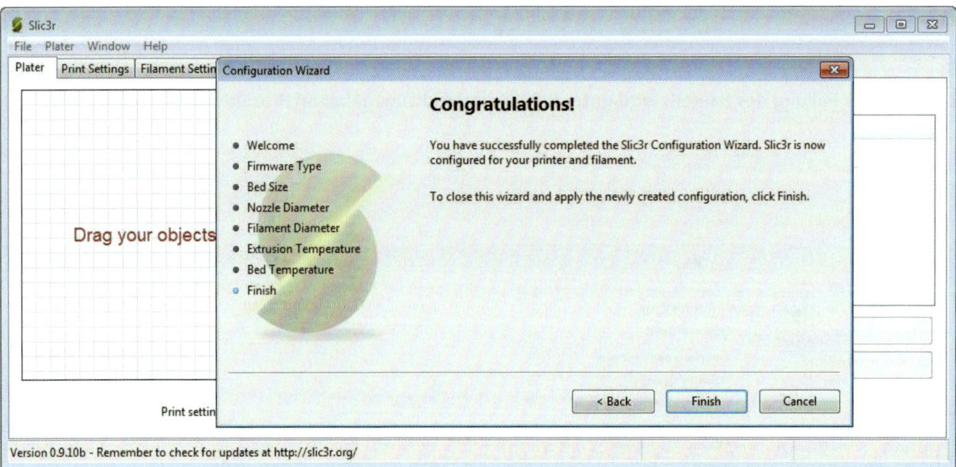

Im nächsten Schritt werden diese Einstellungen bestätigt und gespeichert, danach ist die Grundeinstellung des Druckers vorgenommen

gehen kann, denn häufig „verschlimmbessert" man das Ergebnis durch allzu viele Veränderungen an den bewährten Grundeinstellungen.

Dennoch gibt es bei Slic3r einige Einstellungen, die man auf jeden Fall kennen und sie bei Bedarf auch entsprechend einstellen sollte. Hier ein Überblick über die einzelnen Rubriken.

Print Settings

Hier sind vor allem die Punkte „Infill" und „Support material" wichtig.

Mit **Infill** bestimmen Sie, wie hoch der Füllgrad Ihres ausgedruckten Modells ist. Dieser kann von 0.0 (hohl) bis 1.0 (voll gefüllt) reichen. Der eingestellte Wert von 0.4, also einem

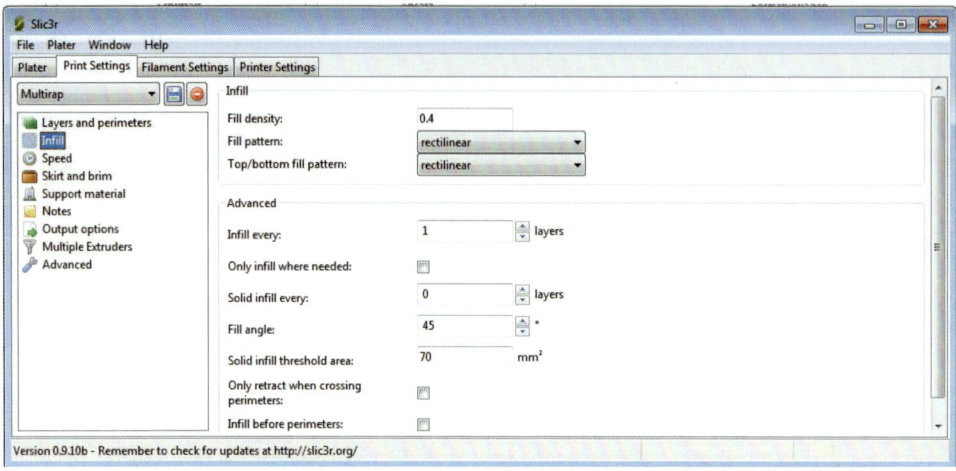

Der Grad der Füllung des Bauteils wird unter Infill in dezimal angegebenen Prozentangaben eingestellt

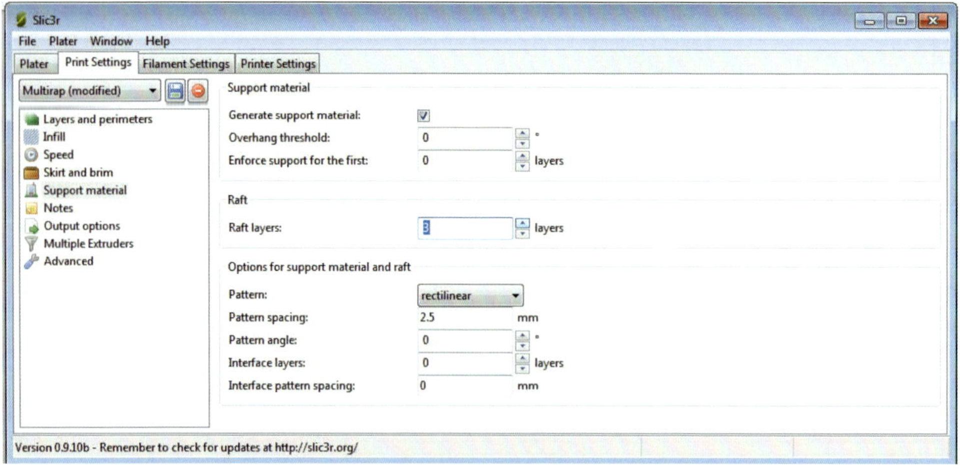

Unter Support material lässt sich sowohl der Druck von Stützstrukturen als auch der Druck einer zusätzlichen Haftungsfläche des Raftes definieren

Füllgrad von 40% ist meist ein guter Wert. Will man sehr leichte Bauteile erreichen (und benötigt die Füllung nicht zur Unterstützung) kann man den Wert aber noch weiter heruntersetzen, bzw. bei Werkstücken mit gewünschter hoher Festigkeit noch erhöhen. Wobei auch ein Bauteil mit 40%iger Füllung kaum zu zerstören ist.

Der Punkt **Support material** ist wohl der wichtigste in diesem Bereich. Hier kann eingestellt werden, ob ein Stützmaterial gedruckt werden soll, denn bei einigen Druckteilen kann dies unnötig oder für die Oberflächenqualität sogar störend sein. Normalerweise genügt es den Haken zu setzen, das Support gedruckt werden soll, den Rest berechnet Slic3r dann selbst. In Einzelfällen kann es aber sinnvoll sein vorzugeben, ab welchem Überhang gestützt werden soll, damit nicht unnötigerweise Material gedruckt wird, welches später wieder entfernt werden muss.

Wichtig ist auch der Punkt **Raft**, denn mit der Eingabe, dass ein Raft gedruckt wird und der Festlegung wie dieses erfolgt, wird die zusätzliche Haftungsfläche unterhalb des Modells definiert. Gerade bei einer Ablösung des Druckteils während des Drucks sollte man mit diesen Einstellungen experimentieren.

Filament Settings

Unter diesem Ordner ist normalerweise lediglich der Punkt **Filament** interessant. Vor allem die Einstellung der Temperatur von Extruder und Heizbett für die erste und die folgende Lage ist hierbei eine Möglichkeit die Haftung aber auch die Druckergebnisse zu optimieren

Printer Settings

Hier muss man üblicherweise keine Veränderungen vornehmen, es sei denn, man druckt auf einem größeren Druckbett oder (was wahrscheinlicher ist) man arbeitet mit mehreren Extrudern.

Doch kommen wir nun zum eigentlichen Druckmenü. Unter dem Register **Plater** wird die eigentliche Druckvorbereitung vorgenommen. Nach einem Klick auf „Add" kann die gewünschte Druckdatei ausgewählt und auf die Druckplatte (Plater) gelegt werden. Da-

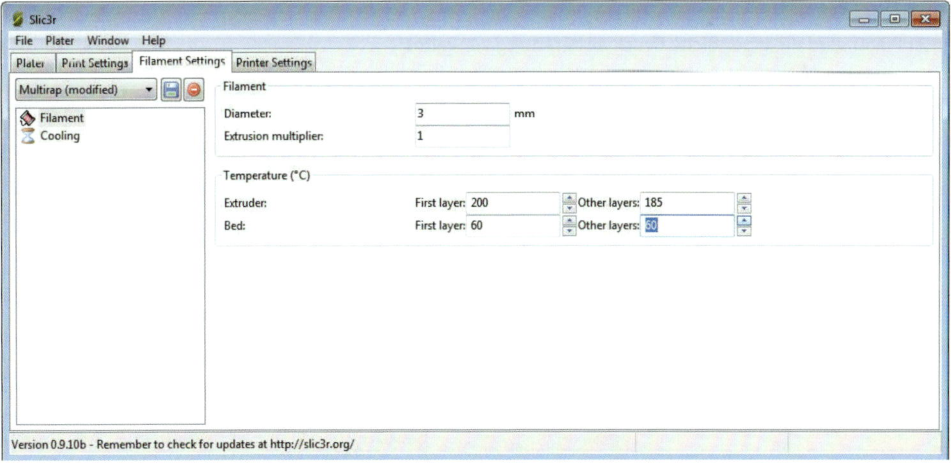

Vor allem die Einstellung der Drucktemperaturen ist bei diesem Punkt interessant

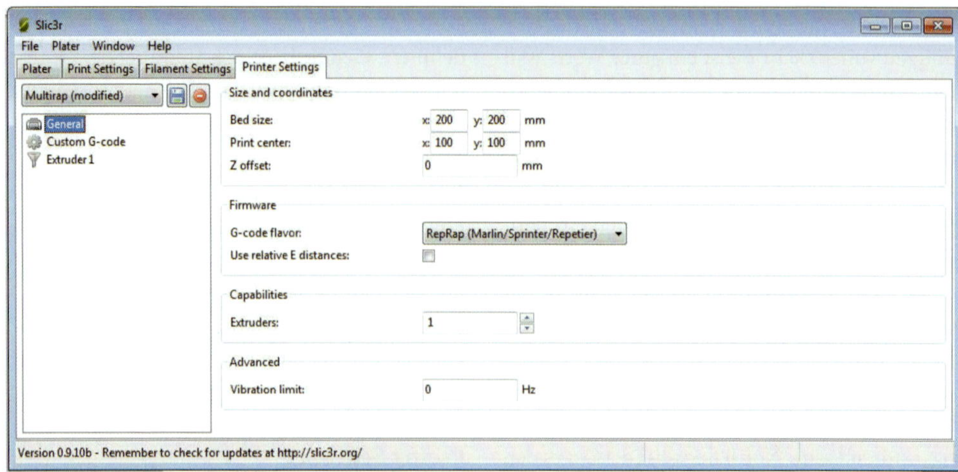

Die Printer Settings bleiben meist unverändert

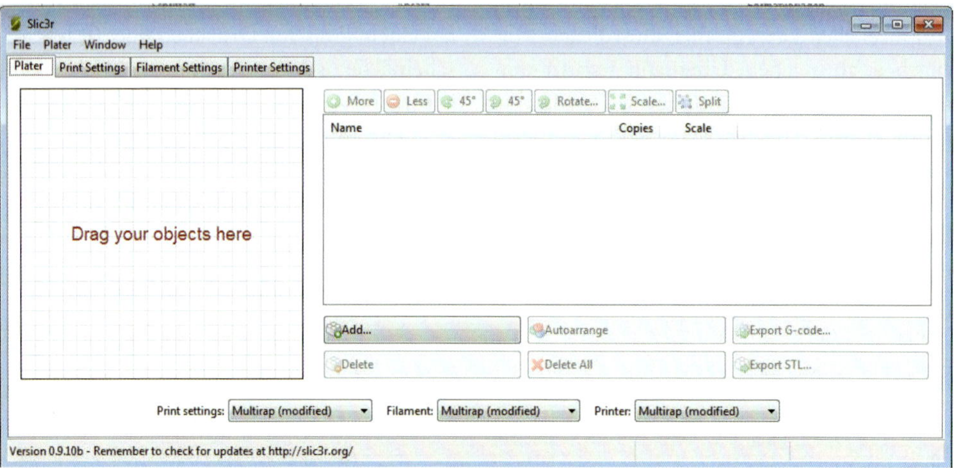

Unter Plater wird die eigentliche Druckvorbereitung verwaltet

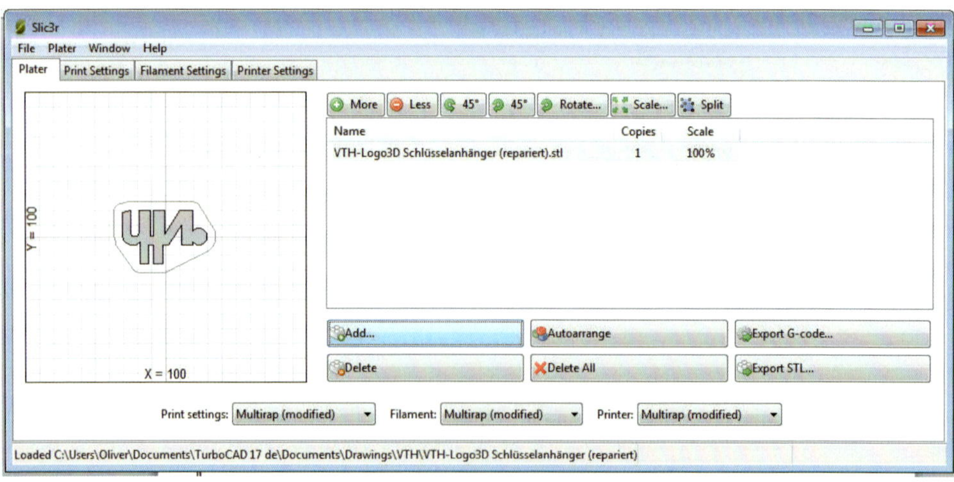

Die Druckdateien werden durch Add auf dem virtuellen Drucktisch abgelegt

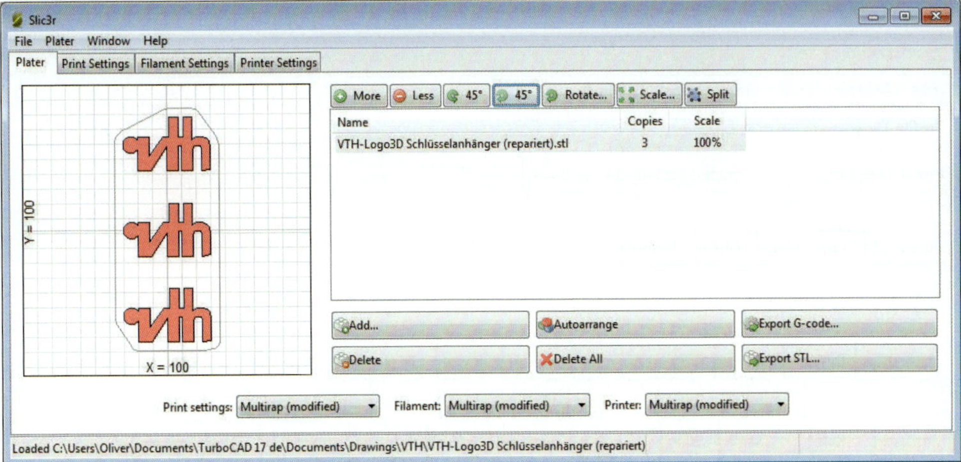

Das Druckobjekt kann dann vervielfältigt, gedreht und anderweitig verändert werden

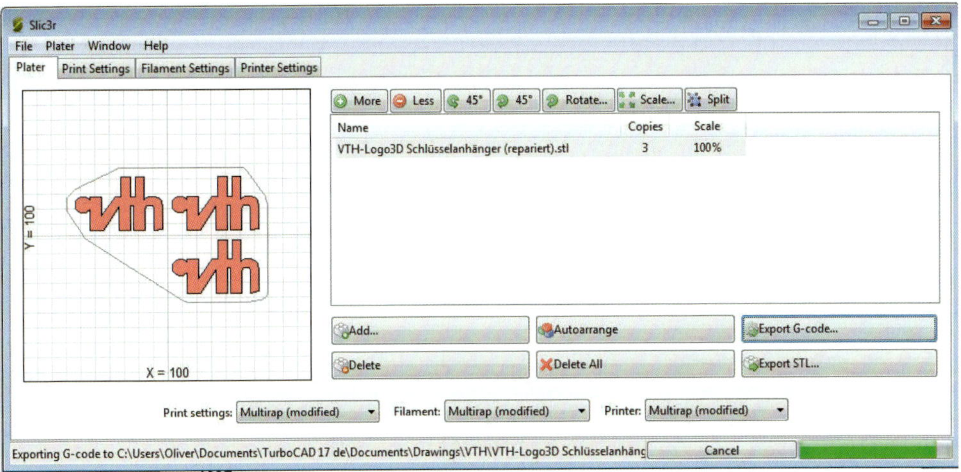

Der Export in einen G-Code erfolgt dann sehr einfach im nächsten Schritt

nach können sehr komfortabel noch Veränderungen am Druckobjekt vorgenommen werden. So kann die Druckgröße (falls man dies noch nicht bei der Vorbereitung gemacht hat) skaliert werden, das Objekt kann gedreht und sogar vervielfältigt werden, sofern man mehrere Exemplare benötigt.

Nach einem Druck auf „Export G-Code" wird der Maschinencode dann erstellt und an der gewünschten Stelle gespeichert, sodass er in das Maschinensteuerprogramm geladen werden kann.

Skeinforge

Ein weiteres zur Erstellung des G-Codes zu verwendendes Programm ist Skeinforge, ebenfalls ein Freeware Open-Source-Projekt, welches deutlich umfangreichere Einstellmöglichkeiten hat, als Slic3r, dafür aber – will man alle Features anwenden – auch ein wenig mehr Einarbeitung verlangt. Skeinforge arbeitet mit einer etwas weniger ansprechend gestalteten Oberfläche und ist etwas weniger intuitiv zu bedienen, dies ist aber, wenn man es überhaupt so sieht, der einzige Nachteil, den dieses Programm hat.

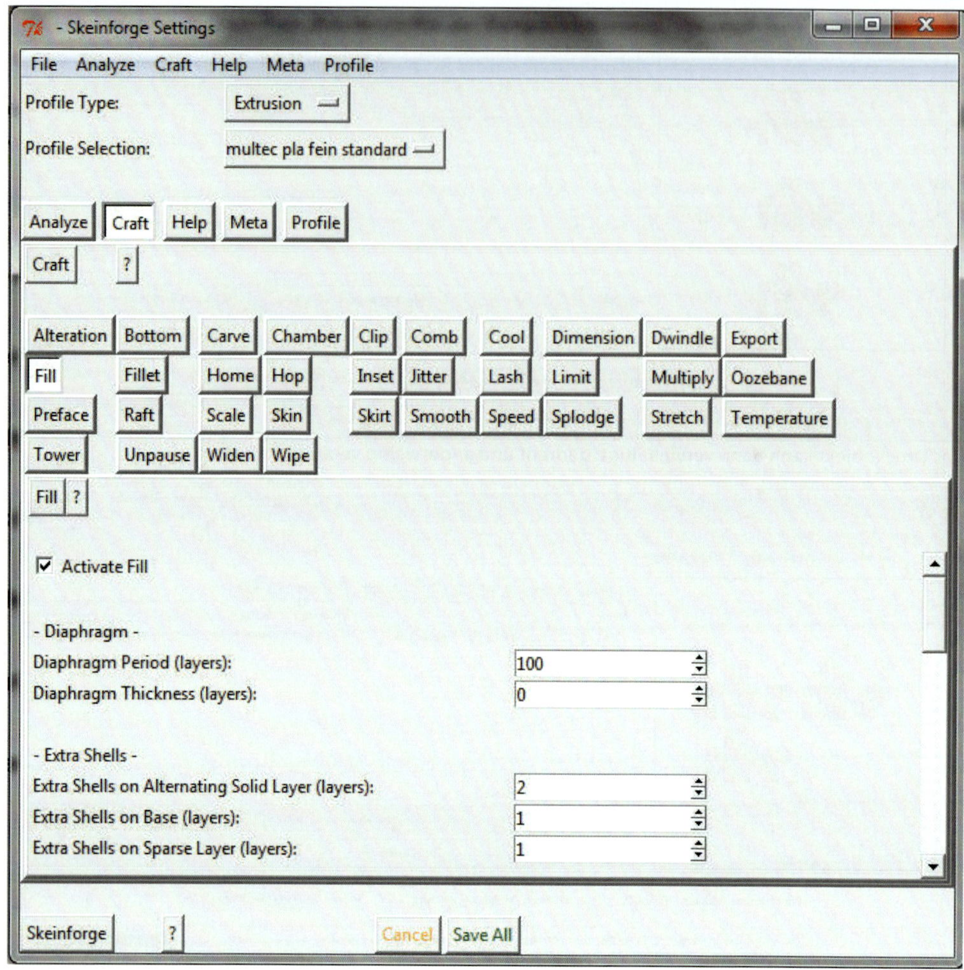

Das Bedienfeld ist bei Skeinforge ein wenig nüchterner gestaltet als bei anderen Programmen

Zum Download findet man Skeinforge unter http://fabmetheus.crsndoo.com

Für den 3D-Druck ist lediglich der Bereich „Extrusion“ interessant, obwohl Skeinforge auch beispielsweise zur Erstellung von G-Codes für CNC-Fräsen erstellen kann.

Einer der größten Vorteile von Skeinforge ist, dass man für die verschiedensten Anwendungen Profile anlegen kann und mit diesen jeweils voreingestellten Parametern die Erstellung des G-Codes durchführt. Einige Firmen, beispielsweise multec, bieten mit ihren Druckern fertige Profile für verschiedene Anwendungen an. Will man die Druckergebnisse noch verändern – im besten Falle natürlich verbessern – so kann man aufbauend auf einem solchen Profil noch das entsprechende Feintuning vornehmen. Denken Sie aber immer daran die Ursprungsprofile beizubehalten, damit man bei einer Verschlechterung wieder zurückgehen kann. Und

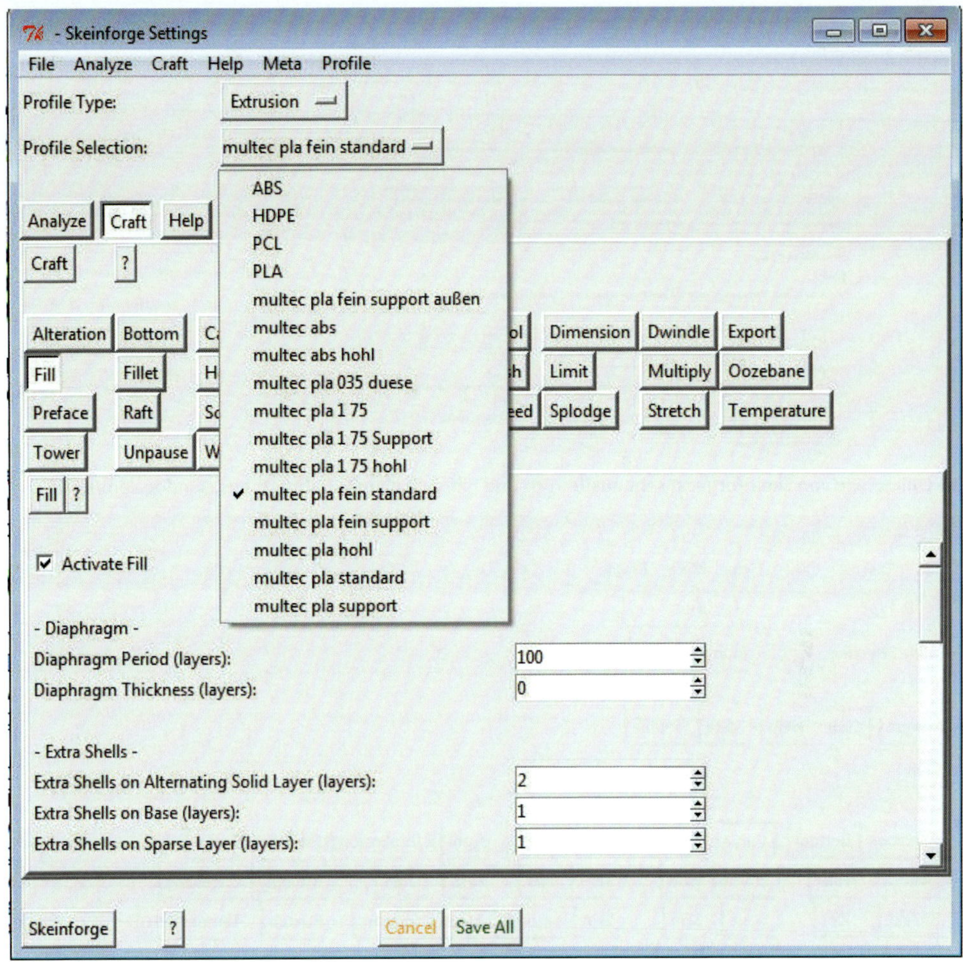

Ein Pluspunkt bei Skeinforge sind die unterschiedlichen Profile, die jeweils aufgerufen werden können

noch ein Tipp: Verändern Sie immer nur einen Parameter und beobachten Sie dann die Veränderung bei einem Ausdruck. Ändern Sie mehrere Parameter, so wissen Sie später nicht mehr, warum Ihr Ausdruck besser oder schlechter geworden ist. Hier gilt es, sich behutsam an die passenden Werte heranzutasten.

Generell ist die Hilfe bei Skeinforge sehr gut – allerdings nur in Englisch. Wenn Sie also bei einem Punkt nicht weiter, klicken Sie einfach auf das Fragezeichen und Sie gelangen in ein sehr ausführliches Online-Handbuch, welches zum Teil mit Grafiken die verschiedenen Funktionen erklärt und auch sehr gute Tipps bereithält.

Auf einige wichtige Parameter, deren Einstellung von Beginn an wichtig ist, werde ich nun eingehen.

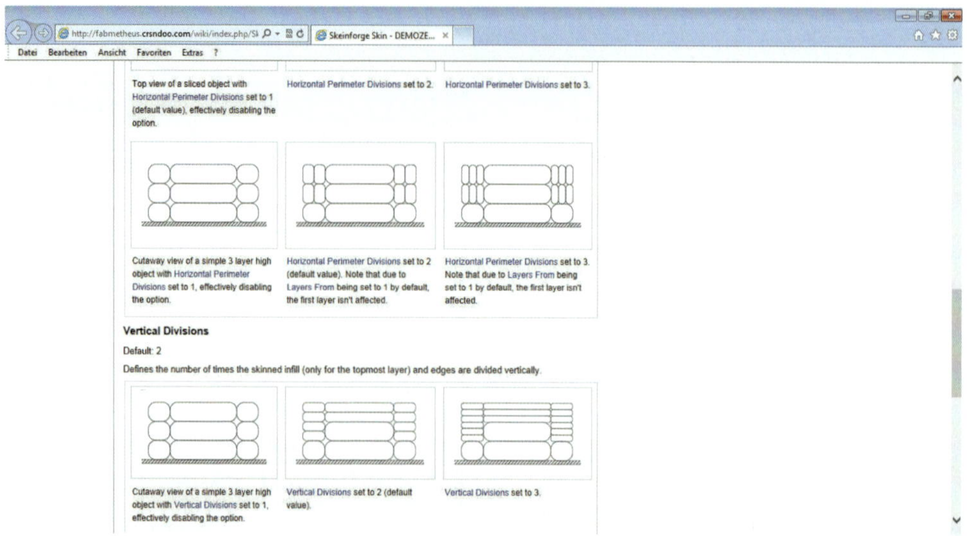

Die Onlinehilfe von Skeinforge ist sehr ausführlich und hilfreich (Quelle: fabmetheus.crsndoo.com/wiki)

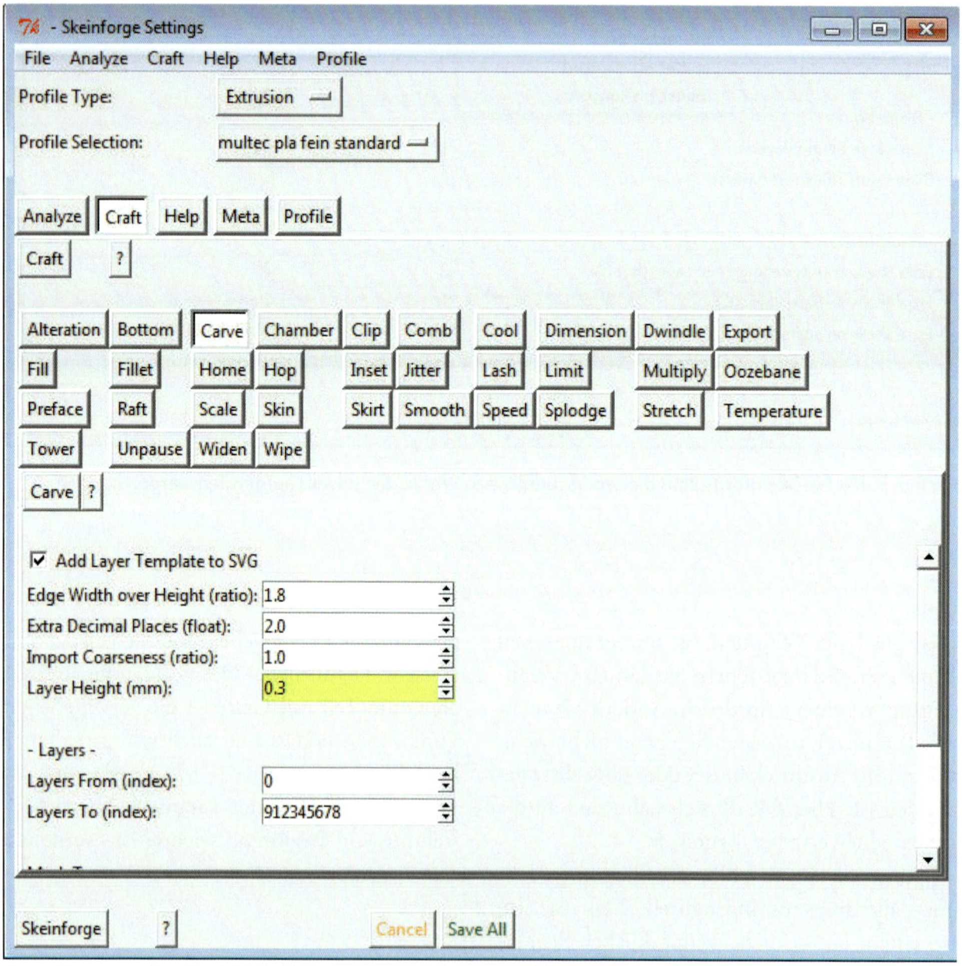

Unter Carve werden die Schichtdicke und andere Parameter hierzu eingestellt

Carve
Unter Carve sind vor allem zwei Einstellungen wichtig. Zum einen die **Layer Height**, also die Schichtdicke in Millimetern. Natürlich kann man bei geringerer Schichtdicke sehr viel feinere Oberflächen erhalten, dafür erhöht sich die Druckzeit aber auch um ein Vielfaches. Zum anderen die **Edge Width over Height**, diese wird in einem Verhältnis angegeben. Der Drucker legt beim Ausdruck keinen runden Faden ab, sondern einen der breiter ist also hoch, im gezeigten Beispiel 1,8mal so breit, also 0,72 mm breit. Diesen Wert sollte man erst verändern, wenn man einiges an Erfahrung gesammelt hat.

Chamber
Dieser Parameter steuert die Temperatur des Heizbetts und (wenn vorhanden) der Druckkammer. Hier kann man gut experimentieren, wenn das Druckteil nicht gut am Drucktisch haftet.

Comb
Comb ist ein hervorragendes Tool um die Verfahrwege zwischen den einzelnen zu druckenden Teilen (Inseln) gering zu halten und auch das Überfahren von Bohrungen in den Bauteilen zu vermeiden. Je häufiger die Druckdüse von Insel zu Insel fährt, umso mehr feine Fä-

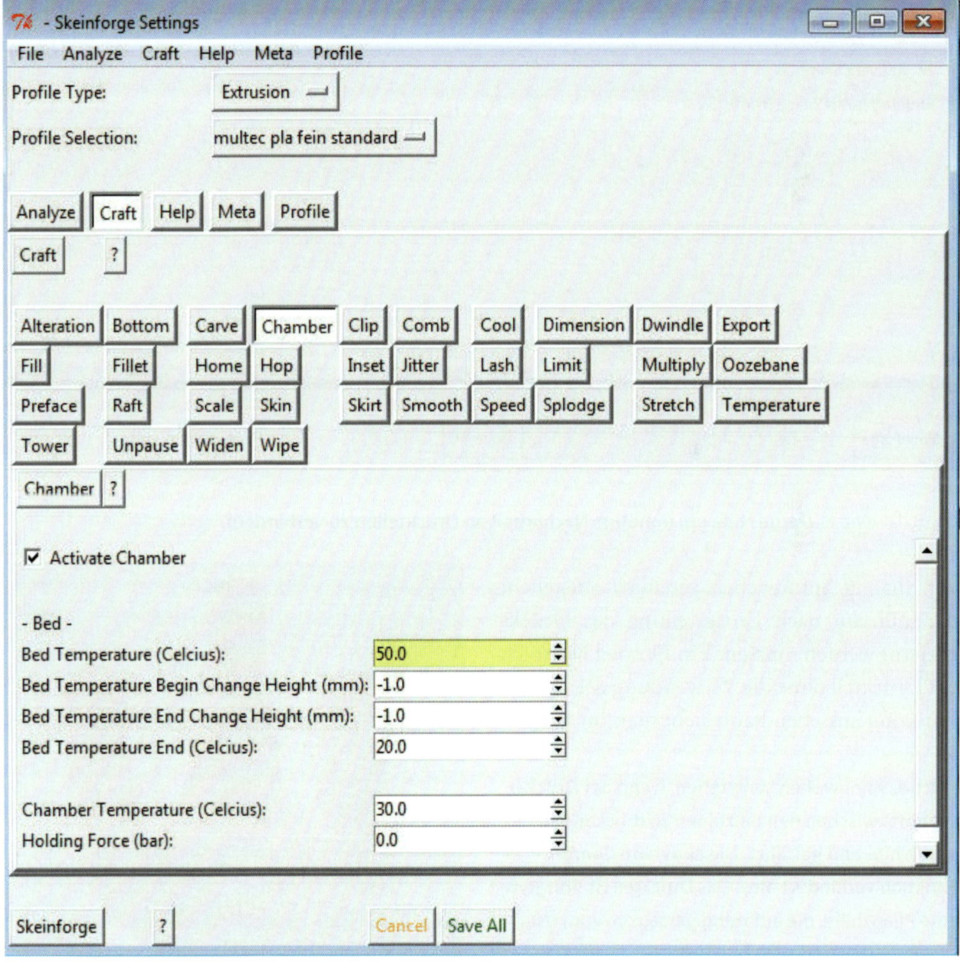

Die Werte unter Chamber dienen zur Ansteuerung des Heizbetts

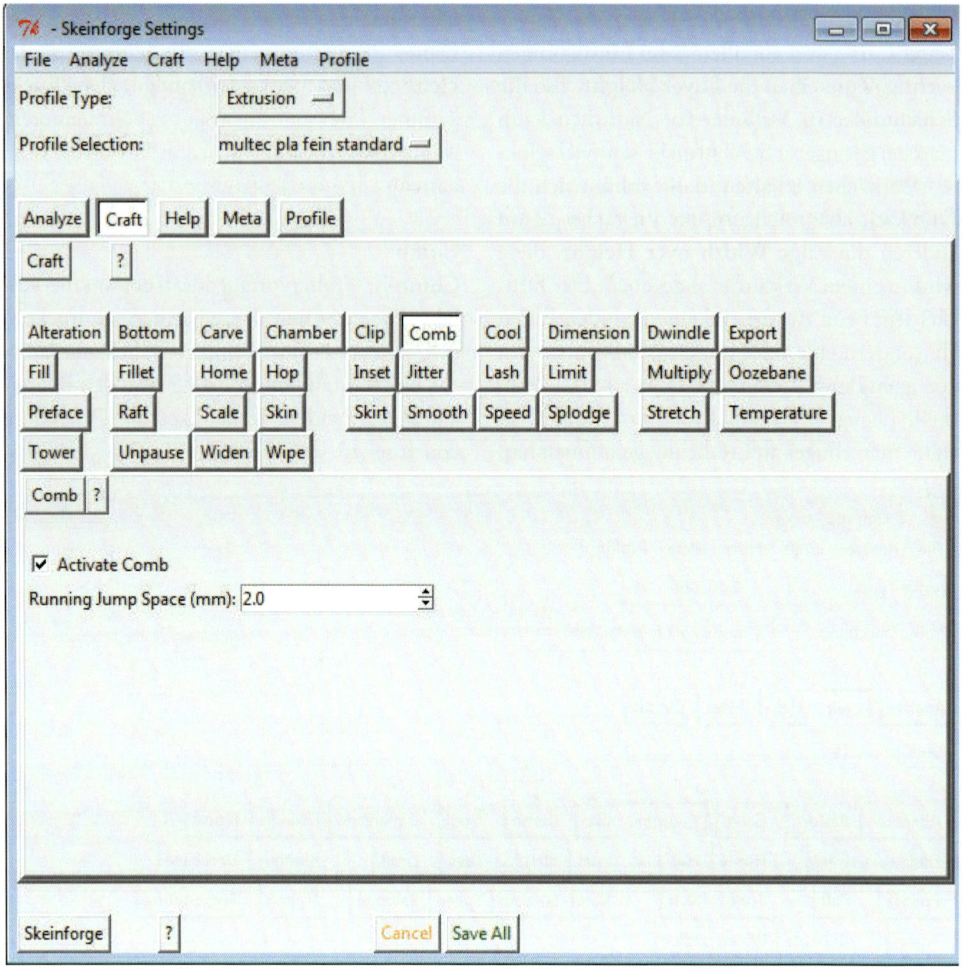

Comb ist eine wichtige Hilfe um unnötige Nacharbeit an Druckteilen zu verhindern

den (häufig Spinnweben genannt) entstehen, die mühsam nach Fertigstellung des Drucks entfernt werden müssen. Ein Beispiel wie solch ein Druckteil ohne die Verwendung der Comb-Funktion aussehen kann sieht man im Foto.

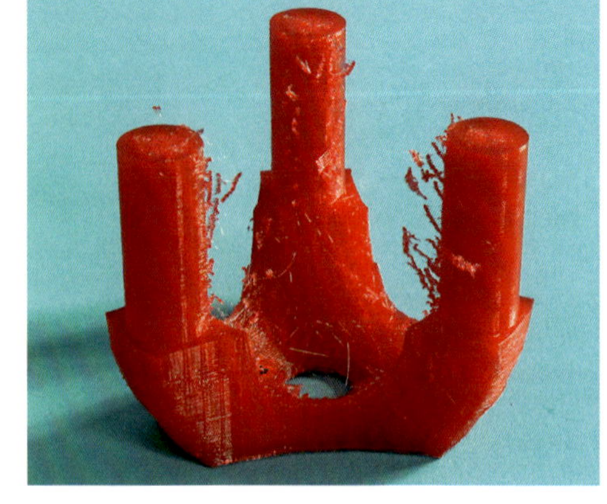

Solche „Spinnweben" entstehen, wenn der Drucker sehr oft zwischen den einzelnen zu druckenden Inseln hin- und herfährt. Die aktivierte Comb-Funktion verhindert dies. Das Druckteil ist übrigens eine Pflanzhilfe, die auf thingiverse.com vom User AlexEnglish veröffentlicht wurde

Dimension
Sehr wichtig sind die Einstellungen unter diesem Punkt, denn nur wenn diese stimmen, bekommt der Extruder die richtigen Befehle, um das Material korrekt abzulegen.

Filament Diameter (Filamentdicke) erklärt sich von selbst, **Filament Packing Density** ist der Wert der Dichte des verwendeten Filaments. Hat man für diesen von der Herstellung herrührenden Wert keine Angaben des Herstellers, so kann man zunächst mit dem angegeben Wert von 97% arbeiten. Feineinstellung, wenn zu wenig oder zu viel Material gedruckt wird kann man zwar durchführen, ratsamer ist es aber diesen Wert über die Druckgeschwindigkeit (hierauf wird unter Speed noch eingegangen) zu korrigieren.

Um Unsauberkeiten, wie die bereits genannten Spinnweben im Ausdruck zu vermeiden, kann man das Filament im Extruder beim Verfahren über unbedruckte Flächen zurückziehen lassen. Hierzu sind die Einstellungen des **Extruder Retraction Speed** (diese kann eigentlich so bleiben) sowie der **Retraction Distance** und **Restart Extra Distance** wichtig. Hierbei soll-

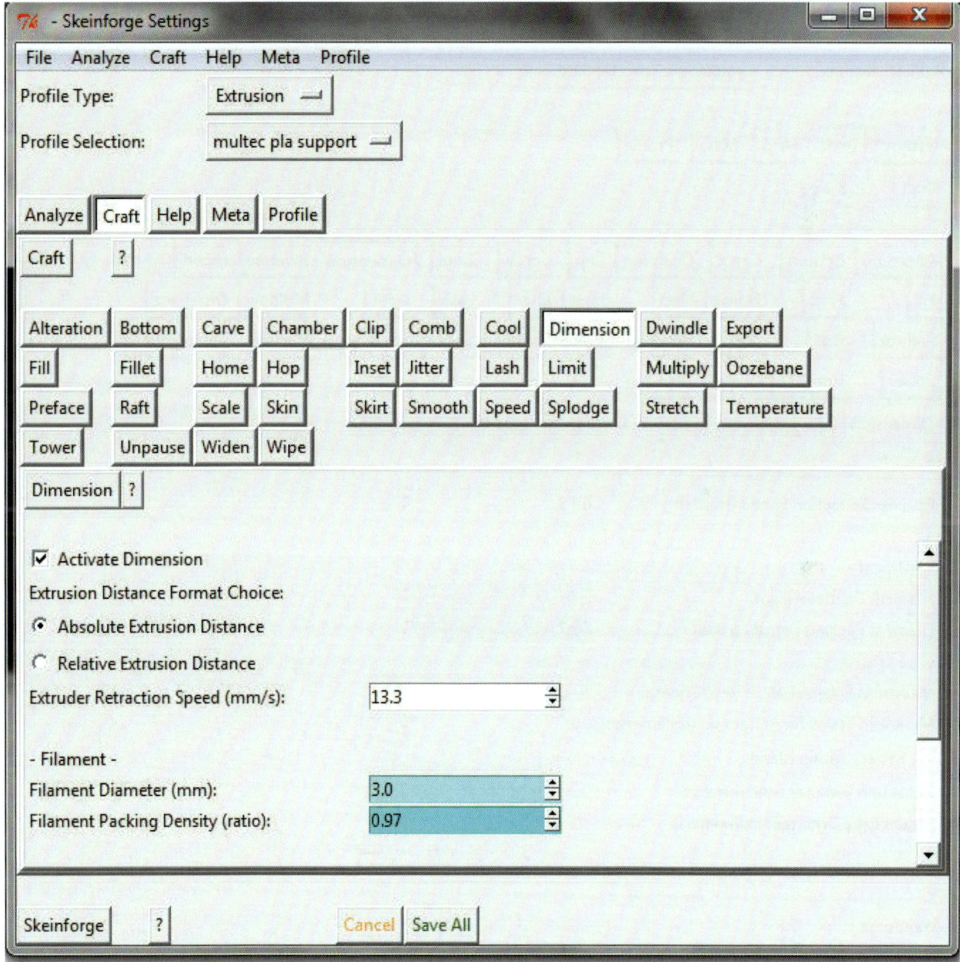

Hier werden die Eckdaten des Filaments und seines Vorschub eingegeben

te der Wert für Restart Extra Distance (hierbei wird die Düse vor dem neuen Druckanfang wieder mit Material versorgt) geringer sein, als der der Retraction Distance, also des Rückzugswegs beim Verlassen des Druckbereichs. Hier kann man mit den Werten experimentieren, um das optimale Ergebnis zu erreichen.

Wenn man diese Funktionen nutzen will, muss man auf jeden Fall bei **Retract within Island** ein Häkchen setzen, denn ansonsten werden diese Einstellungen nicht ausgeführt.

Fill

Es nützt natürlich nichts nur leere Hüllen zu drucken (dies kann nur im Einzelfall interessant sein) sondern die Objekte müssen auch mit Inhalt gefüllt, sprich ausgefüllt werden. Wie dies geschieht, das wird in diesem Parameter eingestellt. Auf jeden Fall sollte Fill immer aktiviert sein.

Extra Shells definiert die Anzahl und die Schichten, in denen zusätzliche Außenlagen des Materials eingefügt werden. Eine Außenla-

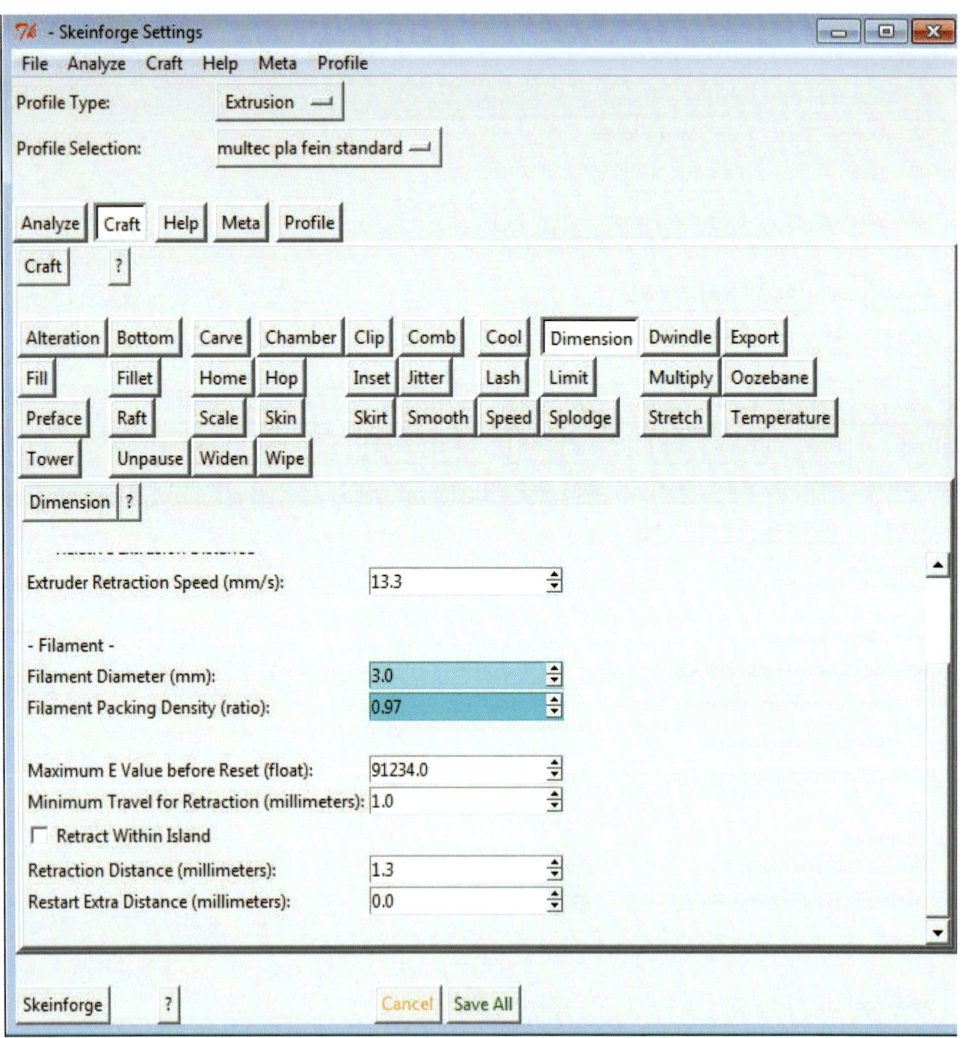

Feine Einstellungen für die Optimierung des Druckergebnisses kann man unter diesen Punkten machen

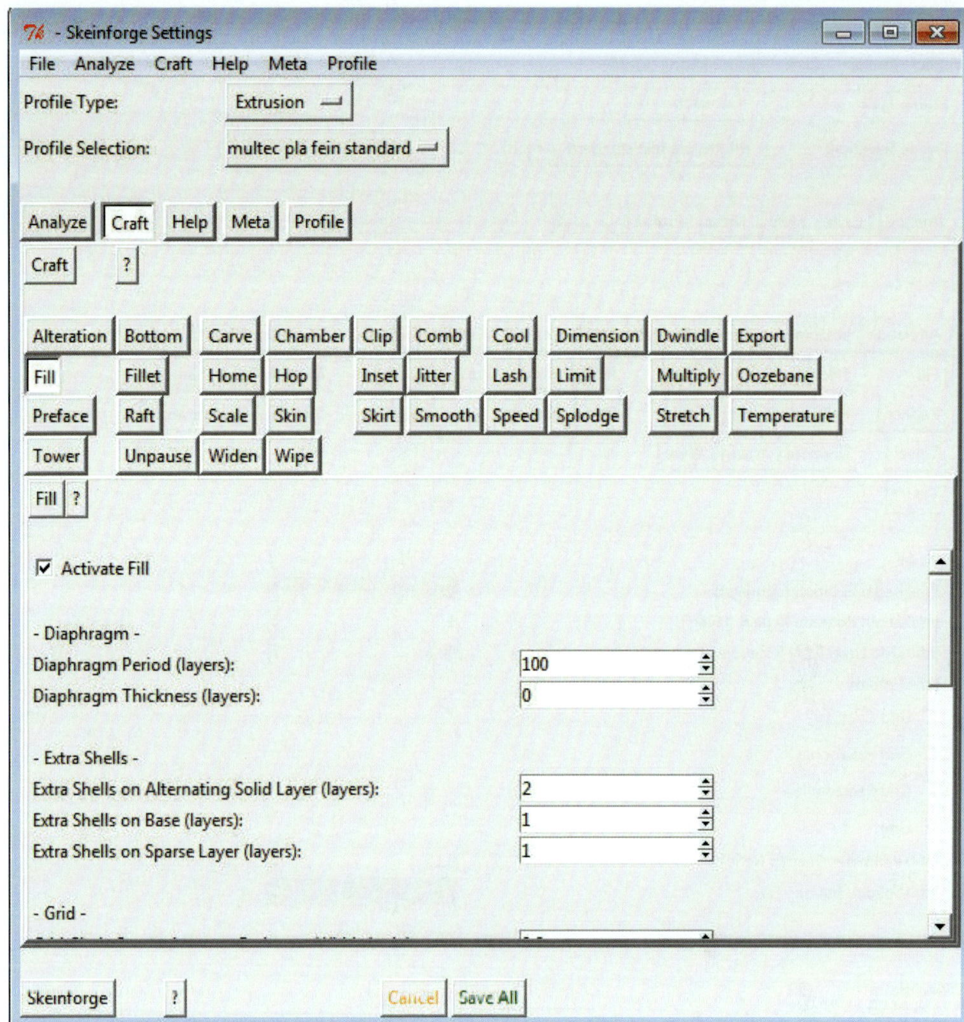

Fill definiert die spätere Füllung des Objektes

ge wird immer um das Druckobjekt gelegt, sie bildet die äußerste Schicht. Nun kann man je nach Wunsch noch weitere Außenlagen einfügen, bevor danach die Füllung mit dem (später noch zu wählenden) Füllgrad und Füllmuster beginnt. Dies verstärkt die Belastbarkeit der Außenhülle.

Viele der übrigen Werte können normalerweise so stehen bleiben. Wichtig ist dagegen **Infill**. Hier kann man angeben, mit welchem Muster gefüllt werden soll (hier bieten sich üblicherweise Linien an, da diese am flüssigsten gedruckt werden), in welchem Winkel und wie dieser wechselt und – am wichtigsten, wie hoch der Füllgrad (**Infill Solidity**) ist. Hier kann zwischen 1=100% (also massiver Füllung) und 0=0% (hohl) alles möglich. Sinnvoll ist hier meist ein Wert von 0.3-0.4, der einen sehr stabilen und dabei noch nicht allzu schweren Körper erzeugt.

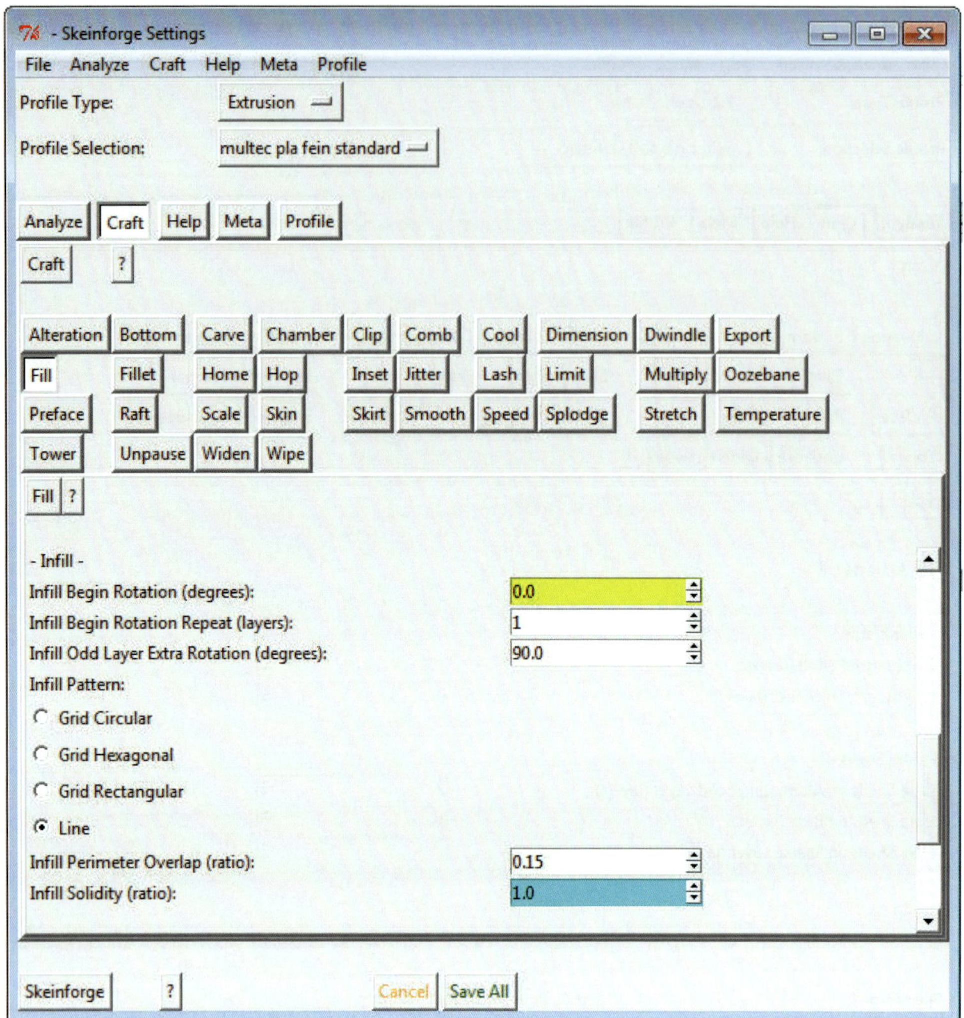

Wichtige Angaben zum Füllungsgrad werden unter Infill angegeben

Raft

Dieser Parameter ist einer der Wichtigsten um viele, vor allem auch komplexere, Teile zu drucken.

Hier definiert man hier die Einstellung des Rafts, also der zusätzlichen Haftungsfläche, die bereits beschrieben wurde. Man kann hier bei Skeinforge sehr genau die Daten für die unterste Schicht **Base** und die darüberliegenden Verbindungsschichten zum Druckteil dem sogenannten **Interface** definieren. Hierdurch ist die Haftung am Tisch und die Herstellung einer leicht entfernbaren Interfaceschicht sehr gut möglich.

Ein weiterer wichtiger Unterpunkt unter Raft ist der Druck eines **Support**, also des Stützmaterials für überhängende Strukturen. Hier lässt sich einstellen, ob das Supportmate-

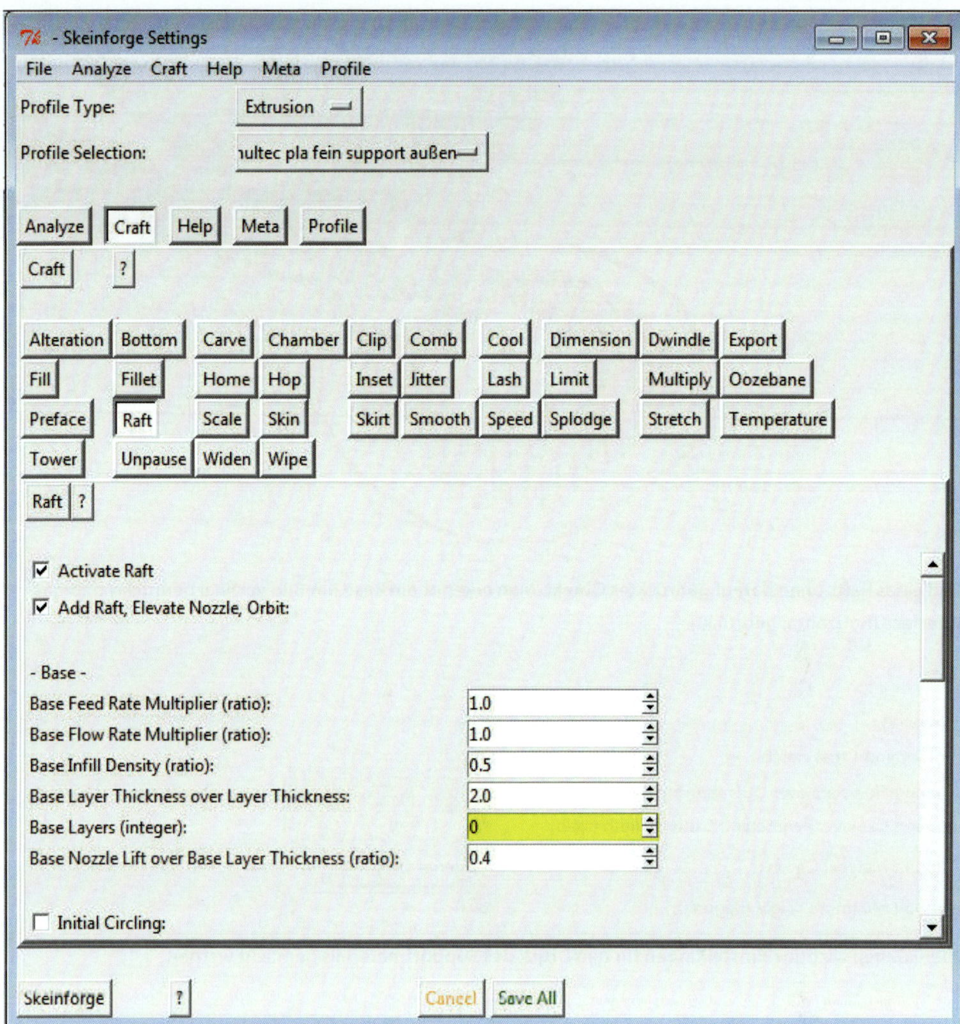

Hier werden die Einstellungen des Rafts vorgenommen

rial jeweils nach jeder Schicht um 90° gedreht gedruckt werden soll (**Support Cross Hatch**), wodurch sich das Material leichter ablösen lässt. Ferner lässt sich hier mit **Support Flow Rate over Operating Flow Rate** quasi die Menge des abgegebenen Materials unter die normale Druckmenge setzen, wodurch ebenfalls das Stützmaterial leichter zu entfernen ist.

Sehr wichtig ist auch die Auswahl, wo Supportmaterial gedruckt werden soll (**Support Material Choice**). Bei *None* wird kein Support gedruckt wird, bei *Everywhere* überall und bei *Exterior only* nur an äußeren Überhängen eine entsprechende Stützung. Gerade die letzte Auswahl finde ich sehr hilfreich, da bei inneren Überhängen meist Brücken gebildet werden, die

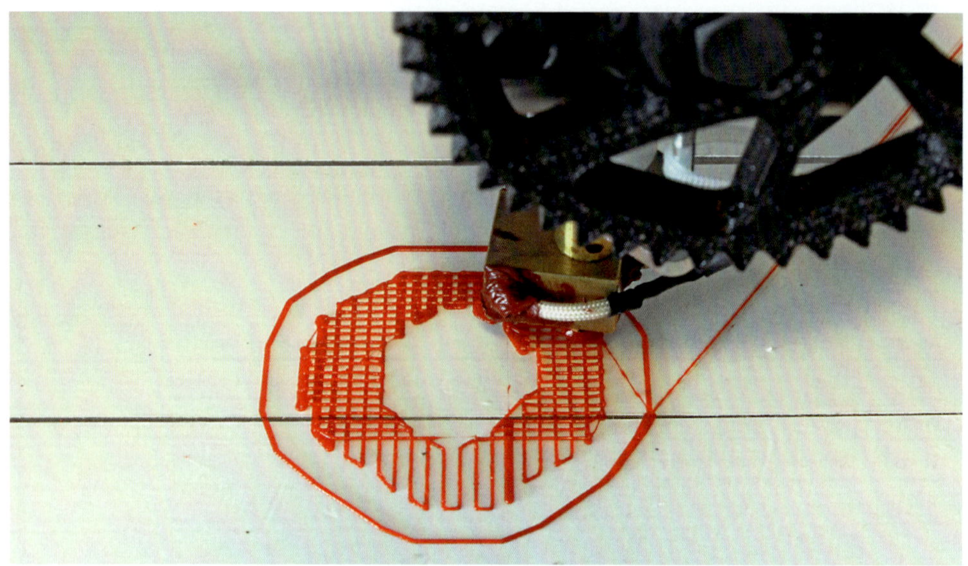

Bild eines Rafts ohne darauf gedrucktes Objekt. Man erkennt die Base (im Bild vertikal gedruckt) und das Interface (horizontal gedruckt)

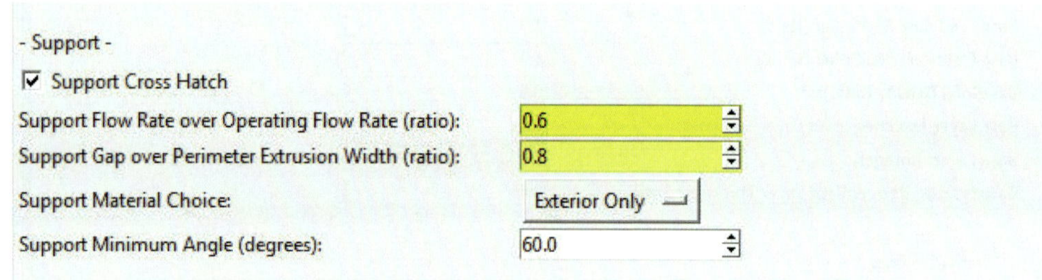

Hier können wichtige Einstellungen für den Druck des Supportmaterials gemacht werden

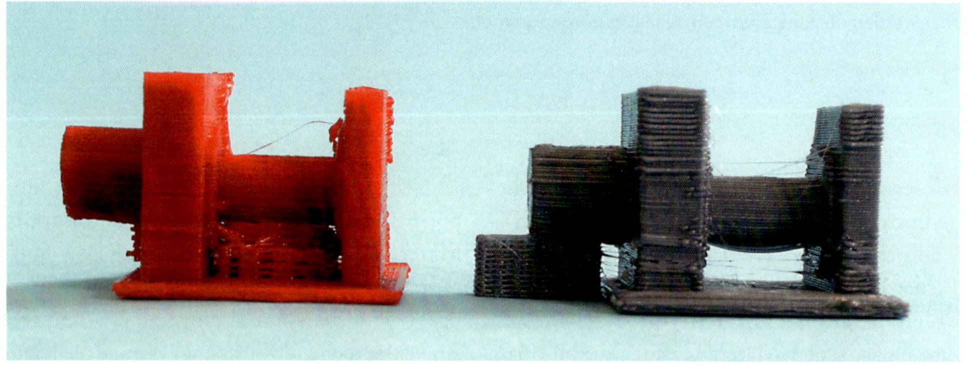

Gut zu erkennen beim roten Teil wurde Support auch innerhalb des Objekts gedruckt, beim silbernen war die Option Exterior only, also nur außen ausgewählt

sich automatisch stützen. Zudem ist Stützmaterial im Innern von Drucken häufig nur schwer zu entfernen.

Skin

Skin ist ein Tool, um die Oberfläche des Ausdrucks zu verbessern. Hier sollte man mit verschiedenen Einstellungen experimentieren, um das optimale Ergebnis zu erzielen. Zur Veranschaulichung der Auswirkungen von Veränderungen, ist hier vor allem auch die Online-Hilfe von Skeinforge sehr hilfreich, also das Fragezeichen anklicken.

Speed

Der Punkt Speed ist extrem wichtig, da hier die Geschwindigkeiten in X- und Y-Richtung sowie die Extrudervorschübe definiert werden. Am bedeutsamsten sind hierbei die beiden Punkte **Feed Rate** (die Verfahrgeschwindigkeit) und **Flow Rate Setting** (die Vorschubgeschwindigkeit im Extruder), deren Werte die Einstellungen der weiteren Punkte beeinflussen, da diese als Faktoren dieser Geschwindigkeiten angegeben werden. Welche Werte Sie hier eingeben müssen, hängt von Ihrem Drucker ab. Eine wichtige Grundregel ist jedoch, dass bei zu di-

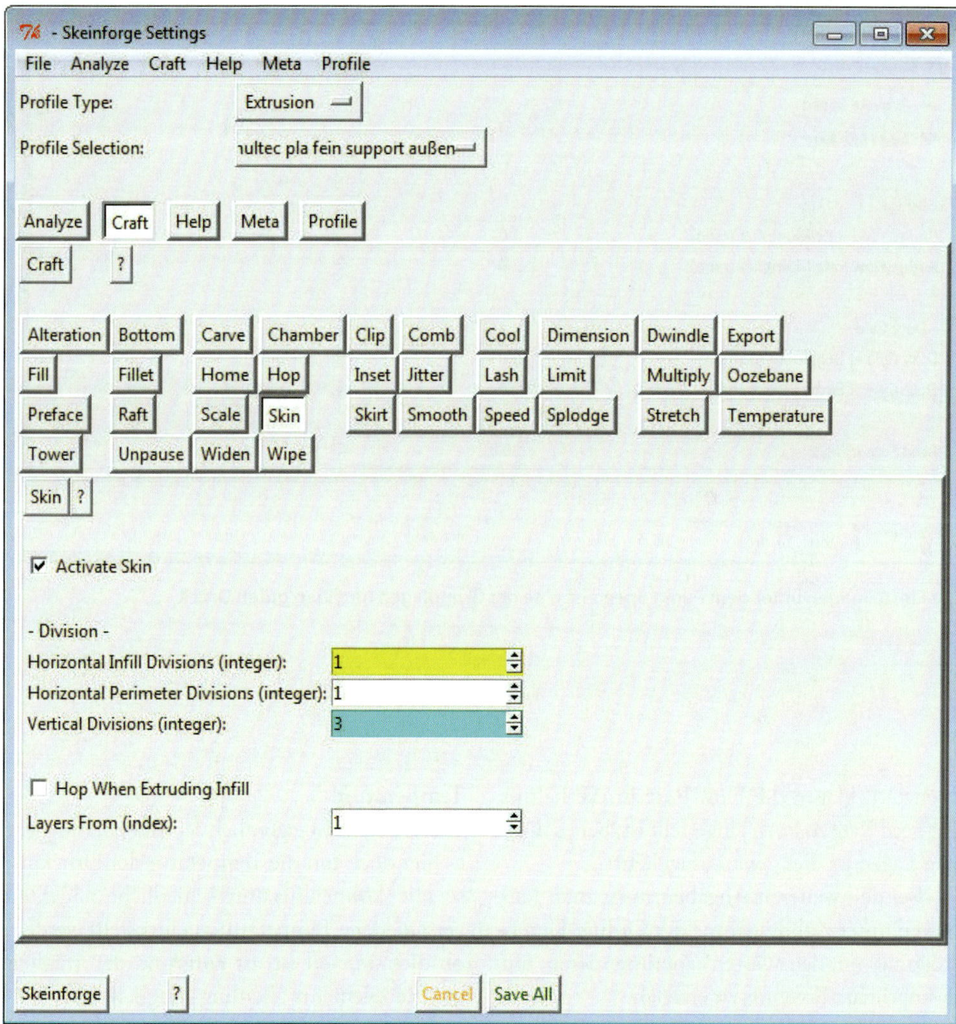

Skin hilft die Oberflächen von Ausdrucken zu verbessern

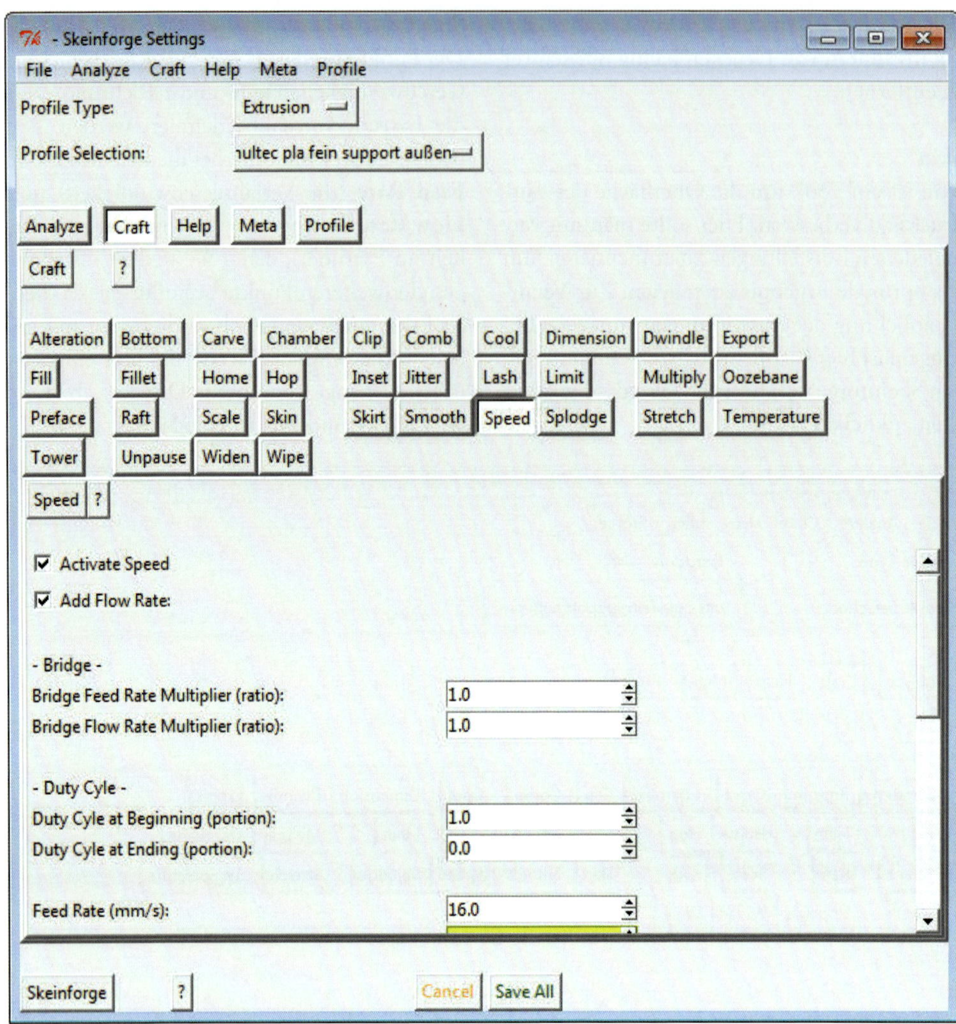

Die Einstellungen unter dem Punkt Speed ist eine der Grundlagen für einen guten Druck

cken Drucklagen die Flow Rate im Verhältnis zur Feed Rate zu hoch eingestellt ist, bei zu dünnen Lagen ist dies genau umgekehrt.

Bei den weiteren Angaben muss man (am besten unter Zuhilfenahme der Online-Unterstützung) mit den Werten experimentieren, um das optimale Ergebnis zu erzielen.

Temperature

Dieser Punkt ist eigentlich selbsterklärend, geht es hier doch um die Temperatur der Druckdüse. Hier können für unterschiedliche Schichten verschiedene Temperaturen eingestellt werden, ob dies sinnvoll ist, ist aufgrund der Trägheit des Heizelements allerdings fraglich.

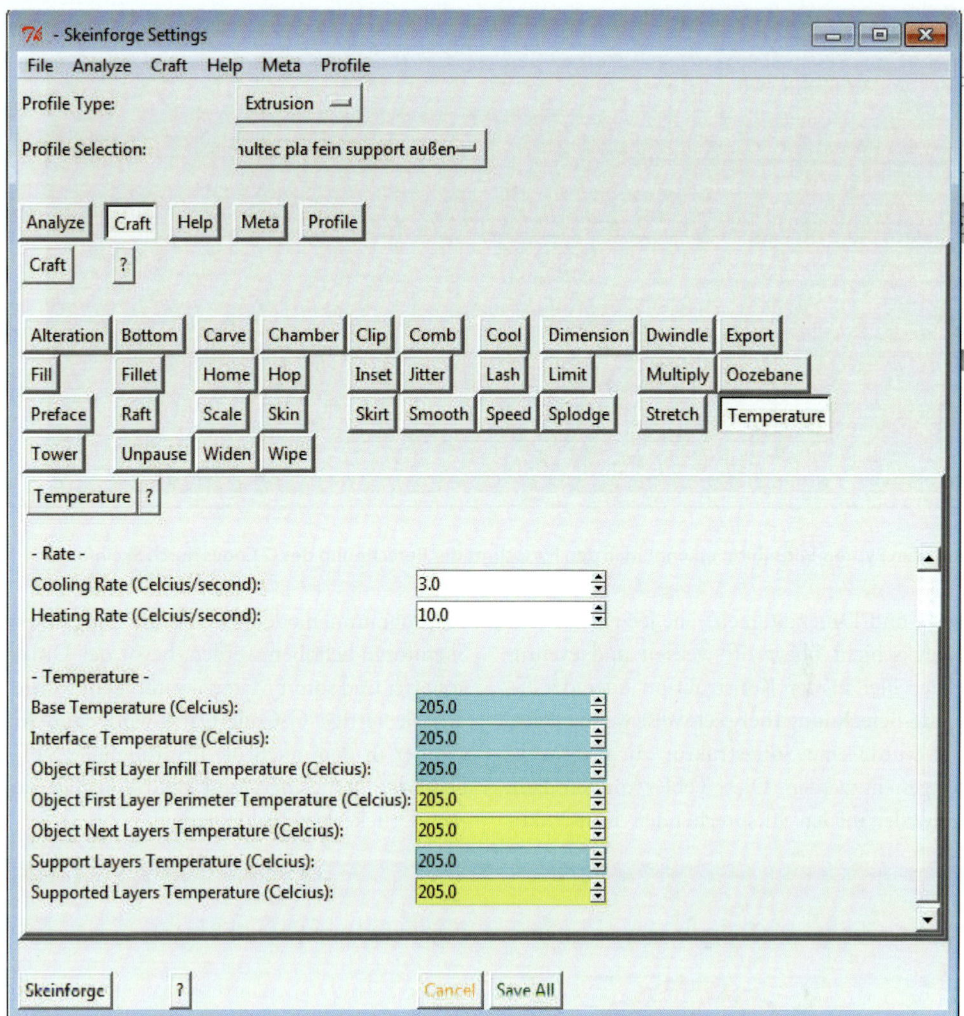

Hier werden die Temperatureinstellungen des Druckers vorgenommen

Die Arbeit mit Skeinforge

Hat man diese Einstellungen passend vorgenommen und in einem entsprechenden Profil gespeichert, ist die weitere Arbeit mit Skeinforge sehr simpel. Man wählt das gewünschte Profil aus und klickt auf Craft. Daraufhin öffnet sich ein Fenster, in dem man die zu bearbeitende STL-Datei auswählt. Danach beginnt Skeinforge mit der Berechnung des G-Codes, dessen Fortschritt man am im Hintergrund laufenden Bildschirm des Programms Python erkennen kann.

Nach dem Abschluss der Berechnung zeigt Skeinforge die Druckwege (und die Verfahr-

```
C:\Python27\python.exe
Export settings have been saved.
Feed settings have been saved.
Fill settings have been saved.
Fillet settings have been saved.
Flow settings have been saved.
Home settings have been saved.
Lash settings have been saved.
Lift settings have been saved.
Limit settings have been saved.
Mill settings have been saved.
Multiply settings have been saved.
Outset settings have been saved.
Preface settings have been saved.
Raft settings have been saved.
Skin settings have been saved.
Speed settings have been saved.
Temperature settings have been saved.
Unpause settings have been saved.
Skeinforge craft settings have been saved.
Skeinforge settings have been saved.
File C:/Users/Oliver/Documents/TurboCAD 17 de/Documents/Drawings/Reifen/ps_310_2
0-75k (repariert).stl is being chain exported.
Carve procedure took 8 seconds.
Preface procedure took 1 second.
Inset layer count 12...
```

Auf dem Python-Bildschirm erkennt man den Fortschritt der Berechnung des G-Codes durch Skeinforge

wege und Drucktätigkeit) an. Jetzt kann jede Druckschicht überprüft werden und eventuelle Fehler in der Konstruktion oder der G-Code-Berechnung (beispielsweise wenn vergessen wurde eine Stützstruktur zu generieren) festgestellt werden. Diese Fehler können dann entweder in den entsprechenden Konstruktionsprogrammen oder in den Einstellungen von Skeinforge behoben werden, bevor der Druck gestartet und somit Material verbraucht wurde.

Die fertige G-Code-Datei wird dann im Ordner in dem auch die ursprüngliche STL-Datei lag gespeichert und kann von hier aus zum Drucker geschickt werden.

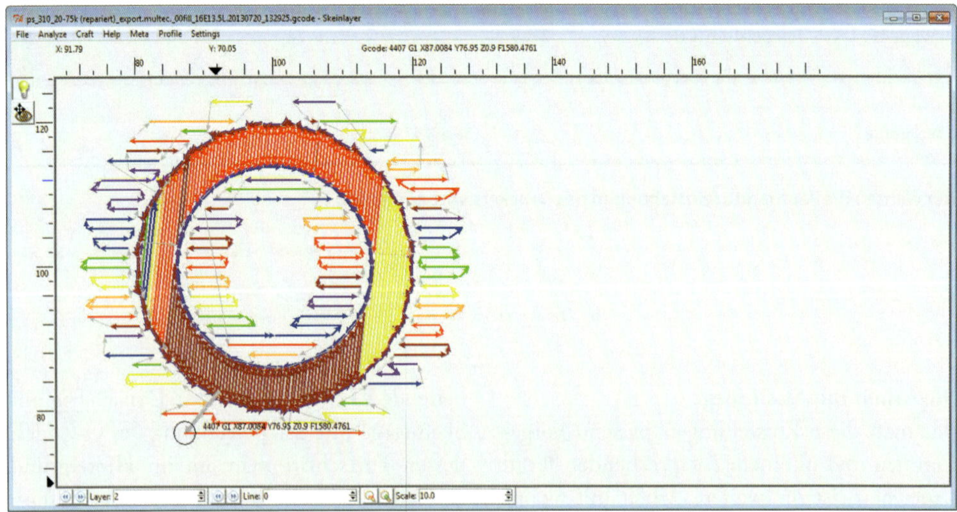

Skeinforge zeigt nach Abschluss der Berechnung die genauen Druckwege des Objekts an, dadurch können diese für jede Schicht überprüft und eventuelle Fehler bereits vor dem Druck erkannt werden

Cura

Ein weiteres weitverbreitetes und kostenlos angebotenes Slicing-Programm ist Cura, das ursprünglich von der niederländischen Firma Ultimaker für ihre gleichnamigen 3D-Drucker entwickelt wurde (www.ultimaker.com unter „our software"). Allerdings lässt sich Ultimaker auch zur Druckvorbereitung und zum Steuern des Druckers selbst verwenden. Hierzu muss man in Cura in einem Einstellungsmenü lediglich die Parameter des verwendeten Druckers eingeben.

Die Bedienung von Cura ist sehr intuitiv und dank einer durchdachten Oberfläche einfach zu erlernen. Die wichtigsten Druckparameter lassen sich an die jeweiligen Bedürfnisse anpassen. Als Besonderheit bieten viele – allerdings nicht alle – Versionen von Cura die Möglichkeit Dual-Extruder anzusteuern und somit mehrfarbig zu drucken oder aber auch Stützstrukturen mittels PVA also wasserlöslich zu drucken.

Steuerungsprogramme

Um den eigentlichen Druck durchzuführen, benötigen 3D-Drucker natürlich auch noch eine Software, die dem Drucker die notwendigen Steuerbefehle gibt, denn der G-Code ist ja nur die Grundlage dafür.

Hier gibt es im Wesentlichen zwei Möglichkeiten. Entweder handelt es sich bei dem Programm um ein spezielles Werkzeug, mit dem der Drucker angesteuert wird und in welches der G-Code fertig geladen werden muss – im Folgenden werde ich als Beispiel dafür Printrun vorstellen. Oder es handelt sich um eine Komplettlösung, die nach dem Laden einer STL-Datei die komplette Berechnung des G-Codes und den eigentlichen Druck vornimmt – als Beispiel hierfür folgt G3DMaker.

Printrun

Printrun ist eine Steuerungssoftware, die von verschiedenen Druckern verwendet wird, so beispielsweise auch von dem später vorgestell-

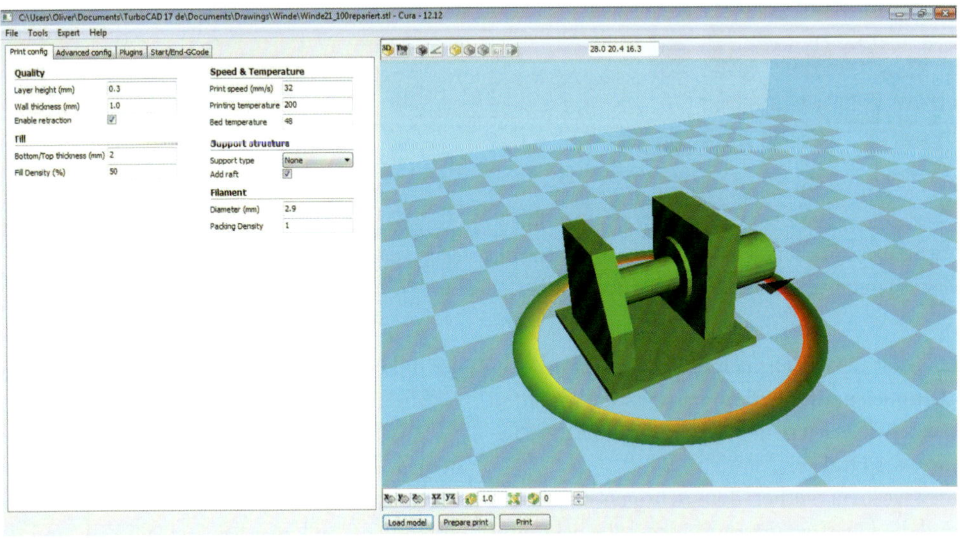

Cura von Ultimaker ist eine weitere kostenlose und gut zu bedienende Slicing- und Drucksteuerungssoftware

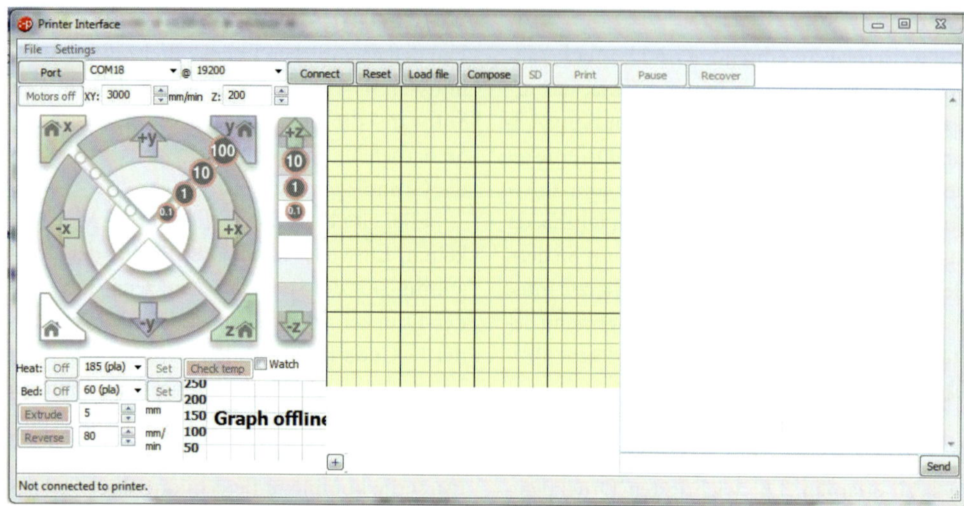

Das Interface von Printrun ist übersichtlich und leicht verständlich

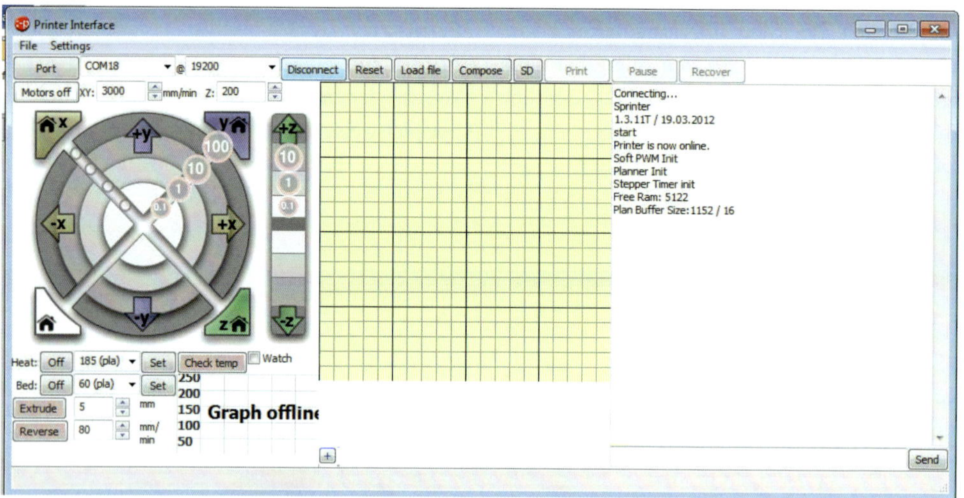

Nach einem Klick auf Connect erhält man (korrekte Einstellung des Com-Ports und der Übertragungsrate vorausgesetzt) manuellen Zugriff auf den Drucker

ten Multirap der Firma multec. Das auf der Programmiersprache Python basierende Programm ermöglicht nach dem Start die komplette Steuerung des Druckers.

Hat man vorher den richtigen Com-Port und die Übertragungsrate eingestellt, bekommt man manuellen Zugriff auf die Steuerung des Druckers und kann über die Steuerflächen auf der linken Seite X-, Y- und Z-Achse von Hand verfahren.

Anschließend kann man die Heizung des Betts und der Düse einschalten. Sowohl in Klarschrift unten links als auch in Form einer mitlaufenden Grafik werden nun die Soll- und die Ist-Temperatur angezeigt, sodass man sieht, wann die richtige Temperatur für den Druck erreicht ist.

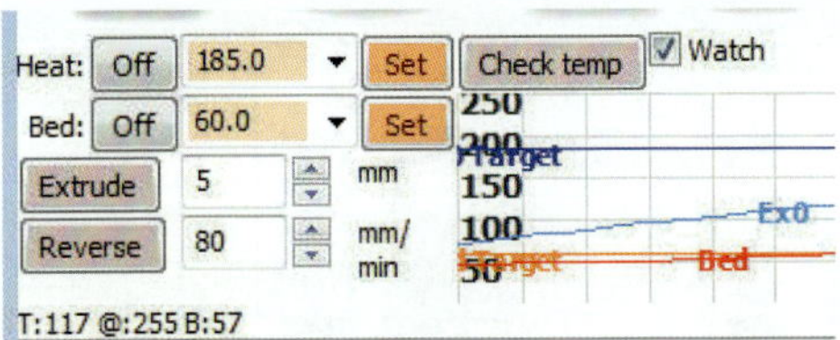

Hier kann man die Heizung von Bett und Druckdüse einstellen und in Klartext sowie in Form einer Grafik überwachen

Nach einem Klick auf „Load File" kann man den G-Code der zu druckenden Datei auswählen, Printrun lädt diese Datei und zeigt sie simuliert auf dem Drucktisch an. Gleichzeitig wird eine geschätzte Druckzeit berechnet, die meist erstaunlich gut mit der wirklichen Druckzeit übereinstimmt.

Nach einem Klick auf „Print" startet der Druck und dem Bediener bleibt nichts mehr zu tun, als den Druckfortschritt zu beobachten. Neben dem Druck auf dem 3D-Drucker läuft dieser virtuell auch auf Printrun ab, sodass man beobachten kann, an welcher Stelle des Drucks man gerade steht. Gleichzeitig wird in der untersten Zeile von Printrun angezeigt, wie viel Prozent des Drucks erledigt sind, wie viele Programmzeilen verglichen mit der kompletten Zeilenzahl abgearbeitet sind, wie viel Zeit noch verbleibt (dieser Wert ist meist mit Vorsicht zu genießen, da hier verschiedene Faktoren zu Unsicherheiten führen) und auf welcher Höhe die Z-Achse angekommen ist.

Nach Abschluss des Drucks teilt Printrun mit, wie lange dieser gedauert hat – ein Vergleich mit der errechneten Zeit passt da häufig gut zusammen – und fährt die Temperatur von Bett und Düse herunter. Dies ist vor allem bei längeren Drucken, bei denen man nicht die ganze Zeit vor Ort ist sehr hilfreich.

G3DMaker

G3DMaker, das Steuerungsprogramm des Easy3DMakers von 3Dfactories soll hier als Beispiel für eine Komplettlösung dienen. Hierbei ist das Druckvorbereitungsprogramm welches den G-Code generiert in der Steuerung enthalten, so dass für den Nutzer keine zwei Schritte zwischen Erstellung des G-Codes und laden und bedienen des Druckprogramm notwendig sind.

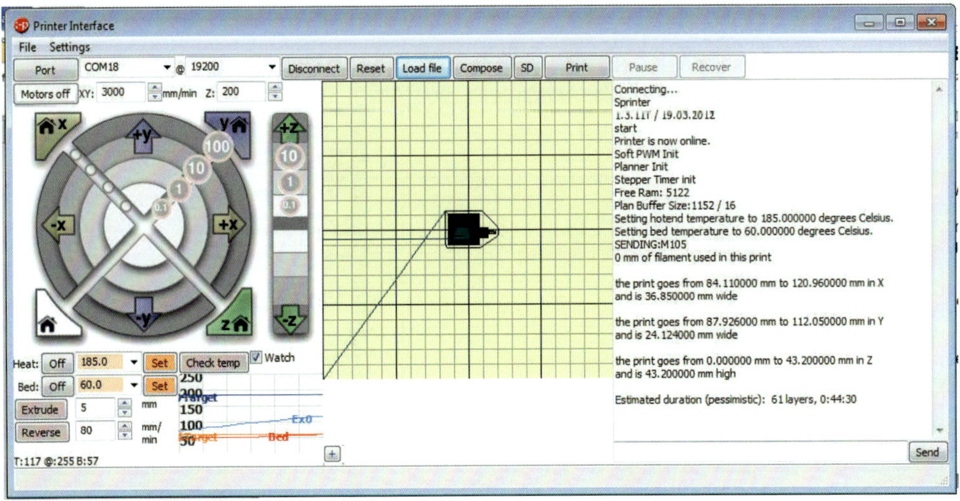

Nach dem Laden des G-Codes des zu druckenden Teils zeigt Printrun dies auf dem Drucktisch simuliert an und zeigt unten rechts die geschätzte Druckzeit, die meist erstaunlich gut passt

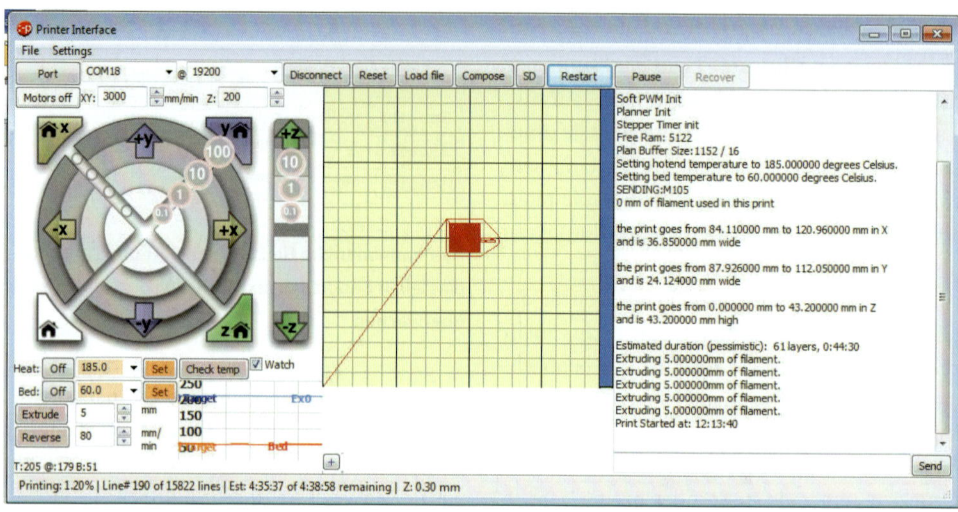

Nach dem Start des Drucks kann man diesen auch virtuell auf dem Bildschirm mit allen Parametern beobachten

Der G3DMaker ist dabei optisch recht aufwendig gestaltet und mehr oder weniger intuitiv zu bedienen.

Die Eingabe der Druckereinstellungen und der Druckprofile ist hier übrigens vergleichbar mit denen in Slic3r, da hier im Hintergrund wohl eine Version dieses Programms abläuft. Auf diese Einstellungen werde ich daher an dieser Stelle nicht eingehen. Das sehr gute Handbuch zum G3DMaker gibt hier eine sehr gute Hilfe.

Der eigentliche Druckvorgang läuft dann sehr einfach ab. Nachdem man die passende Datei ausgewählt und eventuell noch an einer anderen Stelle auf der Druckplatte platziert hat, klickt man auf „G-Code Generieren/Drucken". Danach läuft im Hintergrund die Berechnung des G-Codes und nachdem dies fertig ist, zeigt das Programm die geschätzte Druckdauer (die ebenfalls meist sehr gut hinkommt) und den geschätzten Verbrauch von Filament an. Bestätigt man diese Angaben, so startet der

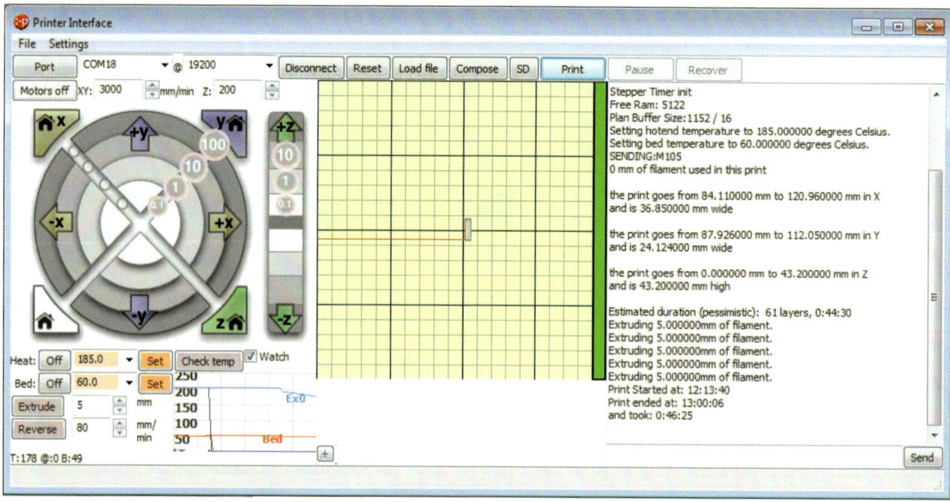

Zum Abschluss fährt Printrun die Temperaturen von Bett und Düse herunter und zeigt die tatsächliche Druckzeit, die häufig sehr gut mit der geschätzten übereinstimmt

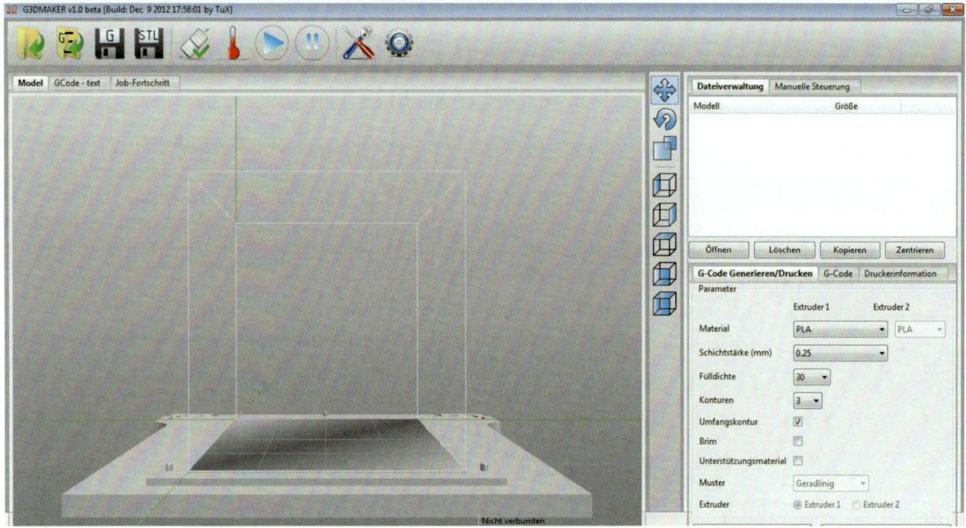

Der Startbildschirm des G3DMakers bietet eine sehr ansprechende optische Oberfläche

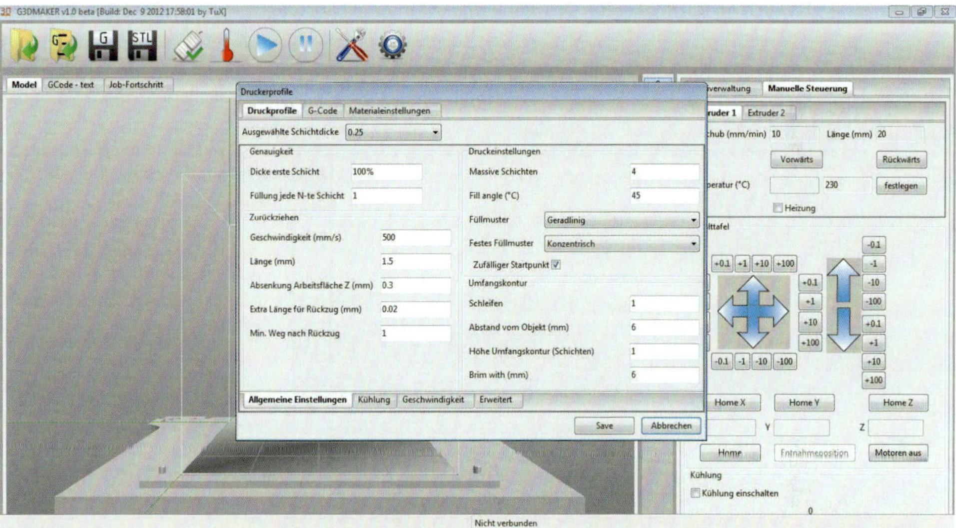

Die Einstellung der Druckparameter ist sehr einfach und natürlich hier schon auf den Easy3DMaker von 3Dfactories abgestimmt

Druck automatisch, nachdem Tisch und Heizdüse die eingestellten Temperaturen erreicht haben. Um diese Wartezeit abzukürzen, sollte man von der sehr sinnvollen Funktion des Vorwärmens Gebrauch machen, die die Heizung bereits anschaltet und so den Druck sehr viel schneller beginnen lässt. Den Druckfortschritt kann man auch hier virtuell beobachten und dafür sogar verschiedene Perspektiven wählen. Weiter kann man sich auch den Fortschritt anhand einer schriftlichen Zusammenfassung anschauen und, wenn man möchte, den G-Code anzeigen lassen.

Nach Abschluss des Drucks geht der Drucker ebenfalls in den Ruhezustand und fährt die Temperaturen herunter, was natürlich sehr hilfreich ist.

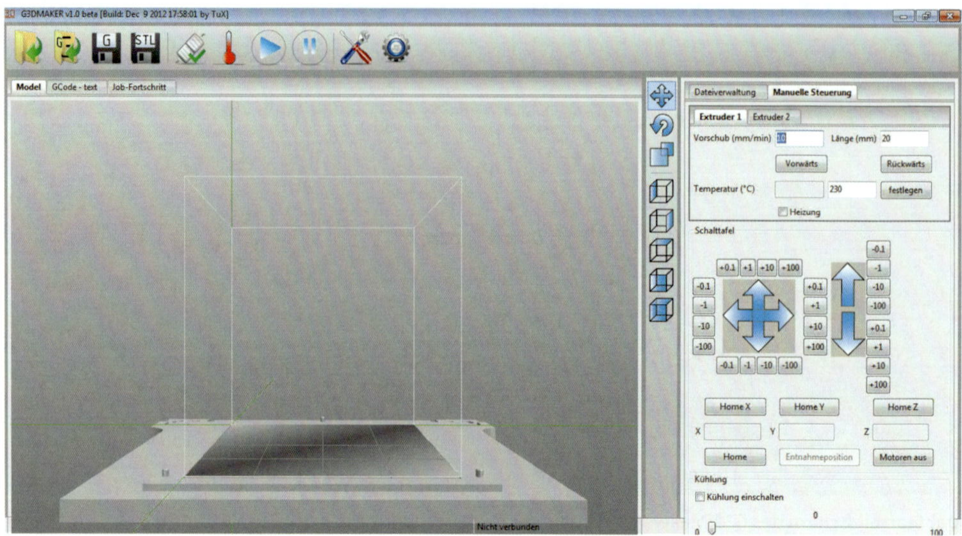

Natürlich lässt sich auch im G3DMaker der Drucker komplett manuell ansteuern

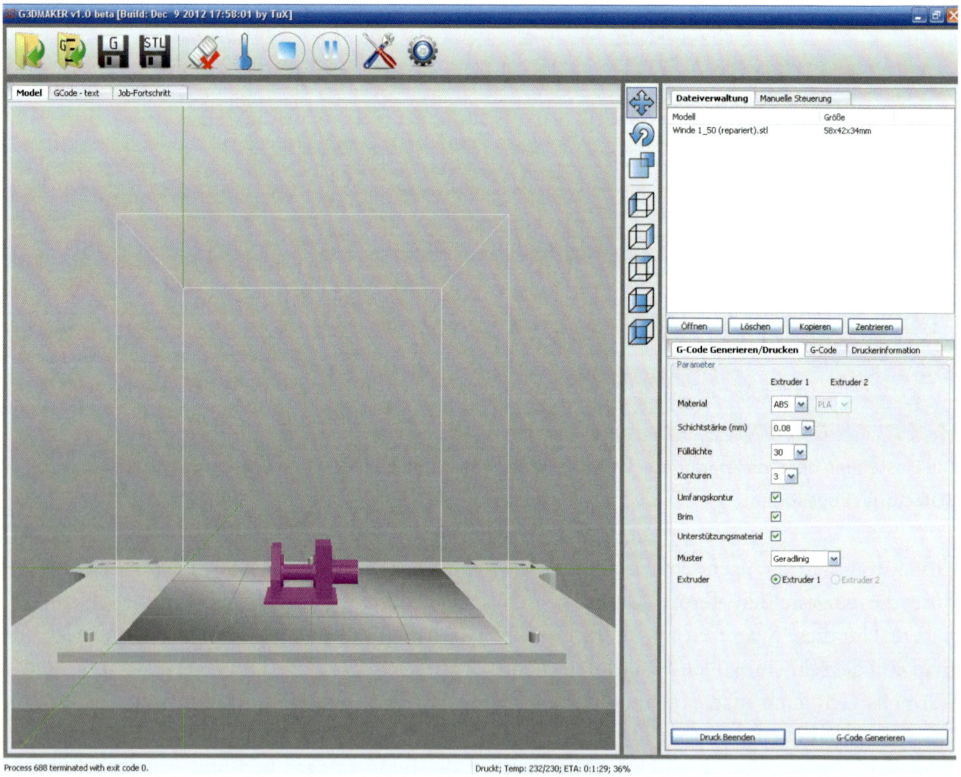

Das geladene Bauteil wird auf dem virtuellen Drucker angezeigt und nach einem Klick auf „G-Code Generieren/Drucken" wird der G-Code berechnet. Nach einer weiteren Bestätigung startet der Druck automatisch

Komplettlösungen, wie der G3DMaker, die speziell auf einen Drucker abgestimmt wurden, sind meist sehr viel einfacher zu bedienen, als einzelne Softwarekomponenten. Sie lassen sich jedoch auch nur für diesen einen Drucker verwenden.

Repetier Host

Das Programm Repetier Host (www.repetier.com) ist sozusagen das Rundumsorglospaket, denn es vereint sowohl das Slicing-Programm, als auch das Steuerungsprogramm des 3D-Druckers auf einer Plattform. Nach der Konfiguration des Programms für den benutzten Drucker können das Slicing und der Druck selbst auf dieser einen Plattform durchgeführt werden. Repetier nutzt dabei im Hintergrund eigenständige Slicing-Programme, beispielsweise Slic3r oder Skeinforge, die einzeln konfiguriert werden können. Viele 3D-Drucker werden mit einer auf sie abgestimmten Version von Repetier Host ausgeliefert.

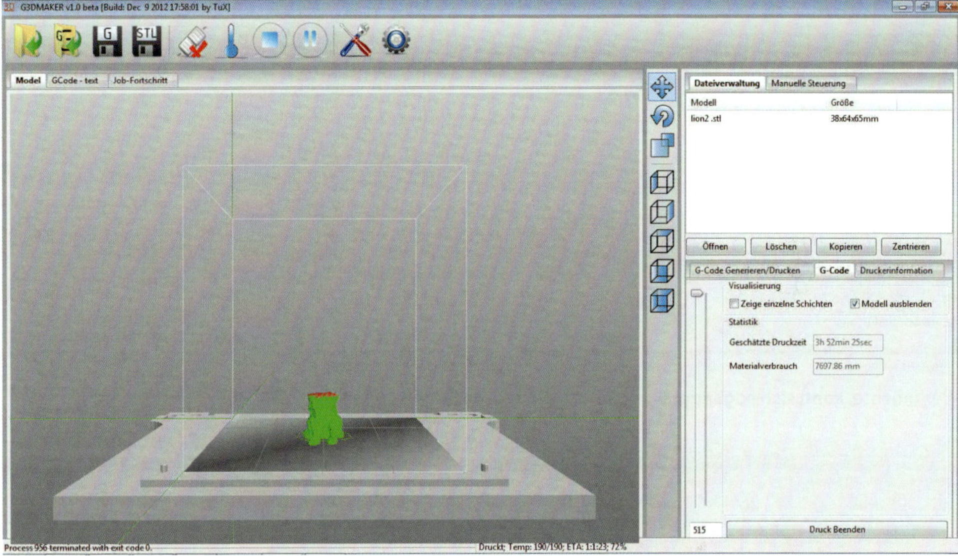

Den Druckfortschritt kann man sich virtuell grafisch…

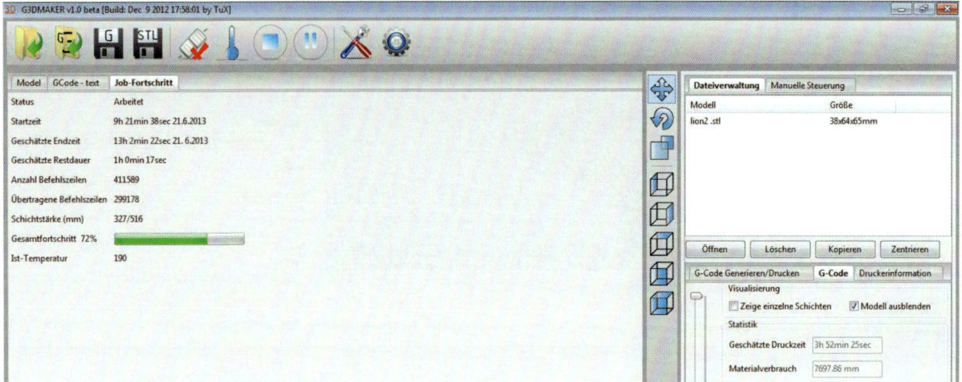

… oder in Schriftform anzeigen lassen

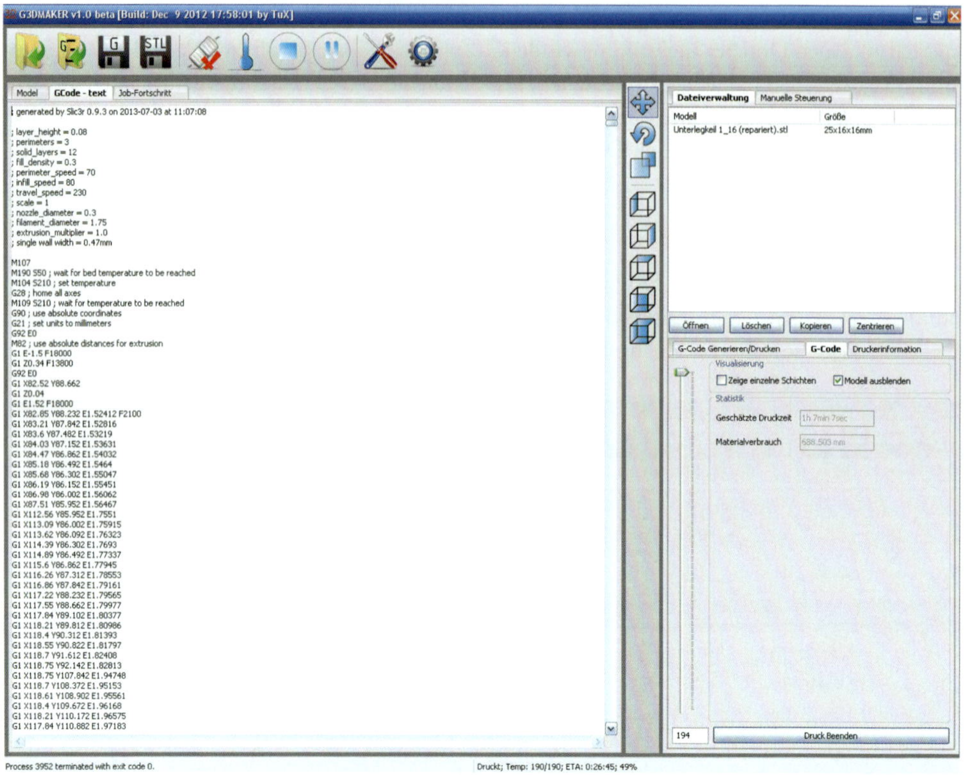

```
; generated by Slic3r 0.9.3 on 2013-07-03 at 11:07:08

; layer_height = 0.08
; perimeters = 3
; solid_layers = 12
; fill_density = 0.3
; perimeter_speed = 70
; infill_speed = 80
; travel_speed = 230
; scale = 1
; nozzle_diameter = 0.3
; filament_diameter = 1.75
; extrusion_multiplier = 1.0
; single wall width = 0.47mm

M107
M190 S50 ; wait for bed temperature to be reached
M104 S210 ; set temperature
G28 ; home all axes
M109 S210 ; wait for temperature to be reached
G90 ; use absolute coordinates
G21 ; set units to millimeters
G92 E0
M82 ; use absolute distances for extrusion
G1 E-1.5 F18000
G1 Z0.34 F13800
G92 E0
G1 X82.52 Y88.662
G1 Z0.04
G1 E1.52 F18000
G1 X82.85 Y88.232 E1.52412 F2100
G1 X83.21 Y87.842 E1.52816
G1 X83.6 Y87.482 E1.53219
G1 X84.03 Y87.152 E1.53631
G1 X84.47 Y86.862 E1.54032
G1 X85.18 Y86.492 E1.5464
G1 X85.68 Y86.302 E1.55047
G1 X86.19 Y86.152 E1.55451
G1 X86.98 Y86.002 E1.56062
G1 X87.51 Y85.952 E1.56467
G1 X112.56 Y85.952 E1.7551
G1 X113.09 Y86.002 E1.75915
G1 X113.62 Y86.092 E1.76323
G1 X114.39 Y86.302 E1.7693
G1 X114.89 Y86.492 E1.77337
G1 X115.6 Y86.862 E1.77945
G1 X116.26 Y87.312 E1.78553
G1 X116.86 Y87.842 E1.79161
G1 X117.22 Y88.232 E1.79565
G1 X117.55 Y88.662 E1.79977
G1 X117.84 Y89.102 E1.80377
G1 X118.21 Y89.812 E1.80986
G1 X118.4 Y90.312 E1.81393
G1 X118.55 Y90.822 E1.81797
G1 X118.7 Y91.612 E1.82408
G1 X118.75 Y92.142 E1.82813
G1 X118.75 Y107.842 E1.94748
G1 X118.7 Y108.372 E1.95153
G1 X118.61 Y108.902 E1.95561
G1 X118.4 Y109.672 E1.96168
G1 X118.21 Y110.172 E1.96575
G1 X117.84 Y110.882 E1.97183
```

Process 3952 terminated with exit code 0.

Wer möchte, kann sich sogar den kompletten G-Code anzeigen lassen

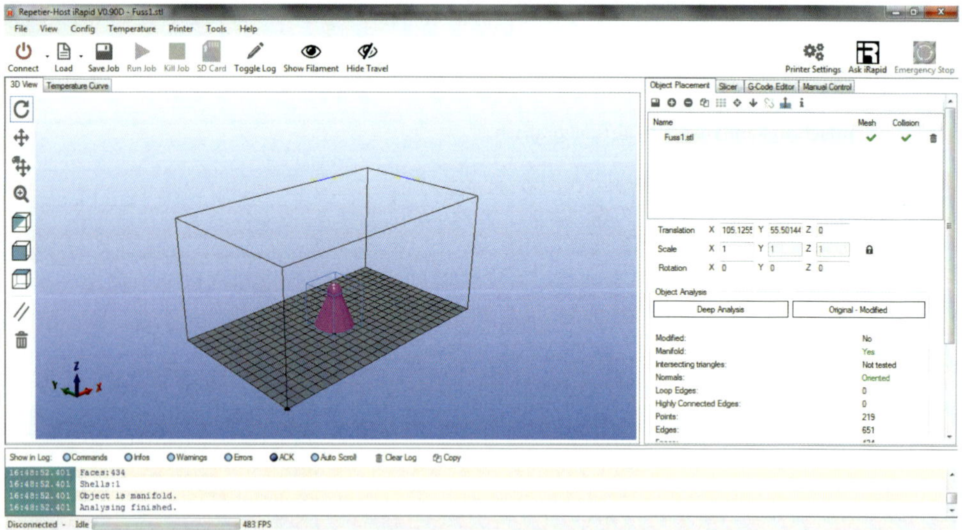

Repetier Host ist eine sehr schöne Steuersoftware für den Druck in die bereits ein oder mehrere Slicing-Programme implementiert sind

Tipps für den 3D-Druck

Ein 3D-Drucker ist (noch?) ein etwas aufwendigeres Gerät, als ein herkömmlicher Papierdrucker. Somit gilt es bei der Konstruktion der Bauteile, der Vorbereitung und Durchführung des Drucks, der Nachbearbeitung der Druckteile und der Wartung des Druckers ein wenig mehr zu beachten, als bei einem normalen Drucker. Neben den hier aufgeführten Tipps werden Sie bei der Recherche noch vieles mehr finden und auch – insbesondere bei besonderen Druckteilen – eigene Erfahrungen machen. Der 3D-Druck steckt noch weitestgehend in den Kinderschuhen und bietet ein breites Feld der Weiterentwicklung – und das ist einer der faszinierendsten Aspekte dieser Technik.

Konstruktion des Bauteils

Egal, in welchem Programm Sie Ihre Druckteile konstruieren, es gibt einige Grundlagen, die man beachten sollte, um zu einem befriedigenden Ergebnis zu kommen. Hier einige der Wichtigsten:

Die Druckbarkeit beachten

Auch wenn es banal klingt, aber man sollte sich vor oder bei einer Konstruktion immer überlegen, ob ein Teil so druckbar ist, wie man es konstruiert. Dies betrifft die Geometrie, denn einige Dinge sind von einem 3D-Drucker einfacher darzustellen, als andere. So sind sehr scharfkantige Gegenstände meist schwierig, da FDM-

Bei diesem Druckteil war die von einer Brücke überspannte Strecke zu lang, der Druckfaden hängt durch

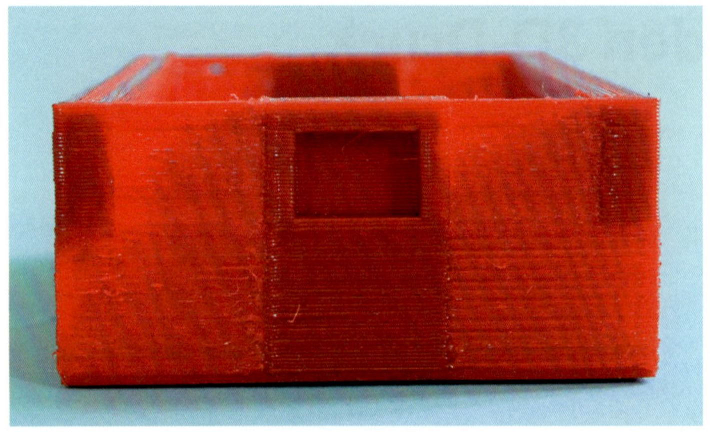

Hier war die Brücke kurz genug, es ist ein sauberer Druck entstanden

Drucker ja runde Fäden drucken. Natürlich kann man eine gewisse Scharfkantigkeit erreichen und es gibt genügend Beispiele für erfolgreiche Drucke, allerdings bedarf dies eine sehr genaue Einstellung des Druckers und einiger Erfahrung. Seien Sie also nicht enttäuscht, wenn Ihr scharfkantig konstruiertes Bauteil beim ersten Ausdruck etwas „weicher" erscheint.

Auch sollte man, wenn möglich, zu viele und vor allem zu lange Brücken im Druckteil vermeiden, denn entweder hängt der gedruckte Faden an diesen Stellen durch oder man muss entsprechend aufwendig Stützmaterial einfügen – und nach dem Druck auch wieder entfernen, was zu aufwendiger Nacharbeit führt und häufig sehr schwierig werden kann, insbesondere bei sehr versteckten Brücken. Je nach Material, Drucker und einigen anderen Parametern kann man sagen, dass Brücken bis zu einem Zentimeter Länge normalerweise kein allzu großes Problem darstellen. Hier kann es höchstens vorkommen, dass die ersten gelegten Fäden ein wenig durchhängen und nach dem vollendeten Druck versäubert werden müssen.

Ein weiterer simpler Trick um zu guten Drucken zu kommen ist die richtige Orientierung des Objekts. Man sollte darauf achten, dass ein Druckteil wenn irgend möglich mit der größten Auflagefläche auf dem Drucktisch aufliegt, auch wenn es dadurch auf dem Kopf stehend gedruckt wird. Beispiel: Will man einen Tisch drucken, so sollte man diesen nicht auf seinen Beinen stehend drucken, sondern auf der Tischplatte liegend. Anderenfalls müsste vom Drucktisch bis zur Unterseite der Tischplatte Stützmaterial gedruckt werden, welches nach dem Druck entfernt werden müsste (Danke an Petra Rapp für dieses einleuchtende Beispiel).

Zudem ist die Fläche des Objekts, die auf den Drucktisch gedruckt wird (Ausnahme ist die Verwendung eines Rafts) meistens sehr glatt und sauber, sodass es durchaus sinnvoll sein kann, wichtige Sichtflächen wenn möglich direkt auf den Drucktisch zu drucken.

Die Präzision, mit der man beispielsweise in CAD-Programmen zeichnen kann, ist faszi-

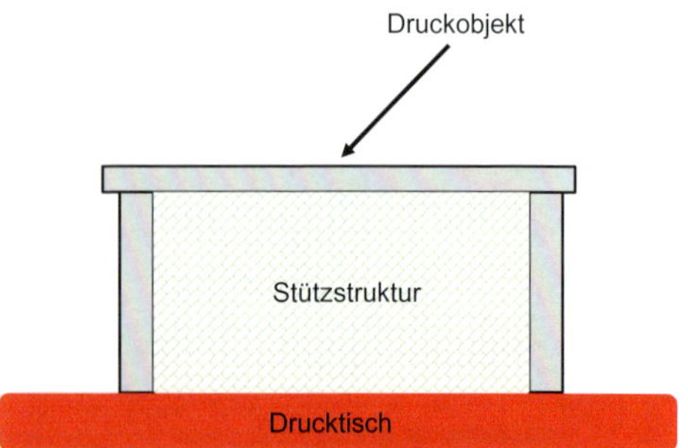

Beispiel für eine falsche Orientierung des Druckobjekts auf dem Drucktisch. Hier muss großflächig eine Stützstruktur gedruckt werden

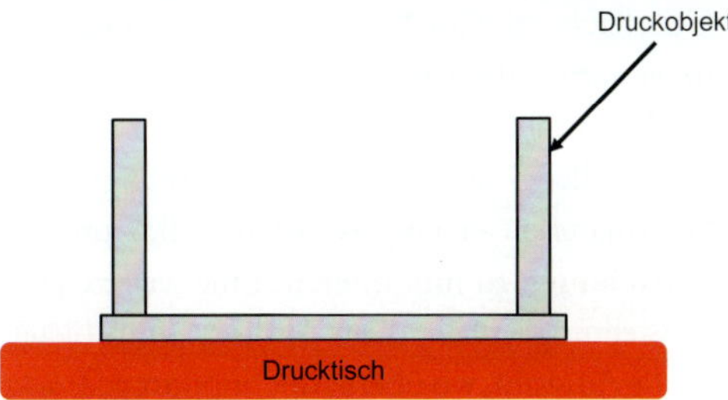

Dreht man das Objekt einfach um, so entfällt die Stützstruktur

nierend. Doch man sollte bei aller Begeisterung darauf achten, dass der eigene Drucker dies auch noch drucken kann, denn hier sind selbstverständlich Grenzen gesetzt. Konstruiere ich eine Struktur zu filigran, so besteht die Gefahr, dass der Drucker diese nicht mehr umsetzen kann. So sollte man bei sehr feinen Strukturen stets überdenken, ob diese nicht zu dünn geraten sind. Handelt es sich dabei um vernachlässigbare Details (beispielsweise bei feinen Strukturen an Modellbauobjekten) so ist es ratsam, diese wegzulassen. Sind es wichtige Bestandteile (beispielsweise dünne Wandteile) so sollte man diese so massiv konstruieren, dass sie sich noch drucken lassen. Hier gilt es zu experimentieren, denn jeder Drucker reagiert da ein bisschen anders.

Das gleiche Objekt: links zu fein konstruiert und damit nicht mehr druckbar, rechts mit ausreichender Wandstärke konstruiert und sehr gut druckbar

Schichtdicke

„Je feiner die Schichtdicke, umso besser der Druck“ – natürlich ist an dieser simplen Formel etwas dran, aber man sollte trotzdem nicht unbedingt alles immer sofort mit der feinsten möglichen Schichtdicke drucken.

Eine geringere Schichtdicke bedeutet auch, dass der Drucker um eine bestimmte Höhe des Objekts aufzubauen sehr viel häufiger dieses Objekt abfahren muss. Damit hier die einzelnen Schichten sauber aufeinanderpassen, muss daher der Drucker sehr sauber eingestellt sein und mit einer sehr hohen Wiederholgenauigkeit arbeiten. Dies ist die Grundlage jeden sauberen Schichtaufbaus.

Das weitaus bedeutendere Manko einer sehr geringen Schichtdicke ist aber die erheblich längere Zeit, die man für Ausdrucke mit geringen Schichthöhen einplanen muss. Hier ist die Verlängerung des Druckvorgangs zum Teil signifikant. Benötigt man also keine sehr feine Oberfläche, so bietet es sich auf jeden Fall an mit einer stärkeren Schichtdicke zu arbeiten, um schneller an sein Objekt zu kommen.

Dreimal das gleiche Teil (eine gewölbte Oberfläche) mit unterschiedlichen Schichtdicken gedruckt. Von links: 0,08, 0,125 und 0,25 mm Schichtdicke

Stützstrukturen

Stützstrukturen sind eine sehr wichtige Hilfe, um korrekte Ausdrucke zu bekommen. Überhängende Bereiche des Druckteils, die keine Unterstützung haben, werden somit gehalten.

Dieses Stützmaterial – meist auch Support genannt – wird von den Druckvorbereitungsprogrammen selbstständig berechnet und in die Druckdatei mit eingefügt. Man sollte trotzdem nicht immer blind den Voreinstellungen des Programms vertrauen, sondern hier gerade bei aufwendigen Drucken durchaus hier eigene Einstellungen vornehmen. Stützmaterial hat nämlich einen gravierenden Nachteil, es muss nach dem Druck wieder entfernt werden. Das kann bei verdeckten Strukturen schwierig sein und es bleiben immer Unsauberkeiten in der Oberfläche, die im Nachhinein mehr oder weniger aufwendig entfernt werden müssen.

Es kann daher sinnvoll sein, im Programm einzustellen, ab welchem Überhangwinkel Stützmaterial erzeugt werden soll, um die Verwendung zu minimieren. Eine weitere gute Einstellmöglichkeit, die viele Programme bietet, ist die Auswahl, wo überhaupt Support gedruckt werden soll. So kann es sinnvoll sein nur an den Außenseiten eines Bauteils Stützmaterial zu verwenden, da bei innenliegenden Strukturen häufig Brücken vorhanden sind, die als Stützen für den Druck ausreichen. Hier sollte man sich sein Druckteil kritisch ansehen und entscheiden. Häufig kann man auch erst nach einem Testdruck feststellen, ob und wo Stützmaterial notwendig ist.

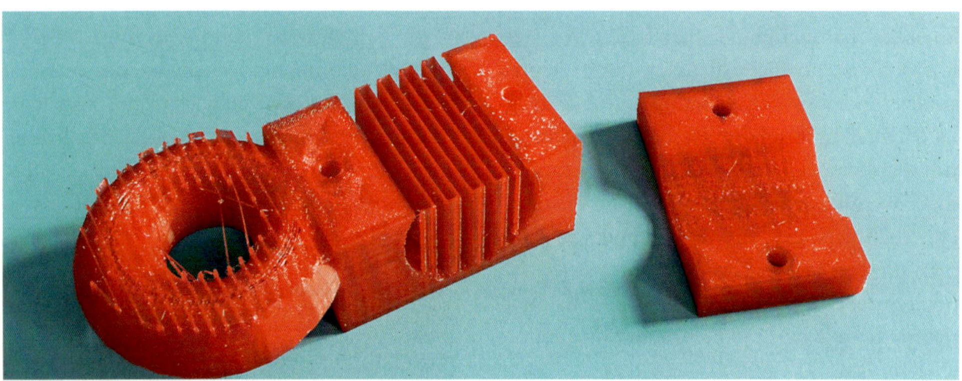

Hier gut zu sehen das Stützmaterial im linken Teil, das umgedreht wurde, und nun von der Seite zu sehen ist, die ursprünglich auf dem Drucktisch lag

Das Stützmaterial lässt sich einfach herausbrechen

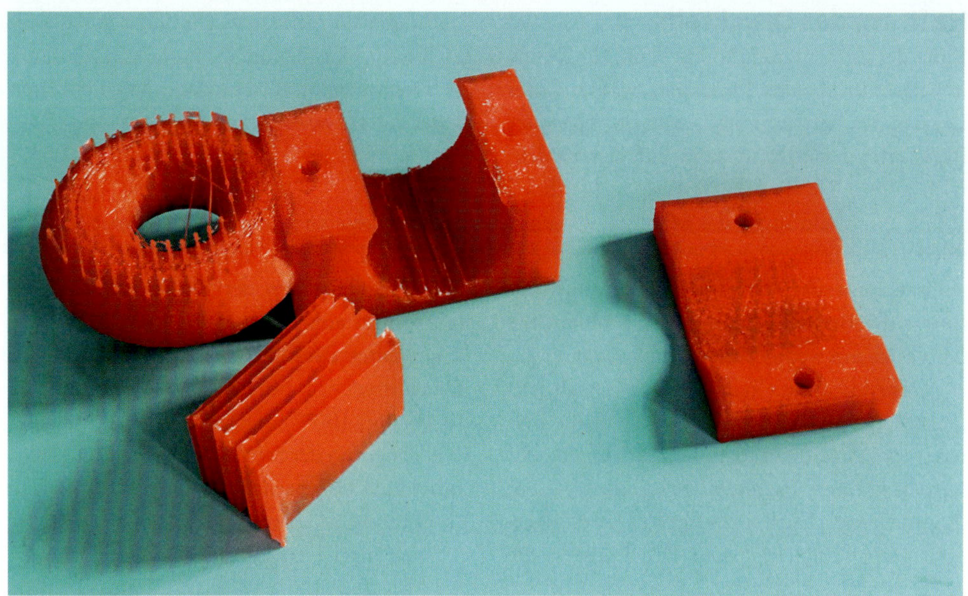

Das Stützmaterial wurde herausgebrochen und liegt nun vor dem Druckteil, die Oberfläche muss noch versäubert werden

Füllgrad

Eine wichtige Einstellung ist der Füllgrad des Druckteils. Das hier verwendete konstruiertes Teil ist ja nur eine Hülle, die es noch mit Material zu füllen gilt. Wie viel Material in das Teil „gefüllt" wird, wird vom Druckvorbereitungsprogramm nach den Vorgaben des Benutzers berechnet und entsprechend gedruckt.

Bei diesem Druckteil wurde ein Füllgrad von 30% verwendet, der eine mehr als ausreichende Stabilität bietet

Der Füllgrad kann hier normalerweise in einem Bereich von 0% Füllung (hohl, meist als 0.0 angegeben) bis zu 100% Füllung (vollständig gefüllt, angegeben als 1.0) gewählt werden. Eine gute Füllung, die ein stabiles Teil ergibt, liegt im Bereich von 30-40% (0.3-0.4). Hierdurch werden Bauteile erzeugt, die genügend Stabilität besitzen, bei denen sich aber Gewicht sowie Druckzeit und Materialverbrauch im Rahmen halten.

Eine vollständige Füllung sollte nur eingestellt werden, wenn dies aus Stabilitätsgründen wirklich unabdingbar oder ein hohes Gewicht benötigt wird. Dagegen kann es bei komplett hohlen Strukturen Schwierigkeiten beim Druck durch eine mangelnde innere Stützung geben und hier müssen entsprechend mehr/dickere Außenschichten gedruckt werden, um die notwendige Stabilität zu erreichen.

Haftung des Druckteils

Einer der elementaren Punkte beim 3D-Druck ist die Haftung des Druckteils während des Drucks. Da der Kunststoff (egal ob ABS oder PLA) erhitzt wird und dann auf den Drucktisch aufgebracht wird, kühlt dieser recht schnell ab. Dadurch schrumpft das Material, was dazu führt, dass es sich von der Drucktischoberfläche ablösen kann. Da ABS eine stärkere Schrumpfung aufweist als PLA, ist dieses Problem bei ABS noch ein wenig stärker anzutreffen.

Das Ablösen des Teils während des Drucks macht dieses natürlich unbrauchbar, da die weiteren Schichten nicht mehr korrekt aufgebracht werden können. Besonders bei großen Teilen, die eine lange Druckzeit benötigen ist es ärgerlich, wenn in einem späten Druckprozess die Haftung nicht mehr ausreicht und sich das Bauteil löst, da hier Zeit und Material verloren sind.

Doch es gibt verschiedene Möglichkeiten dieser Gefahr zu entgehen.

Heizbett

Ein Heizbett ist für jeden 3D-Drucker eine sinnvolle (Zusatz-)Ausstattung. Hier wird mittels einer Heizmatte der Drucktisch auf eine Temperatur aufgeheizt, bei der der Kunststoff besser haftet. Bei PLA beträgt diese Temperatur normalerweise 50-60° Celsius, bei ABS muss sie 80° bis über 100°Celsius betragen. Das Heizbett wird dabei von der Steuerung geregelt und kann individuell eingestellt werden. Eine nützliche Einrichtung ist, dass die meisten Druckersteuerungen nach Druckende die Temperatur ab-

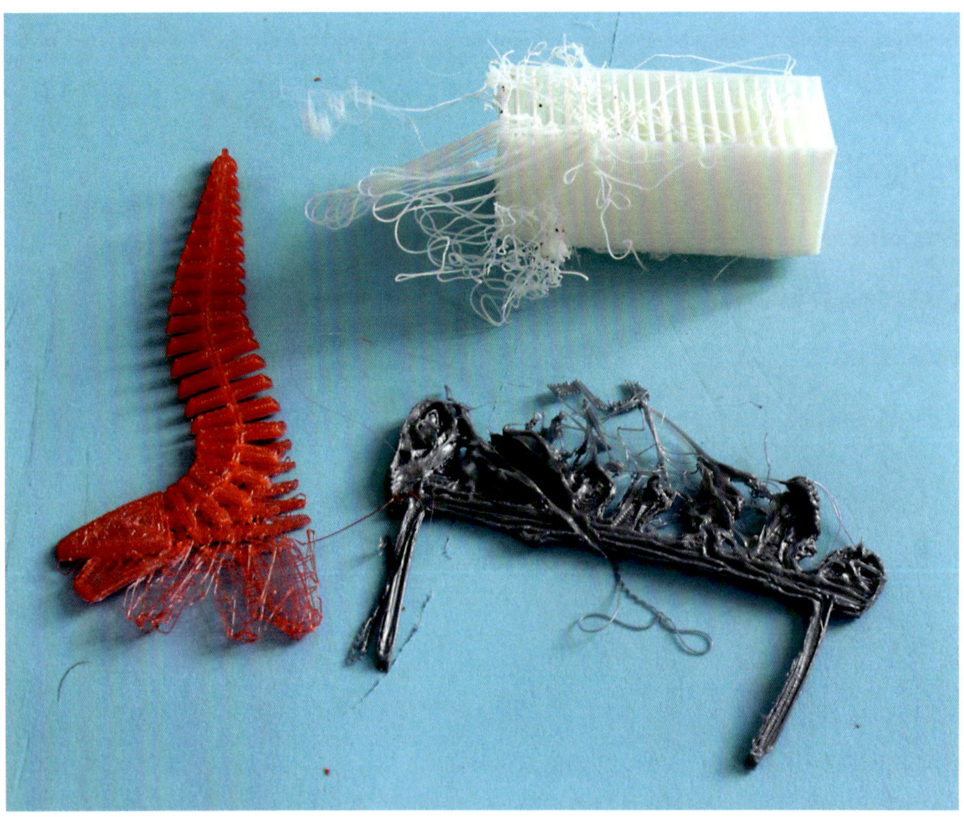

Beispiele für Bauteile, die sich während des Drucks von der Druckplatte gelöst haben. Hier sind Material und Zeit verloren

Das Heizbett des Multirap von multec vor dem Einbau

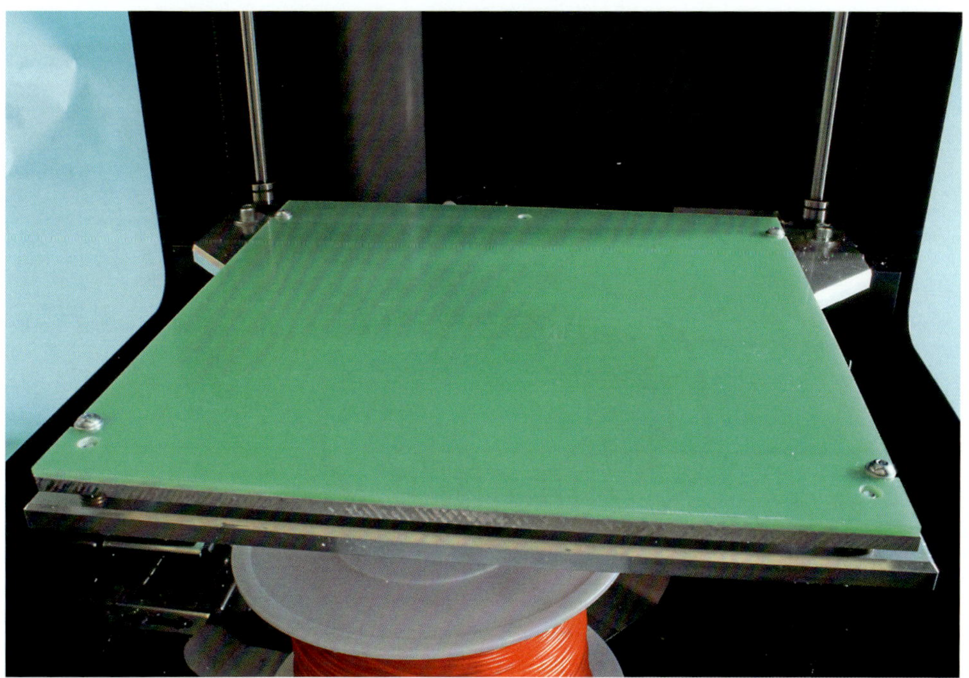

Das Heizbett im Easy3DMaker von 3Dfactories

senken. Dies ist zum einen ein Stromsparaspekt, insbesondere wenn man während man nicht anwesend ist oder in der Nacht druckt. Zum anderen lässt sich das Bauteil meist erst dann ohne Probleme vom Drucktisch ablösen, wenn dieser abgekühlt ist – dann ist die Schrumpfung wieder von Vorteil.

Konstruktionsmaßnahmen

Wie bereits beschrieben, kann man die Haftung des Druckteils auf dem Drucktisch auch durch konstruktive Maßnahmen verbessern. Gerade Bauteile mit sehr kleiner Haftungsfläche auf dem Drucktisch neigen dazu, sich abzulösen. Um dem entgegenzuwirken, verwendet man ein sogenanntes Raft, also mehrere zusätzliche Schichten, die unter dem eigentlichen Druckteil auf den Tisch gedruckt werden und für eine verbesserte Haftung durch eine Vergrößerung der Auflagefläche sorgen.

Hilfreich ist es, wenn man im Druckvorbereitungsprogramm die Eigenschaften des Rafts einstellen kann. So lässt es sich so optimieren, dass es eine gute Haftung ergibt, aber auch gut vom Druckteil ablösbar ist.

Oberfläche des Drucktischs

Eine weitere Möglichkeit die Haftung zu verbessern, ist die Beschaffenheit der Oberfläche des Drucktischs mittels Klebebändern und Ähnlichem für den Druck zu optimieren. Hierzu werden verschiedene Stoffe verwendet. Druckt man ohne ein Heizbett, kann man beispielsweise mittels doppelseitigem Klebeband eine sichere Haftung des Druckteils erreichen. Ein großer Nachteil ist aber, dass Rückstände der Klebstoffbeschichtung des Klebebandes immer an der Unterseite des Druckteils hängen bleiben und diese sehr unansehnlich macht. Für mich ist diese Möglichkeit daher eher ein Notbehelf und nicht wirklich für gute Ausdrucke geeignet.

Auch bei der Verwendung eines Heizbetts wird die Oberfläche am besten mit einem entsprechenden „Bezug“ versehen. Da die

Das Raft ist ein wichtiges Hilfsmittel, um die Haftung des Objekts auf dem Drucktisch zu erhöhen. Hier ist die unterste Lage vertikal, die Zwischenlage, die die Entfernung des Rafts vom Druckobjekt erleichtert, horizontal gedruckt

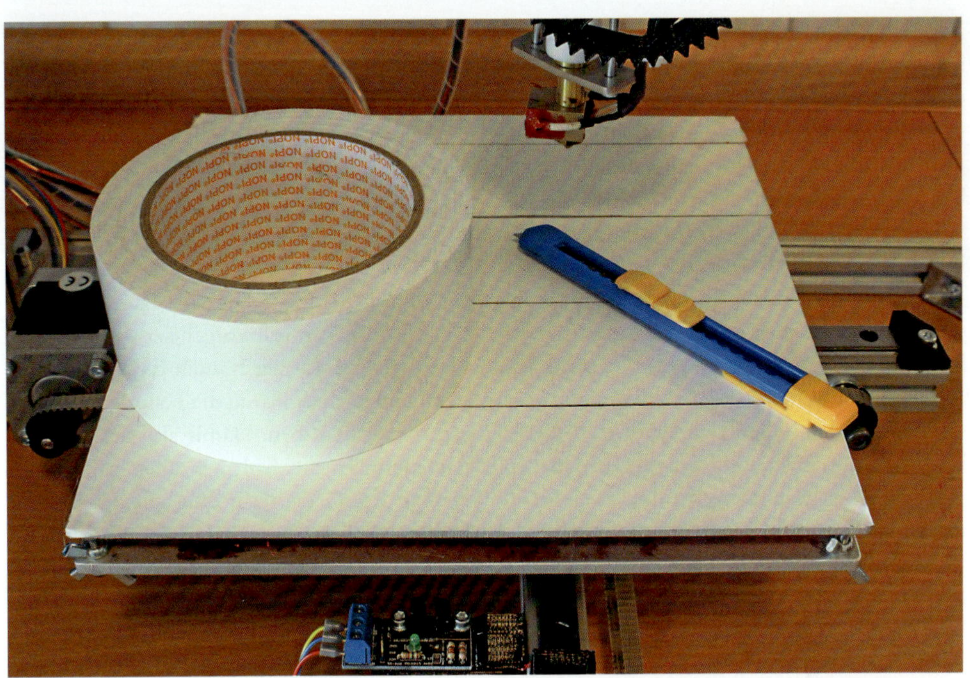

Für das Beziehen des Drucktischs beim Drucken von PLA empfiehlt sich die Verwendung von Putzband aus dem Baumarkt

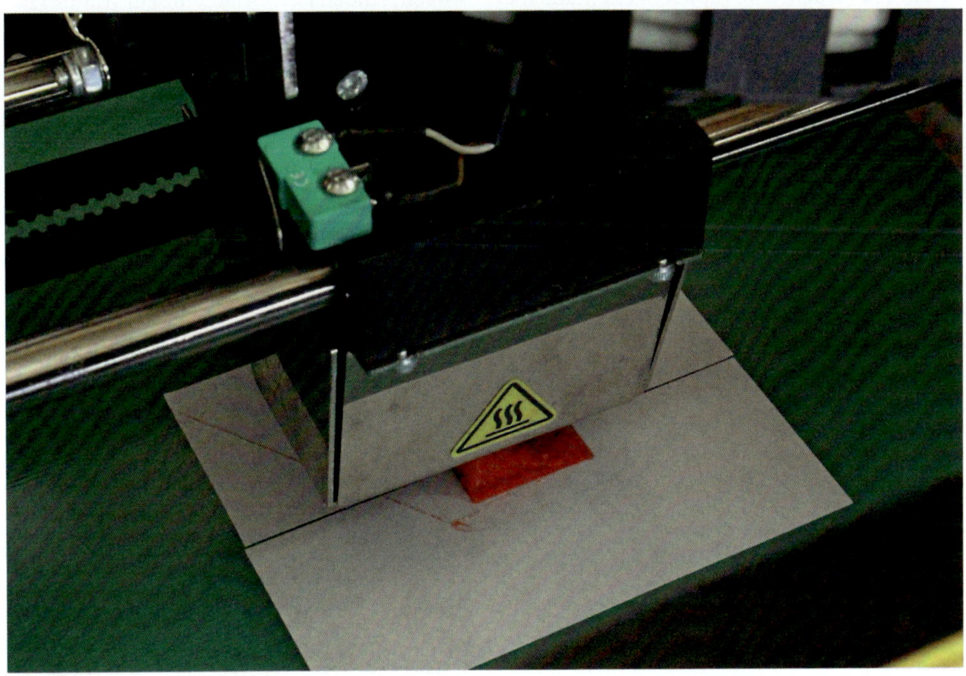

Druck auf handelsüblichen Papieretiketten – eine Möglichkeit, aber nicht die beste

Drucktische meist aus Aluminium bestehen, haftet der Kunststoff zwar, aber meist nicht optimal. Zudem schützt ein Bezug mit einem entsprechenden Material die Drucktischoberfläche vor dem Verkratzen und kann bei Bedarf leicht ausgetauscht werden.

Man muss allerdings darauf achten, dass das Klebeband für den Tisch und seine Temperaturen geeignet ist. Wird ein Drucktisch nur auf die geringeren Temperaturen für PLA aufgeheizt, so kann man sehr gut sogenanntes Putzband aus dem Bauhandwerkerbedarf bzw. Baumarkt verwenden. Bei den hohen Temperaturen für ABS könnte es mit Putzband Probleme geben, daher sollte man hierfür entsprechendes hitzebeständiges Material beispielsweise Kaptonband verwenden. Diese Maßnahmen sind sicherlich die beste Möglichkeit eine gute Haftung, eine saubere Unterseite des Druckteils und einen lange Zeit unverschandelten Drucktisch zu erhalten.

Eine mögliche Alternative – deren Verwendung allerdings jeweils geprüft werden muss – ist das Aufkleben von Papieretiketten auf die Druckfläche. Auch hierauf haften die Druckteile meist recht gut. Allerdings muss man testen, ob die Etiketten sich durch die Wärme des Drucktisches lösen. Größter Nachteil der Etiketten ist aber, dass häufig Reste des Papiers auf der Unterseite des Objekts hängen bleiben und diese verunstalten. Auch diese Technik ist somit nicht ganz ohne Fehler.

Klebstoffe

Eine weitere Möglichkeit die Haftung des Objekts zu verbessern ist die Verwendung von Klebstoffen, um die Objekte auf dem Drucktisch zu halten. Hier gibt es die verschiedensten „Geheimtipps" angefangen von verdünntem Weißleim bis hin zu unterschiedlichen durchaus fragwürdigeren Methoden. Will man ein solches Mittel, wie sie in vielen Foren diskutiert werden ausprobieren, sollte man auf jeden Fall vorsichtig sein und die Verträglichkeit für den verwendeten Kunststoff und den Drucktisch testen.

Wer auf Nummer sicher gehen will, verwendet am besten einen vom Hersteller des jeweiligen Druckers empfohlenen Klebstoff, wie es beispielsweise der Hersteller 3Dfactories mit seinem 3DGlue macht. So ist man auf der sicheren Seite.

Vorheizen

Nein, jetzt geht es nicht ums Backen – auch ein 3D-Drucker will vorgeheizt werden. Das Heizbett und vor allem auch die Düse benötigen einige Zeit, bis sie die benötigte Temperatur erreicht haben. Damit also der Drucker nach dem Druckbefehl auch zügig loslegt, sollte man das Gerät rechtzeitig auf Temperatur bringen. Glücklicherweise starten die Drucker aufgrund ihrer Software meist erst, wenn die richtige Temperatur erreicht ist.

Man sollte allerdings auch nicht zu früh mit dem Vorwärmen beginnen. Zum einen kostet dies Strom und somit Geld, da die Heizelemente recht ordentlich mit Energie versorgt werden wollen. Andererseits kann ein sehr frühes Vorheizen der Druckdüse beim Druckstart durchaus zu Problemen führen. Ist die Temperatur erreicht, bei der der Kunststoff flüssig wird, so neigt dieser bei den, meist senkrecht mit der Öffnung nach unten montierten Düsen, nach und nach herauszutropfen. Da noch kein Filament nachgefördert wird, leert sich die Düse somit und zu Druckbeginn steht zunächst kein Material zur Verfügung. Wird nun nicht durch eine entsprechende Vorbereitung (siehe nächster Abschnitt) genügend Material in die Düse

Der Button für das Vorwärmen im G3DMaker …

… und in Printrun

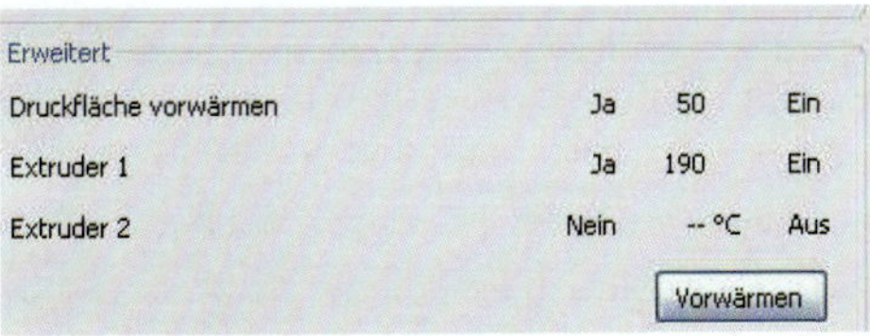

Die Überwachung der Temperaturen in G3DMaker

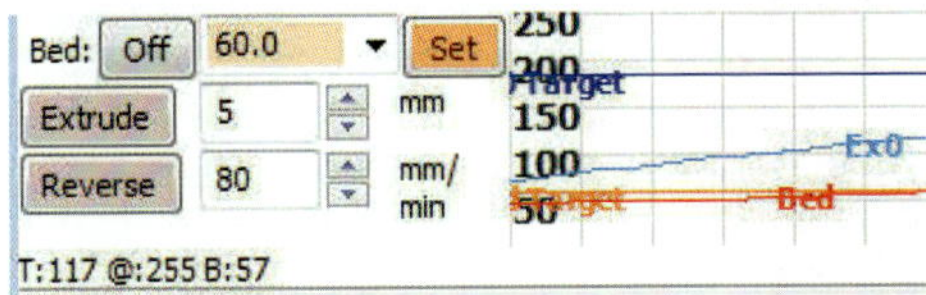

... und in Printrun

gefördert, kann es zu Aussetzern und Löchern zu Beginn des Drucks kommen.

Druckstart

Vor dem Druckstart ist noch das eine oder andere zu beachten, damit auch ein erfolgreicher Druck entsteht. Gehen wir davon aus, dass der Kontakt zwischen Steuercomputer und Drucker funktioniert und dass die Datei in Ordnung ist, so sind noch ein paar Punkte zu beachten, die nach folgender Checkliste abgearbeitet werden sollten:

1. Ist die Drucktemperatur korrekt? Hier sollte das Steuerungsprogramm eigentlich automatisch die Kontrolle übernehmen und nur starten, wenn die Drucktemperaturen erreicht sind. Es kann allerdings vorkommen, dass beispielsweise ein falsches Druckprofil verwendet wurde und so ABS mit der zu niedrigen PLA- oder PLA mit der zu hohen ABS-Temperatur gedruckt werden soll. Beides führt (wenn überhaupt) zu mangelhaften Ergebnissen.
2. Ist genügend und das richtige Filament im Drucker? Leicht kann es passieren, dass die falsche Sorte Filament – ob Material, Farbe oder Dicke – im Drucker ist. Ein kleiner Blick darauf schadet nicht. Auch sollte man kontrollieren, ob die Menge noch ausreicht. Es gibt nur wenig ärgerlichere Fehler, als wenn das Material kurz vor dem Druckende ausgeht – vor allem bei einem mehrstündigen aufwendigen Druck.
3. Kann sich der Drucker in allen Achsen frei bewegen? Schnell passiert es, dass eine Achse des Druckers durch einen störenden Gegenstand blockiert wird. Im besten Fall stoppt der Drucker dann seine Bewegung wegen Überlastung und das Druckteil ist verdorben und kann entsorgt werden. Im schlimmsten Fall werden mechanische Teile des Druckers oder ein Teil der Elektronik überlastet und beschädigt oder sogar zerstört.
4. Ist die Druckfläche sauber und richtig vorbereitet? Wie im vorigen Abschnitt bereits beschrieben, muss die Druckfläche je nach Drucker und verwendetem Material entsprechend vorbereitet werden. Hat man beispielsweise vergessen die Druckfläche nach dem letzten Einsatz zu säubern oder noch keinen Klebstoff aufgetragen ist jetzt die Gelegenheit dafür.

Wenn diese Punkte positiv verlaufen sind, so kann man den Druck starten und sich darauf freuen, bald das fertige Teil in den Händen zu halten. Ein Punkt, der nicht unwichtig ist soll aber noch grundlegend erwähnt werden. In den meisten Druckvorbereitungs- oder Steuerprogrammen werden Sie irgendwann auf den Punkt „Brim“ stoßen. Dies bezeichnet einen „Rahmen“, den der Drucker mit dem verflüssigten Kunststoff um die eigentliche Druckfläche Ihres Druckteils zu Beginn des Druckvorgangs automatisch legt – so Sie diese Funktion aktiviert haben. Der Grund dafür ist folgender: Auf diesem ersten Umlauf füllt der Drucker durch nachgefördertes Filament die Druckdüse mit Material und sorgt so dafür, dass von Beginn an ausreichend Kunststoff für den Druck zur Verfügung steht und keine Löcher gedruckt werden. Wenn Sie also beobachten, dass dieser Brim nach den ersten Zentimetern nicht

Auf diesem Bild sieht man, wie der Drucker um das eigentlich zu druckende runde Objekt einen geschmolzenen Kunststofffaden, den sogenannten Brim, legt. Dieser dient dazu die Düse mit ausreichend Material zu füllen, um schon beim Start ausreichend Material zur Verfügung zu haben, damit sich keine Löcher im Druckteil finden

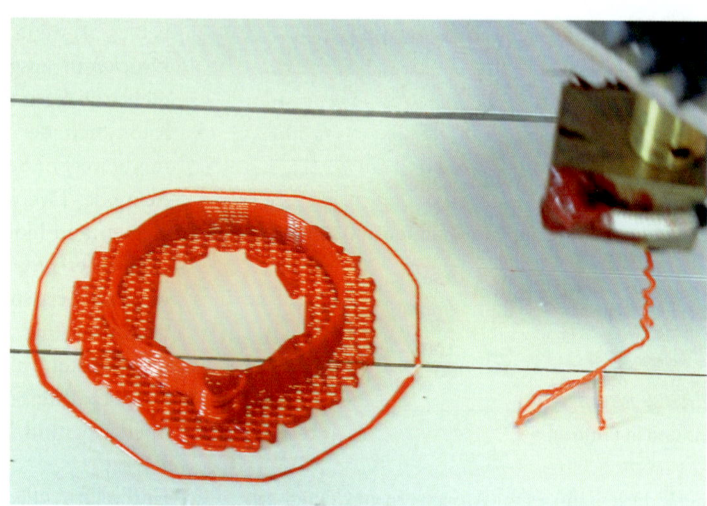

sauber gelegt wird, oder sogar ein ursprünglich geschlossener Faden Unterbrechungen zeigt, so ist es meist besser den Druck abzubrechen, und durch manuellen Betrieb zunächst genügend Material in die Düse fördern zu lassen.

Farb- und Materialwechsel

Man will natürlich nicht immer nur in einer Farbe drucken. Und manches Mal ist es eventuell auch notwendig von PLA auf ABS oder andersherum zu wechseln. Dies ist immer ein Augenblick, bei dem ganz besonders aufgepasst werden sollte.

Bei einem Wechsel des Materials muss die Düse immer auf die Temperatur geheizt werden, die das Material mit dem höheren Schmelzpunkt benötigt, in unserem Falle also ABS. Ansonsten werden ABS-Reste nicht aus der Düse herausgeschmolzen bzw. das neue ABS-Filament wird nicht ausreichend erhitzt, um das PLA aus der Düse zu verdrängen.

Auch bei einem Farbwechsel des gleichen Kunststoffs ist Vorsicht geboten. Hier wird die nicht mehr verwendete Farbe aus dem Extruder entfernt und die neue eingeführt. Dann gilt es so lange manuell das neue Filament nachzuför-

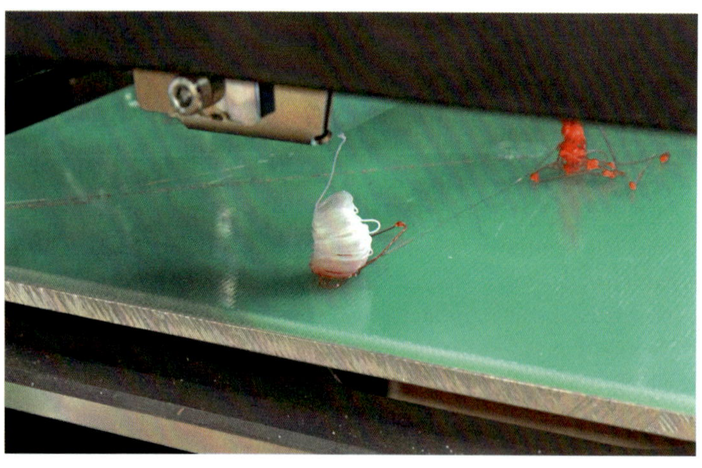

Farbwechsel: Hier wurde so lange weißes Material nachgefördert, bis das vorher verarbeitete rote Material komplett verdrängt war

dern, bis die alte Farbe vollständig aus der Düse verdrängt wurde. Dies lässt sich sehr schön beobachten. Vor allem, wenn man helle Farben nach dunklen druckt, gilt es hier sehr sorgfältig zu sein und lieber etwas Filament mehr zu „opfern" anstelle dunkler Flecken im hellen Druckteil zu haben.

Mehrfarbige Drucke ohne Mehrfachextruder

3D-Drucke wirken vielfach durch die Verwendung von nur einer Materialfarbe ein wenig leblos. Viel schöner sind da doch Objekte, die durch unterschiedliche Farben viel besser aussehen. Doch nicht alle 3D-Drucker verfügen über einen Mehrfachextruder oder lassen sich damit nachrüsten. Doch auch wenn man nur eine Farbe gleichzeitig drucken kann, lassen sich mehrfarbige Objekte herstellen – mit ein bisschen Know-how und Tricks.

Im Wesentlichen lassen sich mehrfarbige Objekte mit drei verschiedenen Vorgehensweisen herstellen, die im Folgenden beschrieben werden sollen.

1. Filamentwechsel während des Drucks

Grundlage dieser Technik ist eine einzelne Datei, die die reliefartige Struktur des fertigen Objektes hat. Die einzelnen Farben werden nun in Schichten aufeinandergedruckt. Man kann sich dies vorstellen, wie die Bilder, die man einmal im Kindergarten oder in der Schule angefertigt hat. Dabei wird mit Wachsmalstiften in verschiedenen Farben übereinandergemalt. Dann werden mittels Kratzen die unteren Farbschichten wieder freigelegt und zum Durchscheinen gebracht.

Beim 3D-Druck funktioniert diese Technik nun genau umgekehrt: Die einzelnen Farben werden übereinander gedruckt und jeweils an den Stellen, an denen eine untere Farbschicht

Mehrfarbige Objekte sind auch ohne Multi-Extruder möglich

sichtbar sein soll, druckt man keine Schicht darüber.

Bei dieser Version wird dazu einfach der Druck unterbrochen, das Filament gewechselt und dann die nächste Schicht gedruckt. Problematisch finde ich dabei, dass man genau den richtigen Moment abwarten muss, um den Druck zu unterbrechen, um die neue Farbe einzuführen. Zudem gilt es dann noch von Hand während des unterbrochenen Drucks den Filamentwechsel und das Durchspülen der Druckdüse vorzunehmen und so einen sauberen Druck zu erreichen – meiner Meinung nach nicht wirklich komfortabel und sinnvoll zu schaffen.

Ich denke diese Methode mit einer Datei, deren Druck unterbrochen wird, ist nur sehr schwer wirklich gut hinzubekommen und kann eigentlich nur eine Notlösung sein.

2. Druck einzelner Dateien übereinander

Die folgende Methode ist eigentlich eine verfeinerte Version der vorherigen, die aber meiner Meinung nach deutliche Vorteile mit sich bringt.

Auch hier druckt man die einzelnen Farben nacheinander und spielt mit den durchscheinenden unteren Schichten, um den Farbeffekt zu erzeugen. Allerdings wird hier nicht der Druck einer einzelnen Datei unterbrochen, sondern es werden die verschiedenen Farben in jeweils einzelnen Dateien nacheinander gedruckt. Hierdurch wird der Druck nach jeder einzelnen Schicht beendet und man kann in Ruhe den Druck der nächsten Schicht mit einem sauberen Filamentwechsel etc. vornehmen. Vorteil ist hier, dass man die Düse sauber durchspülen kann, sodass man keine Farbfehler in der folgenden Schicht durch Filamentreste in der Düse hat.

Natürlich sind auch hier insbesondere in der Vorbereitung der Dateien einige Punkte zu beachten.

Schichten aufeinander anpassen

Konstruiert man die einzelnen Schichten einer solchen Mehrfarbdatei, so müssen diese sauber aufeinander angepasst sein. Dies macht man entweder bereits im Konstruktionsprogramm oder aber beispielsweise in Netfabb, das eine sehr schöne Möglichkeit der Ausrichtung bietet. Man orientiert die Dateien nun so, dass sie in der X- und Y-Achse exakt aufeinander ausgerichtet sind. In der Z-Achse werden die einzelnen Schichten sauber aufeinander aufgesetzt. Die erste Schicht reicht also beispielsweise von 0 bis 1 mm Höhe, die folgende dann von 1 bis 2 mm und so weiter, bis das fertige Objekt aufgebaut ist.

Druckvorbereitung anpassen

Normalerweise legt ein 3D-Drucker vor dem ersten Druck eines Teils einen gedruckten Kunststofffaden rund um die Grundfläche, um die komplette Füllung der Druckdüse zu gewährleisten. Bei solchen mehrfarbigen Drucken könnte dies kontraproduktiv sein, da eventuell dieser, Skirt genannte, Druck auf die bereits gedruckten Teile des Objekts gelegt werden könnten. Schalten Sie diese Funktion in Ihrem Slicer also aus. Bedenken Sie aber, dass Sie jetzt selbstständig darauf achten müssen, dass die Druckdüse vollständig gefüllt ist. Dies erreichen Sie, indem Sie von Hand ausreichend Material kurz vor dem Start extrudieren.

Anschließend werden die einzelnen Dateien nacheinander gedruckt. Aufgrund des Aufeinanderlegens verschiedener Farben kann es durchaus einmal zu leichten Farbverfälschungen kommen, die aber normalerweise nicht besonders störend sind. Will man aber beispielsweise sehr helle auf sehr dunkle Farben drucken, so kann es ratsam sein eine Lage Weiß dazwischen zu drucken, um die Strahlkraft der Farben besser herauszubringen.

Ein schönes Beispiel dafür findet sich bei Thingiverse unter thing:20434 des Users Alzibiff: ein hervorragend konstruiertet Union Jack.

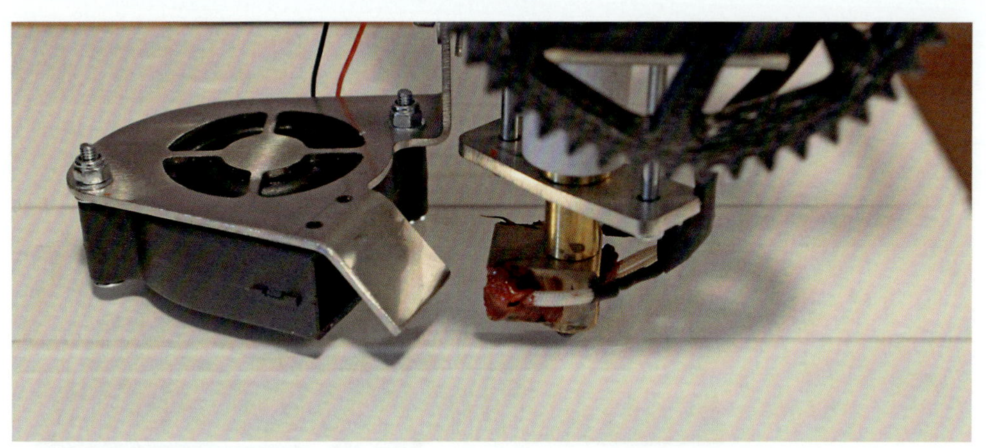

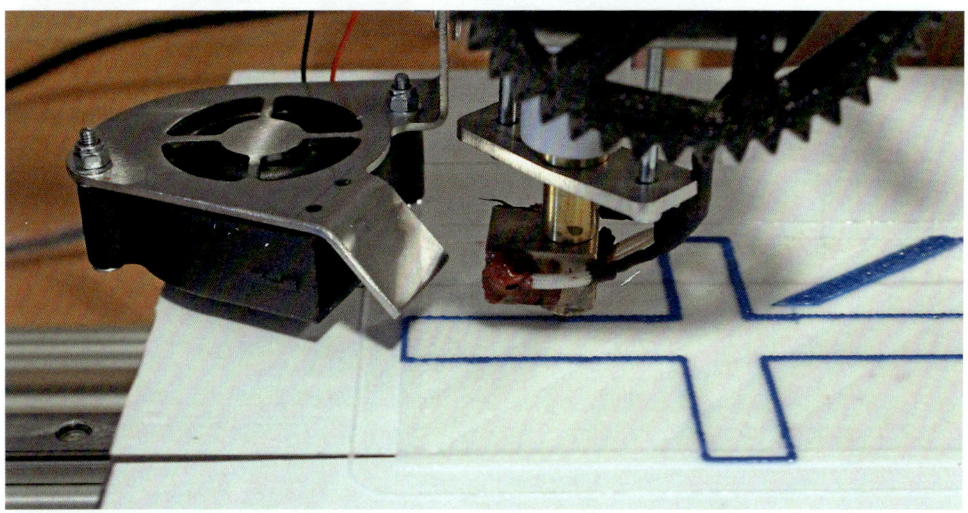

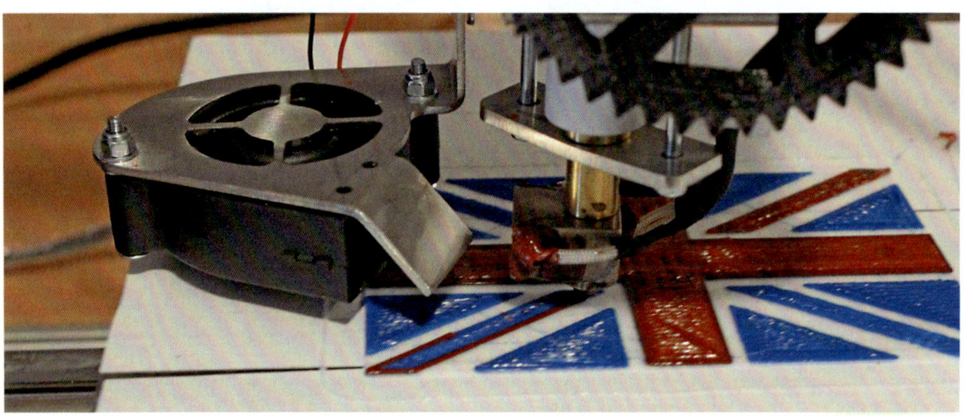

Entstehung des Union Jacks (Thingiverse, thing:20434 User Alzibiff)

3. Druck als Bausatz

Die vorher beschriebenen Techniken eignen sich lediglich um schichtweise aufgebaute, mehr oder weniger flache Teile zu drucken – weshalb Flaggen, Wappen und Logos dafür auch ideal sind.

Bei allen mehr oder weniger voluminösen beziehungsweise dreidimensionalen Objekten sind diese nicht besonders gut oder gar nicht anwendbar.

Aber auch solche mehrfarbigen Objekte kann man durchaus mit einem Einfach-Extruder herstellen. Und zwar als Bausatz. Hierbei werden alle einzelnen Teile, die unterschiedlich farbig sein sollen nacheinander gedruckt und dann montiert.

Dabei ist das Drucken – anders als bei den bisherigen Techniken – die einfachere Angelegenheit. Sehr viel komplizierter und anspruchsvoller ist hier die Konstruktion, sollen die Teile später auch zusammenpassen. Hier muss man schon eine gehörige Portion „Gehirnschmalz" investieren, um das Objekt in die entsprechenden Teile zu zerlegen – und das so, dass die Teile später auch noch passend zusammengefügt werden können.

An solch eine Aufgabe sollte man sich herantrauen, wenn man sein Konstruktionsprogramm, egal ob CAD oder in anderer Form, wirklich gut beherrscht und auch die jeweiligen Eigenheiten kennt – oder dies kennenlernen möchte. Insbesondere wirklich funktionierende Passungen hinzubekommen ist da eine echte Herausforderung.

Aber auch wenn man sich an Eigenkonstruktionen noch nicht ganz herantraut, muss einem diese Möglichkeit nicht verschlossen bleiben. Beispielsweise findet man unter www.thingiverse.com eine ganze Reihe an solchen gelungenen Konstruktionen an, die gut dazu geeignet sind, diese Technik auszuprobieren. Und wenn man dann einmal Gefallen daran gefunden hat, hat man sicherlich auch die notwendige Motivation selbst in solche Konstruktionen einzusteigen.

Ein paar Beispiele für wie ich finde sehr gelungene mehrfarbige Drucke in Form von Bausätzen zeigt Ihnen dieser Beitrag.

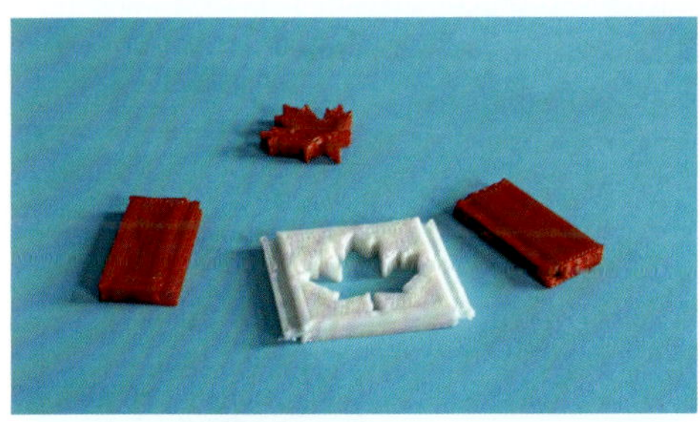

Eine kanadische Flagge aus mehreren Bauteilen (Thingiverse, thing:24830, User neilrqm)

Ein wirklich gelungener Bausatz eines Frosches – sogar mit Beute (Thingiverse: thing:232924, User AMO)

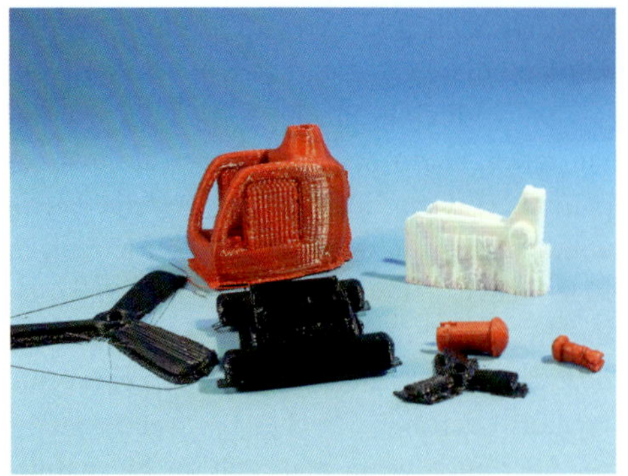

Ein Spielzeughelikopter, bei den Bildern im unzusammengebauten Zustand ist noch gut der Support zu erkennen (Thingiverse, thing:5225, User t1t4)

Nachbearbeitung

Viele Druckteile können so, wie sie aus dem Drucker kommen verwendet werden. Sei es, weil die meist etwas „riffelige" Oberfläche nicht stört oder gerade gewünscht ist und die Farbe des Objekts so verwendet werden kann.

Wenn man nun aber bestimmte Ansprüche an das Druckteil stellt, so kann man dieses aber auch entsprechend nachbearbeiten. Beispielsweise werden Modellbauer sicher meist die Druckstruktur abschleifen, um eine entsprechend glatte Oberfläche zu erhalten und auch die Teile dem Vorbild nach mit einem Farbauftrag versehen.

Nahezu alle handwerklichen Bearbeitungsmaßnahmen wie Schleifen (ob trocken oder nass), Fräsen, Bohren oder Ähnliches sind sowohl mit PLA, als auch ABS möglich. Wobei bei vielen dieser Bearbeitungen PLA sogar ein wenig besser zu verarbeiten ist, weil es beispielsweise beim Schleifen nicht so zum Schmieren neigt wie ABS.

Auch das Verkleben der Druckteile ist möglich. Für PLA bietet sich dabei Sekundenkleber an. ABS, welches beispielsweise von Aceton angelöst wird, kann auch mit Klebstoffen auf dieser chemischen Basis verklebt werden. PLA ist übrigens beständig gegenüber Aceton.

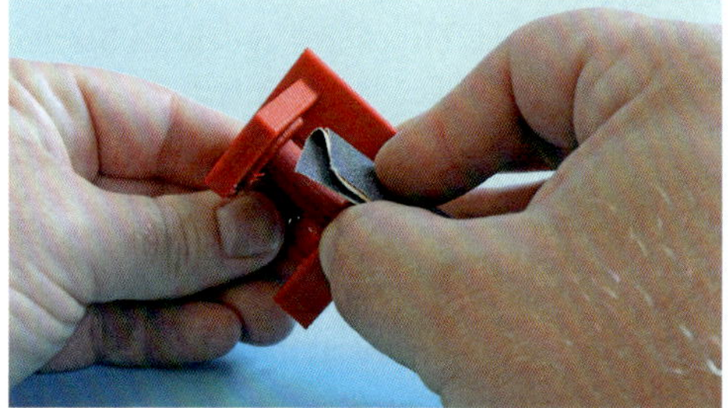

Mit dem 3D-Drucker erstellte Teile lassen sind in verschiedenster Form – beispielsweise durch Schleifen – nachbearbeiten

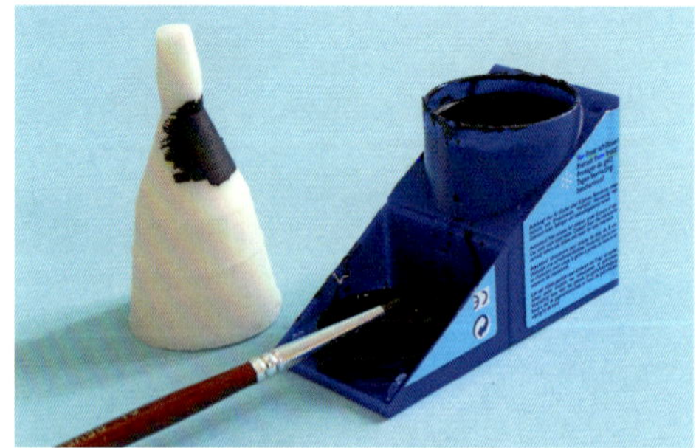

Auch das Lackieren der Teile ist mit handelsüblichen Farben möglich

Auch die Farbgebung ist mit handelsüblichen Farben möglich, wobei man immer die Beständigkeit des jeweiligen Kunststoffs auf das enthaltene Lösungsmittel testen sollte.

Pflege des Druckers

Ein 3D-Drucker verlangt – wie jede Maschine – von Zeit zu Zeit auch ein wenig Aufmerksamkeit und Pflege, um immer gute Ergebnisse zu liefern. Natürlich gehört als Einfachstes dazu, dass das Gerät entsprechend sauber gehalten und im üblichen Rahmen und mit den normalen Reinigungsmitteln gereinigt wird. Beachten Sie hierbei auch die Bedienungsanleitung Ihres Druckers, denn wie bei jedem Gerät, kann es Probleme mit der Gewährleistung geben, wenn mit zu harten Mitteln gereinigt wird.

Um ein Verstauben – schließlich wird Ihr 3D-Drucker nicht rund um die Uhr arbeiten – zu vermeiden, sollte man ihn bei Nichtbenutzung beispielsweise mit einem Tuch abdecken, das spart spätere Reinigungsarbeiten.

Kontrollen

Neben diesen einfachen Reinigungsarbeiten sollte man immer wieder einmal die mechanischen Komponenten des Druckers kontrollieren. Bei einer Maschine, die derart viele und komplexe und zum Teil schnelle Bewegungen ausführt, kann es vorkommen, dass sich eine Verschraubung löst und so entweder ein Spiel in einer Bewegung erfolgt, welches für Unsauberkeiten sorgt oder gar zu einem kompletten Versagen des Druckers führt. Am besten kontrolliert man daher von Zeit zu Zeit alle Verschraubungen auf Festigkeit und ob diese noch das gewünschte Spiel (aber eben auch nicht zu viel) haben.

Die Verschraubungen des Gestells sollten dabei genauso überprüft werden, wie die der beweglichen Komponenten, denn auch durch eine Bewegung im Rahmen kann es genauso zu einer Verschlechterung des Drucks kommen.

Sind Teile bei Ihrem Drucker verklebt (beispielsweise die Zahnräder der Riementriebe auf den Achsen der Schrittmotoren), so sollten auch diese regelmäßig kontrolliert werden, denn manchmal lösen sich diese Verklebungen, was zu unsauberen Stellschritten der Achsen führt.

Ein weiterer Punkt, den es zu kontrollieren gilt, sind beispielsweise die verwendeten Zahnriemen, die Beschädigungen aufweisen können. Sind beispielsweise einzelne Zähne beschädigt, kann es auch hierdurch zu Unsauberkeiten in der Ansteuerung kommen.

Dem Drucktisch selbst sollte man ebenfalls ein wenig Aufmerksamkeit zukommen lassen. Weist er zu starke Riefen auf oder ist er gar durch zu kraftvolles Entfernen der Druckteile stärker beschädigt oder verbogen bleibt einem leider nichts anderes übrig, als den Tisch zu ersetzen. Dies dürfte aber bei vernünftiger Behandlung die Ausnahme bleiben.

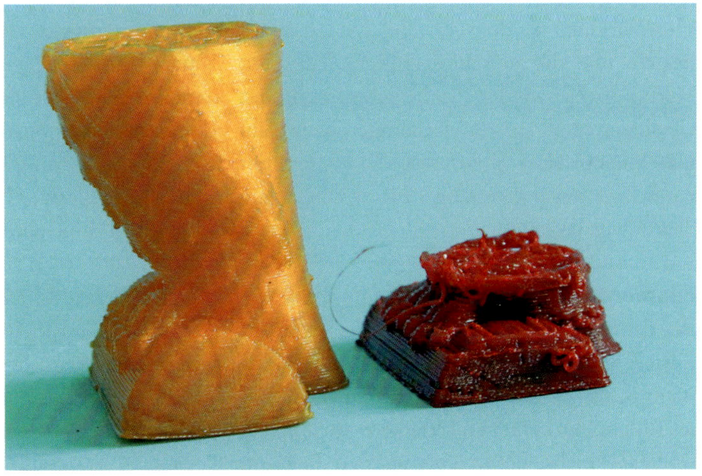

Beispiel für einen Fehler durch einen mechanischen Defekt. Der Sockel des roten Teils sollte genauso groß sein, wie der des orangenen. Durch das Lösen der Verschraubung der Z-Achse wurde diese aber zu wenig verstellt. Resultat ist eine geringere Druckhöhe in Z-Richtung

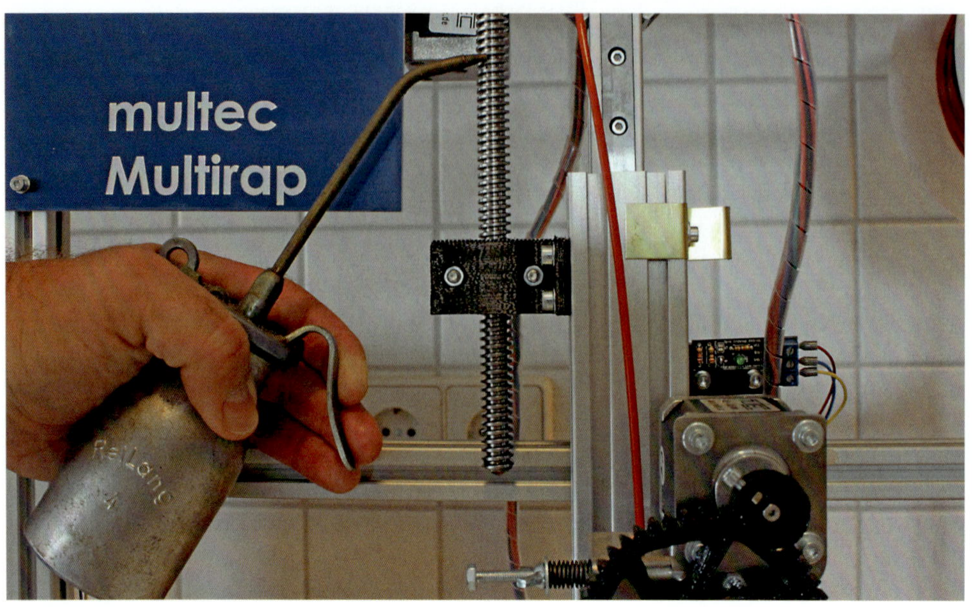

Von Zeit zu Zeit sollten die beweglichen Teile des Druckers – natürlich nach den Angaben in der Bedienungsanleitung – geschmiert werden

Schmieren

Die Lager der beweglichen Teile des Druckers können – und sollten – so leichtgängig wie möglich eingestellt sein, aber ein wenig Schmierung benötigen sie trotzdem, so sollten alle Steuerbewegungen sauber und ohne Hakeln durchgeführt werden.

Beachten Sie dabei die Anweisungen in der Anleitung Ihres Druckers, die die notwendigen Informationen zu den verwendeten Schmiermitteln und die zu schmierenden Teile gibt. Normalerweise werden für die Schmierung von Gewindespindeln feines Mechaniker- bzw. Nähmaschinenöl oder Silikonfett verwendet. Für das Schmieren anderer Lager bietet sich oft ein dickflüssigeres Fett an.

Filamentförderung

Bei den meisten Druckern wird das Filament mittels zweier Rollen gefördert, die das Filament in die Heizdüse nachschieben. Eine dieser Rollen (bei manchen Druckern auch beide) sind dabei mehr oder weniger stark geriffelt, um die Förderung zu verbessern. Die richtige Einstellung dieser Filamentförderung ist einer der schwierigeren Punkte beim 3D-Druck. Wird das Filament zu gering zwischen die Rollen geklemmt, so kann es durchrutschen und nicht richtig in die Heizdüse gefördert werden. Wird das Filament zu stark an die geriffelte Rolle gedrückt, so kann es passieren, dass es klemmt und sogar Material abgerieben wird und so die Riffelung zusetzt. Dies führt dazu, dass das Filament nicht sauber – oder sogar überhaupt nicht mehr – gefördert wird.

Um dies zu verhindern, sollte man auch der Filamentförderung ein wenig Aufmerksamkeit angedeihen lassen. Neben der korrekten Funktion und Einstellung des richtigen Anpressdrucks sollte man von Zeit zu Zeit auch gerade die geriffelten Rollen auf Sauberkeit kontrollieren. Sind die Riffeln der Rolle zugesetzt, reinigen Sie diese am besten mit einer Bürste, zum Beispiel einer Zahnbüste, allerdings nicht mit gröberen Werkzeugen.

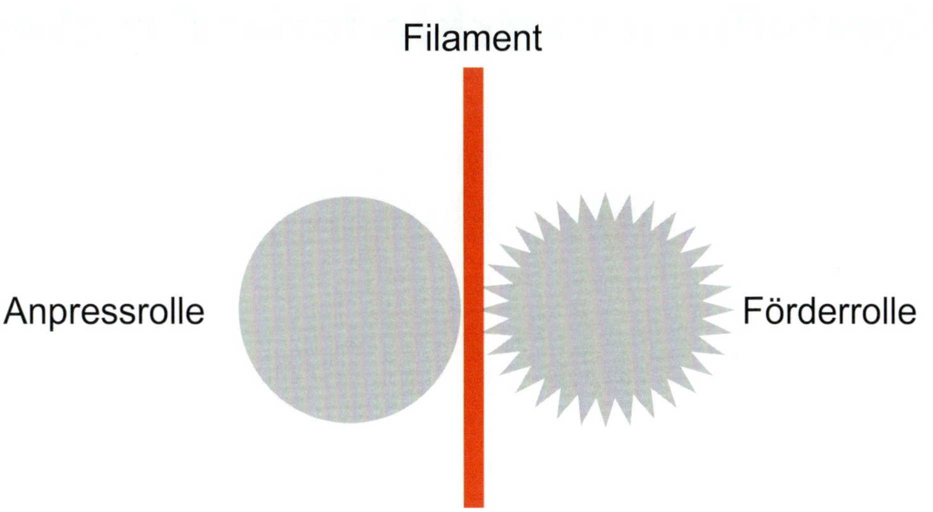

Schema einer üblichen Filamentförderung eines 3D-Druckers

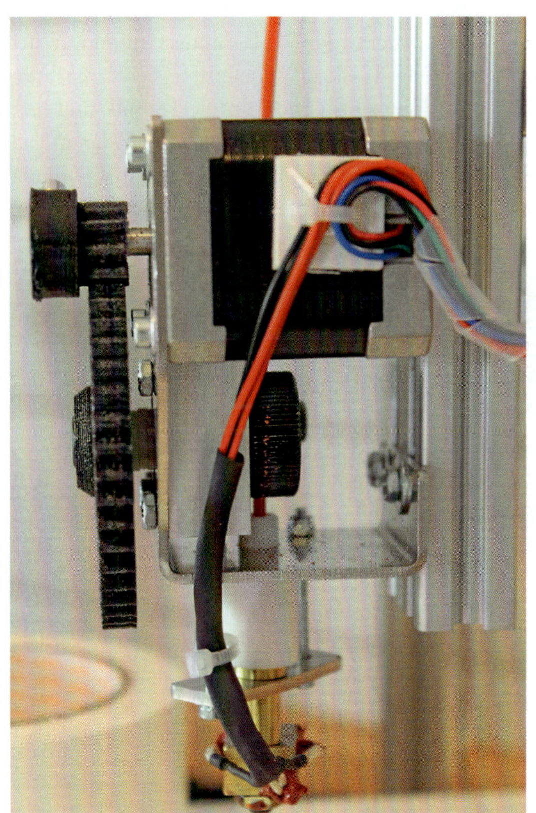

Blick auf die Filamentförderung am Extruder des Multirap. In der Bildmitte zu erkennen das geriffelte Förderrad

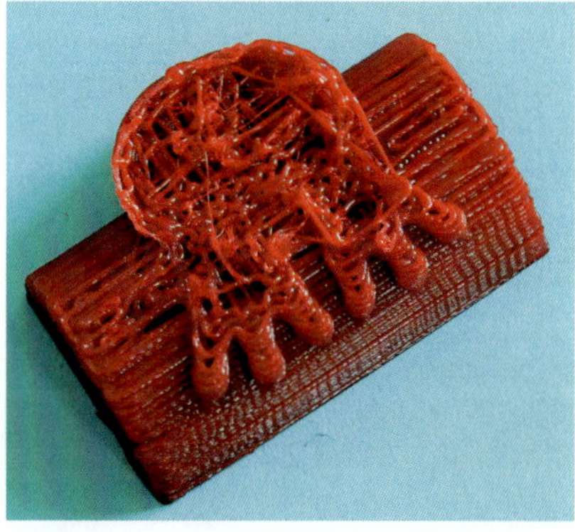

Beispiel für einen Fehldruck durch mangelnden Filamentnachschub

Vorstellung verschiedener Drucker

Das Angebot an 3D-Druckern für den Betrieb zuhause ist groß – und derzeit kommen nahezu täglich neue Drucker oder verbesserte Geräte auf den Markt. Im Folgenden werde ich Ihnen zwei Geräte ausführlicher vorstellen, einen Drucker aus einem Komplettbausatz und ein Fertiggerät. Auf einen kompletten Eigenbau eines 3D-Druckers werde ich verzichten, da es in diesem Buch ja vordringlich um die Praxis des 3D-Druckens gehen soll.

Nach den Vorstellungen des Multirap von multec und des Easy3DMakers von 3Dfactories finden Sie noch eine Aufstellung von weiteren Druckern auf dem Markt – aufgrund der gerade beschriebenen Problematik ohne Anspruch auf Vollständigkeit.

3D-Druckerbausatz: Multirap von multec

Wie bei vielen Unternehmen entstand dieser 3D-Drucker der Firma multec GmbH mit Sitz im schwäbischen Wilhelmsdorf bei Ravensburg aus einer Faszination für die Technik und ihre Möglichkeiten – in diesem besonderen Fall noch ergänzt durch den Wunsch nach einem maschinenbautechnisch ausgereiften System.

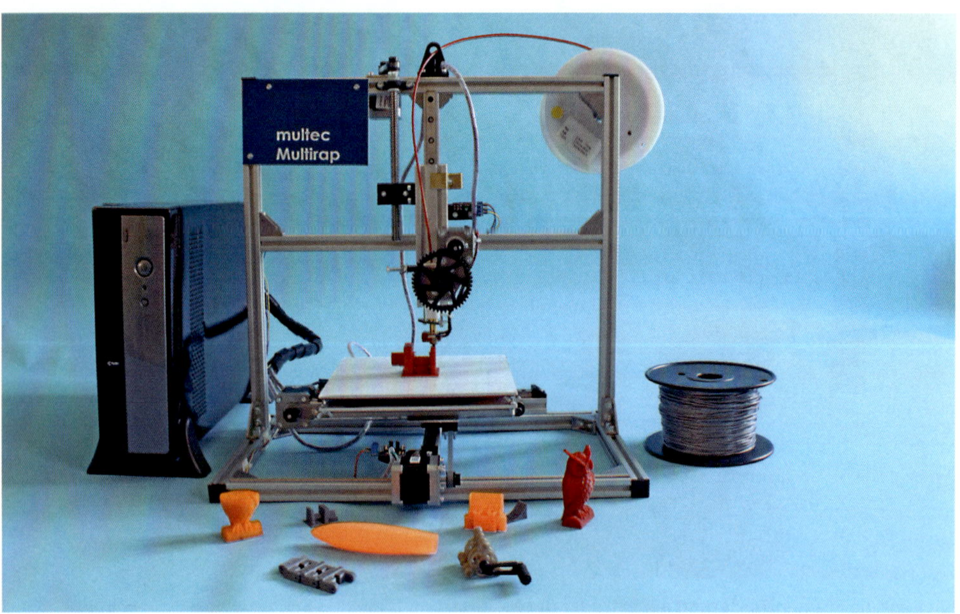

Der Multirap L234 von multec

Denn viele der angebotenen 3D-Drucker sind mechanisch eher fragil und schwierig genau einzustellen. Genau an diesen Punkten haben die Maschinenbauingenieure Petra Rapp und Manuel Tosché angesetzt und ein hard- und softwaremäßig abgestimmtes System entwickelt, welches als Bausatz geliefert wird.

Der Bausatz

Viele der 3D-Drucker-Eigenbauten, aber auch eine große Zahl an Bausätzen, basieren – um Kosten und Aufwand zu sparen – auf Bauteilen, die eher schlecht geeignet sind, um eine so präzise arbeitende Maschine zu erstellen. Herkömmliche Gewindestangen, mit denen viele RepRap-Abkömmlinge konstruiert werden, ermöglichen beispielsweise nur schwer eine exakte Einstellung.

Aus diesem Grund hat sich multec zu einem System komplett aus Normteilen aus dem Maschinenbau entschieden. So basiert der Grundaufbau aus Aluminium-Profilen, die mittels äußerst exakter Verbindungsteile winkelgerecht und stabil verbunden werden. Gleichzeitig erlaubt dieser Aufbau aber auch eine sehr exakte und einfache Feinjustierung.

Bei einem präzise arbeitenden Gerät wie einem 3D-Drucker ist die exakte Führung der beweglichen Teile natürlich ein ganz besonders wichtiger Punkt. multec verwendet daher für alle drei Achsen Profilschienen-Wälzführungen, die sehr präzise und verwindungssteif die notwendigen Führungen übernehmen.

Die Übertragung der Schrittmotorbewegungen erfolgt bei den einzelnen Achsen unterschiedlich. Während die Z-Achse mittels ei-

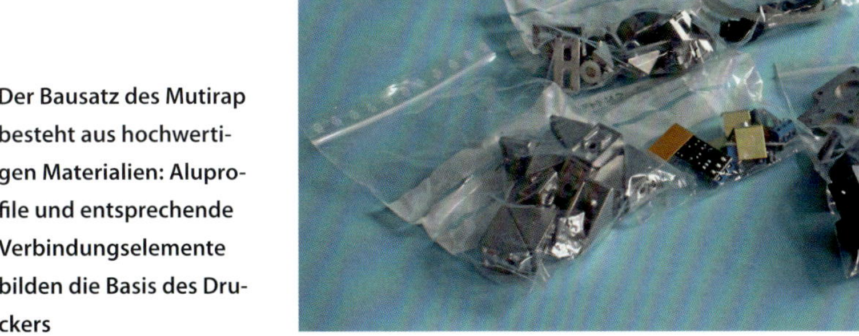

Der Bausatz des Mutirap besteht aus hochwertigen Materialien: Aluprofile und entsprechende Verbindungselemente bilden die Basis des Druckers

ner Trapezgewindespindel verstellt wird, werden die X- und Y-Achsen des Drucktisches mittels Zahnriemenantrieben bewegt. Dies ermöglicht eine präzise Positionierung des Extruders in der Z-Achse, während die nur mit geringen Kräften belasteten X- und Y-Achsen mit den Zahnriemenantrieben ebenso exakt angesteuert werden können.

Als Schrittmotoren werden bewährte Nema-17-Motoren verwendet, die ihre Eignung für solche Drucker häufig bewiesen haben. Die Steuerung wird bei den Bausätzen fertig aufgebaut geliefert. Die Schrittmotoren sowie die Extrudersteuerungsleitungen und – soweit vorhanden – die Kabel des Heizbetts müssen hieran lediglich noch angeschlossen werden. Die Ramps v1.4-Steuerungsplatine umfasst zudem ein Arduino Atmega 2560 Microcontroller Board und vier Pololu A4988 Schrittmotortreiber.

Der Extruder (entweder lieferbar für 3-mm- oder 1,75-mm-Filament) wird komplett fertig aufgebaut von multec geliefert und muss lediglich noch an der Maschine befestigt werden. Interessant ist hierbei auch, dass der Extruder als Einzelteil lieferbar ist. So kann man sich beide Extruder zulegen und je nach verwendetem Filament bzw. benötigter Feinheit den passenden Extruder montieren. Es ist auch einfach möglich, nur die Düsenkombination auszutauschen, sodass man mit demselben Extruder, aber unterschiedlichen Düsen arbeiten kann. Allerdings muss man sagen, dass für die weitaus meisten Arbeiten der, auch einfacher einzustellende, 3-mm-Extruder verwendet werden kann.

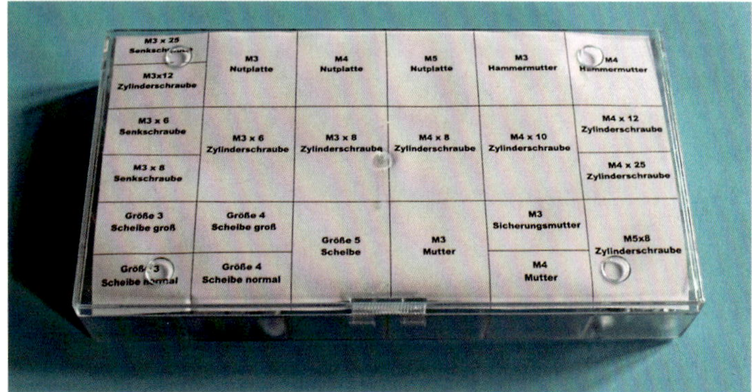

Die benötigten Verbindungsteile sind sauber in einer stabilen Kunststoffbox verpackt und beschriftet

Aufbau

Für den Aufbau des Multirap werden nur wenige Werkzeuge benötigt. Ein Satz Inbusschlüssel liegt dem Bausatz bei, da diese in unterschiedlichen Größen die am häufigsten benötigten Werkzeuge sind. Weitere benötigte Werkzeuge sind ein Lineal und eine Schieblehre sowie Schraubenschlüssel beziehungsweise ein geeigneter Ratschenkasten. Zudem wird noch ein kleiner Schraubendreher/Phasenprüfer zur Verschraubung der Anschlusskabel und Sekundenkleber zur Verklebung von Metall und Kunststoff gebraucht. Gute Dienste beim Einstellen der Düsenhöhe über dem Drucktisch leistet eine Fühlerlehre, mit der man den Abstand sehr genau einstellen kann. Insbesondere bei der feineren Düse (zu deren Besonderheiten im Betrieb kommen wir später noch) kann man den hierfür benötigten genau einzuhaltenden Abstand hiermit sehr gut erreichen. Empfehlenswert ist für einige Verschraubungen auch Schraubensicherungslack, der sie fest in ihrer Position hält.

Im späteren Betrieb wird dann noch von Zeit zu Zeit ein wenig dünnflüssiges Schmieröl für die Spindel und Lagerfett für die Führungen benötigt.

Der Aufbau des Druckers wird in der, auf einer CD zusammen mit der benötigten Software und weiteren wichtigen Informationen enthaltenen, beiliegenden Anleitung mustergültig und ausführlich beschrieben. Folgt man den Anweisungen darin und berücksichtigt die vielen Tipps, so wird man auf jeden Fall zu einem gut funktionierenden Drucker kommen. Man sollte diese Anleitung also auf jeden Fall vor dem Bau durchlesen und sich genau an die Angaben halten.

Zunächst wird aus Aluminiumprofilen und den Verbindungswinkeln ein sehr stabiles und dabei doch leichtes Grundgerüst aufgebaut. Die hochwertigen Verbindungswinkel sorgen dabei

Ein stabiles Gestell entsteht aus den Alu-Profilen

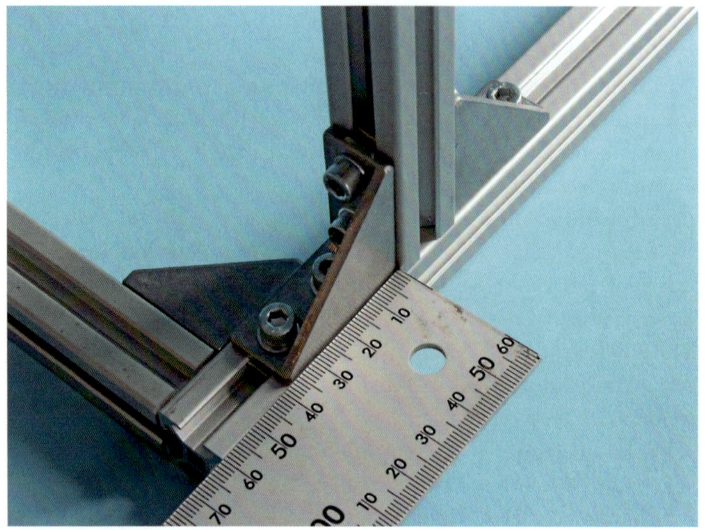

In der sehr guten Anleitung werden wichtige einzuhaltende Maße angegeben. Kontrolliert man diese am Drucker gründlich, so kann nichts schiefgehen

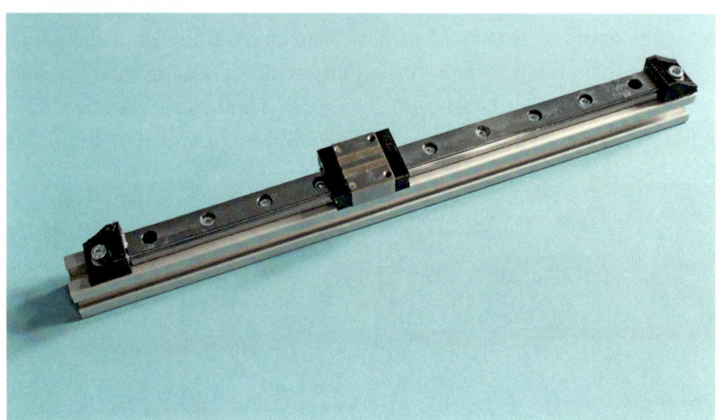

Wichtig für die genaue und stabile Führung sind die verwendeten Profilschienen-Wälzführungen

Die fertige Y-Achse wird in den Grundrahmen maßgerecht eingebaut

Der fertig vorbereitete Drucktisch. Die aufgeklebte Messingblechfahne dient dem Schalten des optischen Endstopps

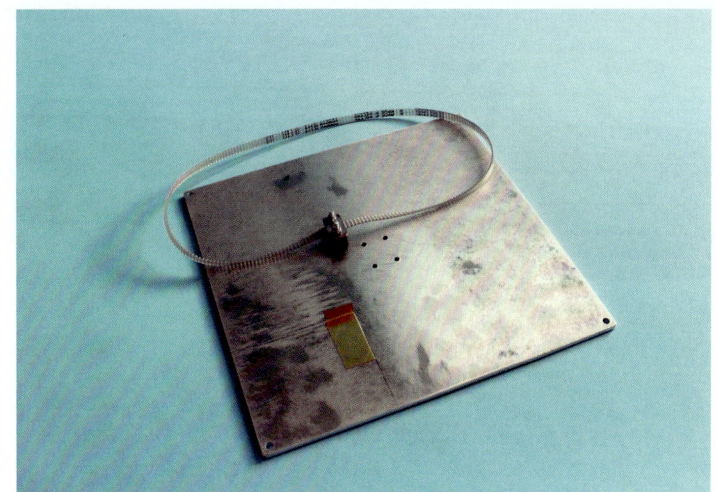

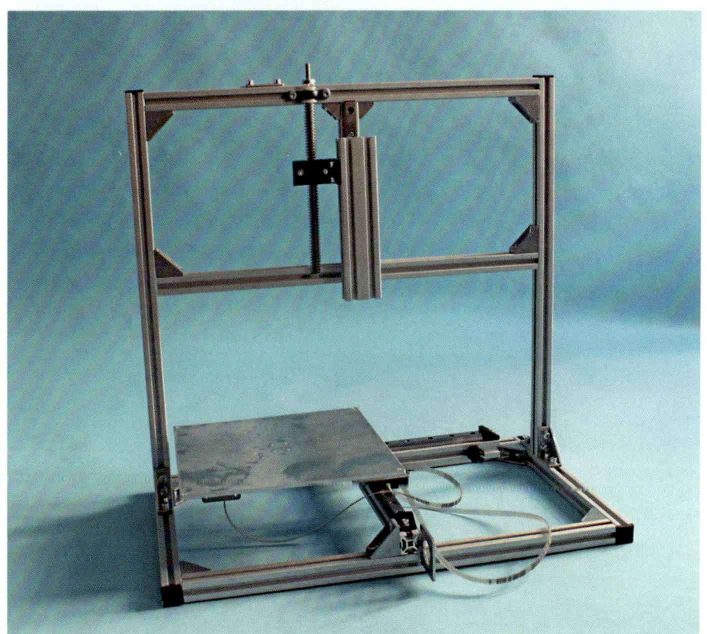

Der fertige mechanische Aufbau des Druckers

automatisch für eine winklig exakte Ausrichtung der Alu-Profile. Hält man sich an die angegebenen Maße, so hat man mit dem Gerüst eine sehr gute Grundlage für den weiteren Aufbau des Druckers.

Der nächste Schritt ist dann die Montage des Drucktisches, mit seinen Lagerungen für die Bewegungen in der X- und Y-Achse. Wie bereits gesagt, werden die drei Achsen des Druckers mittels Profilschienen-Wälzführungen gelagert. Die hohe Präzision und die Stabilität dieser Führungen machen sie zu einem echten Highlight in der Ausstattung des Multirap. Auf jeden Fall beachten sollte man auch die Hinweise in der Anleitung zur Montage der Führungen. Die Schlitten dieser Führungen werden durch

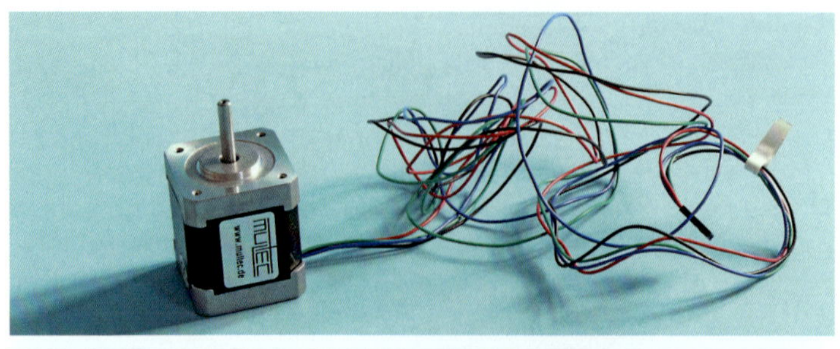

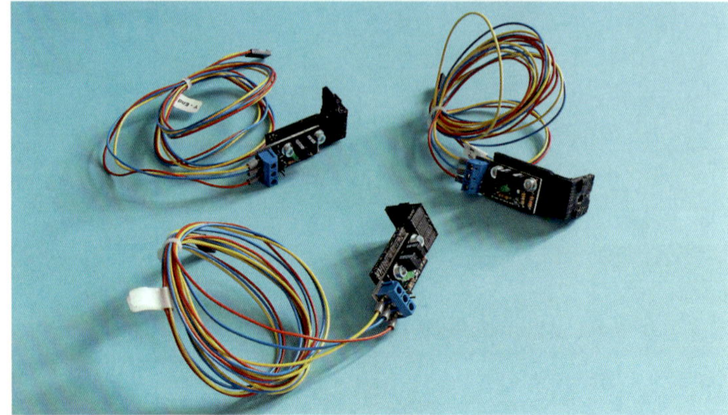

Die Nema-17-Schrittmotoren und die Endstopps müssen als nächstes verarbeitet werden

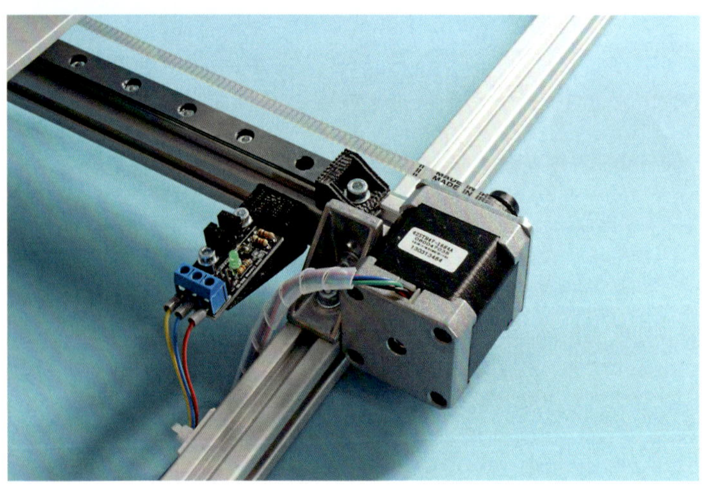

Montage von Motor uns Endstopp an der Y-Achse

spezielle Klammern vor dem Herunterrutschen von den Profilschienen bewahrt. Man sollte diese Klammern wirklich – wie in der Anleitung angegeben – erst entfernen, wenn die Führungen entsprechend montiert und gesichert sind. Ansonsten besteht die Gefahr, dass die Schlitten von den Schienen rutschen, was dazu führt, dass Sie nicht mehr montiert werden können und durch neue Teile ersetzt werden müssen. Dank der durchdachten Konstruktion des Druckers besteht diese Gefahr – außer durch die Unachtsamkeit des Erbauers – aber auch nicht.

Der Tisch wird in X- und Y-Achse mittels je einem Nema-17-Schrittmotor, der jeweils über

Hier sieht man (am Beispiel der Z-Achse) wie die Blechfahne den Endstopp auslöst: einfach aber wirkungsvoll und jederzeit leicht nachzujustieren

Der Extruder mit der 0,5-mm-Düse vor der Montage. Die Sechskantmutter auf den Düsenspitze dient zum Schutz derselben bei Transport und Montage

einen schlupffreien Riemenantrieb wirkt, sehr genau und zudem schnell bewegt. Die Konstruktion der Tischansteuerung beruht dabei darauf, dass der Antrieb der Y-Achse am Grundgerüst des Druckers und die X-Achse mit ihrem Antrieb auf dem Schlitten der Y-Achse befestigt wird. Auf dem Schlitten der X-Achse wird dann der eigentliche Drucktisch befestigt. Diese einfache aber durchdachte Konstruktion minimiert die bewegten Massen und macht die Stellgenauigkeit somit sehr hoch.

Die Z-Achse dient zur Verstellung der Höhe des Extruders. Sie wird an der Mittelstrebe im oberen Teil des Grundgerüstes montiert und ist ebenfalls mittels Profilschienen-Wälzführungen gelagert. Die Verstellung erfolgt hier mittels einer Trapezspindel, die äußerst exakt montiert werden muss. Wird sie nicht rechtwinklig ausgerichtet, so verringert sich der Leichtlauf der Z-Achse, wird mit Spiel montiert, so kann die Düsenspitze nicht exakt genug positioniert werden. Unter beidem leidet die Genauigkeit des

Druckergebnisses. Hier sollte man also mit sehr viel Ruhe arbeiten und die Einstellungen lieber immer wieder überprüfen, bis man das optimale Ergebnis erzielt hat. Dies wird sich in den späteren Drucken auszahlen. Die Trapezspindel selbst wird ebenfalls über einen Riemenantrieb mittels eines Nema-17-Motors bewegt.

Die Nullpunkte der Bewegung des Tisches und des Extruders werden durch drei Endstopps auf den drei Achsen definiert. Dieses sind optische Sensoren, die an den Achsen sitzen und mittels Blechfahnen geschaltet werden. Durch die mögliche Verschiebung der Endstopps kann eine Feineinstellung auch später noch sehr einfach und genau durchgeführt werden.

Eine recht einfache Übung ist die Montage des Filamenthalters, der aus einem Aluprofil besteht, welches am Grundgerüst befestigt wird und die Filamentrolle aufnimmt.

Abschließend wird dann der Extruder (dabei ist es egal, ob es sich um die 0,5-mm- oder die 0,35-mm-Ausführung handelt) an der Z-Achse mit zwei Schrauben montiert. Die Feineinstellung nimmt man am besten erst vor, wenn (so man dieses montieren will) ein Heizbett montiert ist und die elektrischen Anschlüsse vorgenommen sind.

Heizbett

PLA kann auch ohne Heizbett gedruckt werden, allerdings sollte man dann auf ein doppelseitiges Klebeband drucken, damit die erste Schicht des Kunststoffs ausreichend haftet. Sehr viel komfortabler ist aber die Verwendung eines Heizbetts, da dieses durch seine Temperatur von um die 60°C eine ausreichende Haftung erreicht und das Lösen des Druckteils nach dem Druck wesentlich einfacher gestaltet. Ein Heizbett ist somit eine wirklich sinnvolle Zusatzausstattung dieses 3D-Druckers. Für PLA (auf die Besonderheiten von ABS komme ich später noch) reicht das von multec gelieferte 12-Volt-Heizbett absolut aus. Es wird einfach mittels Schrauben und Flügelmuttern auf den eigentlichen Drucktisch montiert und dann an die Steuerung angeschlossen. Die mechanische Einstellung des Heizbetts gelingt durch das Gegenspiel zweier Flügelmuttern problemlos. Der Abstand zwischen Tisch und Heizbett sollte dabei an allen vier Ecken ungefähr gleich sein, um die Wärmeabfuhr nach unten zu gewährleisten.

Zum Betrieb wird das Heizbett mit einem Klebeband (Putzband) „bezogen“ auf das gedruckt werden kann. Dies schont das Heizbett, macht die Oberfläche besser haftend und ist das

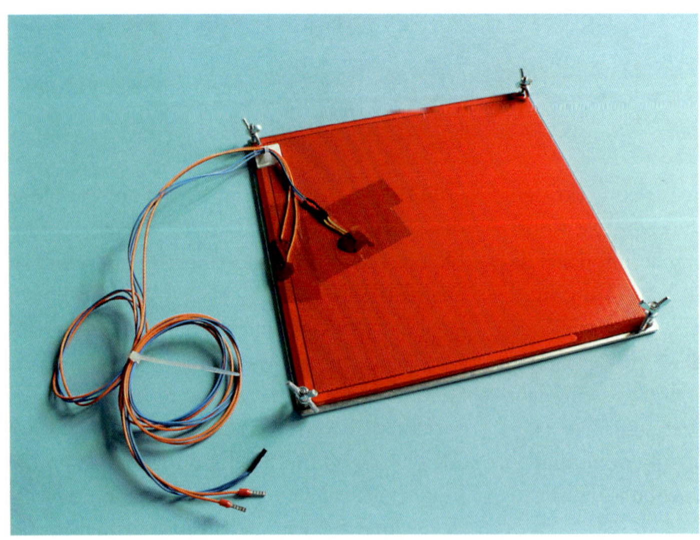

Das 12-V-Heizbett wird fertig vormontiert geliefert

Wichtig ist ein einheitlicher Abstand von Heizbett und Tisch, um eine gleichmäßige Wärmeverteilung zu erreichen

Klebeband beschädigt, kann es einfach ausgetauscht werden. Seit Neuem ist von multec auch eine dünne GFK-Platte erhältlich, die das Beziehen des Drucktisches mit Putzband erspart und noch glattere Oberflächen ermöglicht.

Will man unbedingt ABS drucken (wirkliche Gründe gibt es dafür bis auf die höhere Temperaturbeständigkeit dieses Kunststoffes gegenüber PLA eigentlich nicht) so ist ein leistungsstärkeres Heizbett unabdingbar. Hierbei sind Temperaturen von um die 100°C notwendig, die nur mit einem 220-Volt-Heizbett erreicht werden können. multec liefert solche Heizbetten zwar auch, weist aber eindrücklich darauf hin, dass diese Heizbetten nur von einer entsprechenden Elektrofachkraft montiert werden dürfen. Hier müssen zudem spezielle Zusatzteile eingebaut werden, die nur von einer Elektrofachkraft entsprechend ausgelegt und beschafft werden können.

Elektrische Anschlüsse

Beim Bausatz des Multirap L234 ist, genauso wie beim größeren L324 – dieser hat in der Y-Achse eine Baugröße von maximal 300 mm – die Steuerung fertig in einem eigenen Gehäuse eingebaut. Anhand der Anleitung lassen sich die Endstopps, die Motoren sowie die Steuerungen für den Extruder und das Heizbett mit ein wenig Geschick und Verständnis der Materie problemlos anschließen. Wenn man sich bei solchen Dingen unsicher ist, ist es allerdings auf jeden

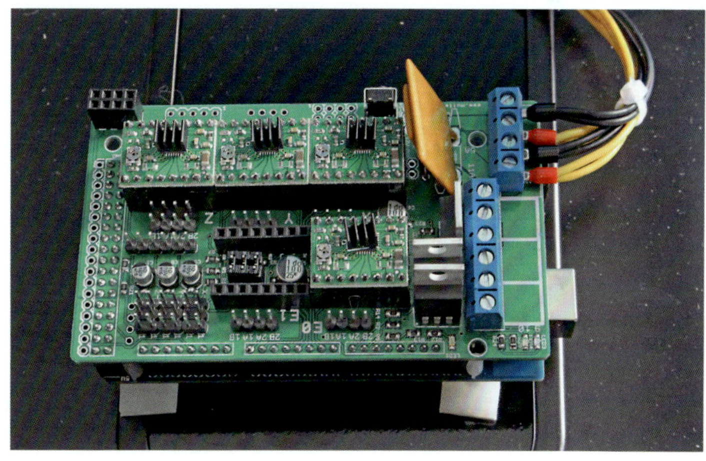
Die Steuerung des Druckers ist in einem großzügigen Gehäuse untergebracht. Hier müssen nach Plan – bei Bedarf durch eine Fachkraft – die elektrischen Komponenten angeschlossen werden

Fall ratsam, einen Fachmann hierfür zurate zu ziehen und diesen die elektrischen Anschlüsse durchführen zu lassen.

Software

Was nun folgt, ist ein wenig Arbeit am Computer, denn der Drucker benötigt natürlich ein paar Programme, die ihm sagen, was er tun soll.

Die benötigten Programme basieren auf Freeware, sodass hier – beschränkt man sich auf die ausreichenden Grundversionen – keine weiteren Kosten entsehen. Alle benötigten Programme sind entweder auf der CD enthalten oder werden als Link angegeben. Wichtig ist, dass das USB-Kabel des Druckers erst nach der Installation sämtlicher Programme in den Rechner eingesteckt wird.

Die für den Drucker benötigten Programme sind in der Programmiersprache Python programmiert. Daher müssen zunächst Python sowie einige Zusatzkomponenten dafür installiert werden. Dies gelingt problemlos, wenn man der Anleitung dafür folgt.

Damit der Drucker die konstruierten Dateien verarbeiten kann, benötigt er – wie andere CNC-Maschinen auch – einen von ihm zu

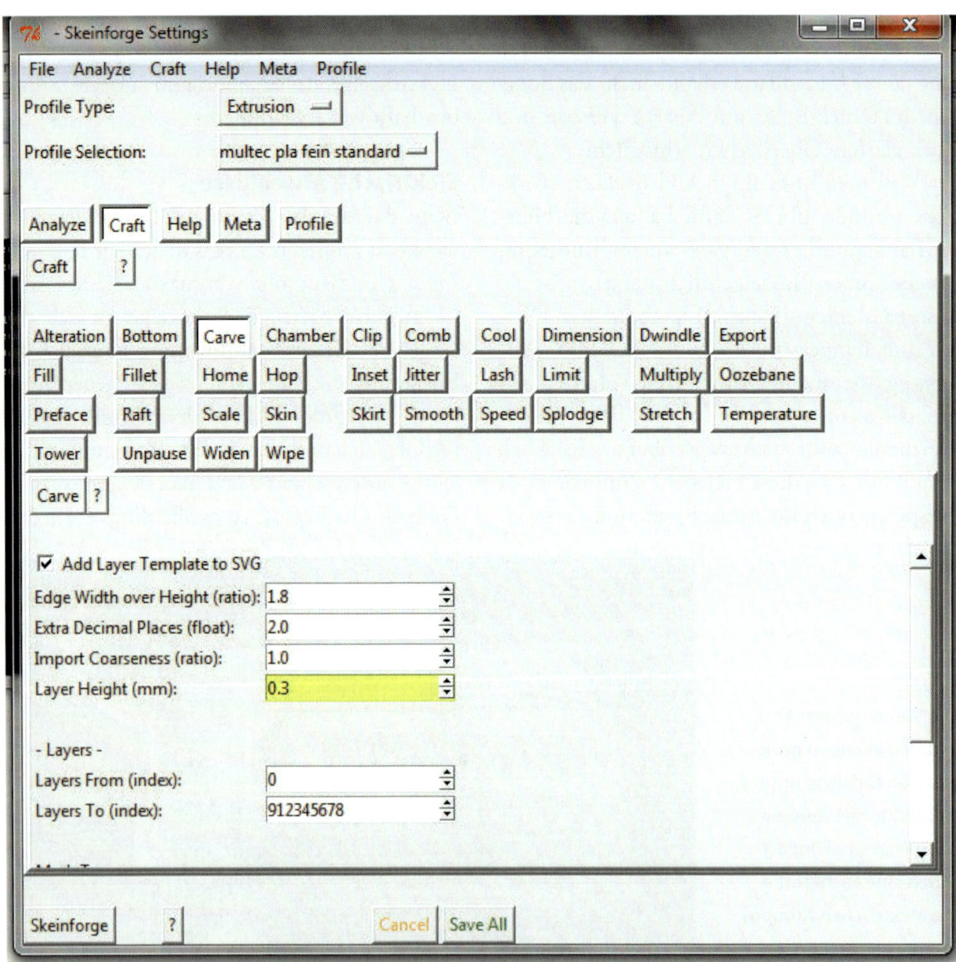

Die Einstellungen für den Multirap gelingen am besten mit dem Programm Skeinforge

verarbeitenden Code, den er nach und nach abarbeiten kann. Dieser sogenannte G-Code kann mit verschiedenen Programmen erstellt werden. Dem multec Multirap liegen auf CD zwei dafür mögliche Programme bei. Das einfachere der beiden ist Slic3r, welches sich von der CD problemlos installieren lässt. Für einfache Anwendungen reicht dieses Programm aus. Will man allerdings genauere Einstellungen vornehmen, bietet sich das sehr viel leistungsstärkere – allerdings auch deutlich aufwendiger zu bedienende – Programm Skeinforge an. Auch dieses lässt sich sehr einfach installieren. Bei Skeinforge ist zu beachten, dass multec hier bereits fertige Profile für verschiedene Materialien und Druckqualitäten auf CD mitliefert, die nach der Installation des eigentlichen Programms entsprechend der Anleitung in einem speziellen Ordner abgelegt werden. Bei der späteren Arbeit mit dem Programm kann man so das entsprechende Profil auswählen und erzielt somit sehr gute Ergebnisse. Will man noch feiner an den Ergebnissen arbeiten, so kann man jederzeit einzelne Parameter verstellen.

Nun muss noch ein spezieller USB-Treiber installiert werden, was aber dank der Anleitung auch problemlos gelingt.

Den Abschluss bildet das Programm Printrun, welches die eigentliche Steuerung des Druckers übernimmt. Ist es erfolgreich installiert und eine Verbindung von Drucker und Computer herstellt, steht der endgültigen Feinjustierung und den ersten Druckeinsätzen nichts mehr im Wege.

Ein sehr sinnvolles Tool ist noch das Programm Netfabb, welches sich für alle 3D-Drucker anbietet. Es überprüft vorhandene STL-Dateien auf Fehler und korrigiert diese. Die Grundversion Netfabb Studio Basic ist ebenfalls Freeware, man muss sich aber auf der Homepage zum Download registrieren (www.netfabb.com).

Feineinstellung

Mittels der Steuerung unter dem Programm Printrun werden nun vorsichtig alle Nullpunkte angefahren (die Endstopps müssen dabei rechtzeitig abschalten) und dann eventuell nachjustiert. Vor allem die Justierung des Extruders ist ein wichtiger Punkt. Die Düsenspitze des 0,5-mm-Extruders sollte am Nullpunkte nur einen Abstand von 0,3-0,6 mm zum Tisch haben – und zwar an allen Punkten des Tisches. Am besten lässt sich dies mit einer Fühlerlehre

Sehr wichtig für den Betrieb ist die genaue Einstellung des Abstands von Düse zum Drucktisch. Am besten gelingt dies mit einer Fühlerlehre

kontrollieren, die man beim gewünschten Abstand vorsichtig unter der Düsenspitze durchschieben können sollte. Gehen Sie bei diesen letzten Feineinstellungen sehr gewissenhaft und vorsichtig vor, denn hiervon hängt ganz entscheidend das spätere Druckergebnis beziehungsweise die Tatsache ob überhaupt vernünftig gedruckt wird ab.

Erster Betrieb

Jetzt kann der Drucker das erste Mal getestet werden. Dazu wird in Printrun die Heizung des Heizbetts und des Extruders eingeschaltet. Mittels eines Überwachungsfensters kann die Entwicklung der Temperatur stets überwacht werden. Haben sie die gewünschte Temperatur erreicht (bei PLA sollte das Heizbett 60°C und der Extruder ca. 195 bis 205°C je nach Material haben), kann das erste Mal Kunststoff mittels der Testfunktion gefördert werden. Mit einer Flügelschraube und Tellerfedern wird dabei die Spannung der Filamentförderung so eingestellt, dass ein sauberer Faden aus der Extruderöffnung austritt. An dieser Flügelschraube kann man auch später Fehler in der Förderung des Filaments recht einfach beheben.

Gelingt diese Förderung, so kann man sein erstes Objekt drucken. Hierfür liefert multec

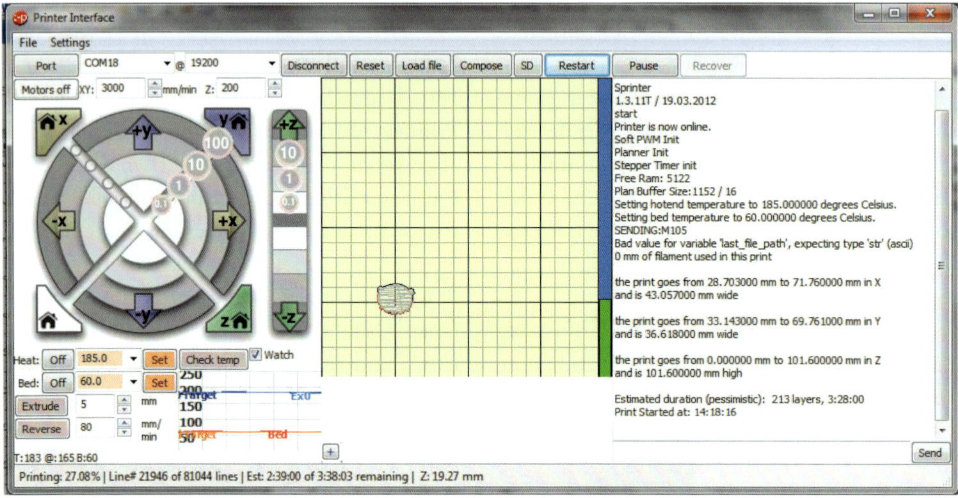

Mittels des Programms Printrun wird der Drucker angesteuert. Das Printer Interface bietet dabei alle wichtigen Daten auf einen Blick

Sehr schnell gelingen die ersten erfolgreichen Ausdrucke. Auf dem Heiztisch, der mit Putzband beklebt wurde, haften die Bauteile ohne Probleme, hier entsteht eine Winde für ein Schiffsmodell im Maßstab 1:50

auf der CD fertige G-Codes für verschiedene Objekte, mit denen ein entsprechender Druck – wurde alles richtig montiert und eingestellt – problemlos gelingt. Funktioniert dies, so steht weiteren Drucken, natürlich auch eigener Konstruktionen, nichts mehr im Wege.

0,35-mm-Extruder

Für die weitaus meisten Anwendungen ist der Extruder mit der 0,5-mm-Düse absolut ausreichend. Lediglich für den Fall, dass man besonders fragile Drucke mit feinen Strukturen benötigt – nicht nur zur Ansicht, sondern auch falls beispielsweise feine Zahnräder sauber ineinandergreifen sollen – kann es sinnvoll sein, auf den 0,35-mm-Extruder und die Verwendung von Filament mit 1,75 mm Durchmesser zurückzugreifen. Auch mit diesem Extruder gelingt die Arbeit problemlos, auch wenn man bei der Einstellung vom Abstand der Düse zum Tisch und beim Anpressdruck der Filamentförderung noch ein wenig mehr Sorgfalt walten lassen muss.

Naturgemäß ist die Druckgeschwindigkeit mit dieser kleinen Düse, insbesondere, wenn man die Einstellungen für sehr feine Oberflächen wählt, recht langsam, sodass größere Drucke schon einiges an Zeit in Anspruch nehmen. Tipp: Wählen Sie zunächst die größere Düse und experimentieren Sie damit. Wenn Sie damit zurechtkommen und wirklich feinere Drucke benötigen, können Sie den feineren Extruder (oder nur die kleinere Düse im gleichen Extruder, diese ist austauschbar) immer noch nachordern und je nach Bedarf an Ihrem Drucker montieren.

Fazit

Die Multirap-Drucker von multec sind hervorragend konstruiert, sowohl was ihre Stabilität, als auch, was die Funktion angeht. Wird beim Zusammenbau der sehr guten Anleitung gefolgt und sauber gearbeitet, so erhält man einen Drucker, der absolut problemlos läuft und schnell erfolgreiche Druckergebnisse liefert. Die Möglichkeiten mittels der empfohlenen Programme aber auch einer Feineinstellung der Mechanik des Druckers das Ergebnis positiv zu beeinflussen sind vielfältig und gerade das ist die Stärke des Multiraps: Man erkennt aufgrund des eigenhändigen Zusammenbaus und der verständlichen Konstruktion die Zusammenhänge und weiß „an welcher Schraube man drehen“ muss, um zu dem Ergebnis zu kommen, welches man sich vorstellt.

Wer den Zusammenbau des Druckers nicht scheut – und davor muss sich niemand, der technisch leicht versiert ist zu fürchten – erhält mit dem Multirap einen hervorragenden 3D-Drucker für alle Belange. Und wenn man es nun partout nicht will: multec bietet auch den Service, den Drucker komplett fertig montiert beziehen zu können.

Technische Daten, Lieferumfang und Preise Multirap LR234

Maximale Verfahrwege/ maximale Druckgröße:
X-Achse .... 200 mm
Y-Achse .... 200 mm
Z-Achse .... 150 mm

Gewicht: .... ca.7 kg

Außenmaße:
Breite .... 48 cm
Tiefe .... 34 cm
Höhe .... 50 cm

Lieferumfang Komplettbausatz:

- Ramps Steuerungsbausatz (enthält Ramps 1.4, Atmega 2560 R3, drei Optosensoren, vier Pololus A4988, 4 Kühlkörper, Kabel, Crimps, USB-Kabel, Lüfter)
- Metall-Extruder MULTEX mit 0,5-mm-Düse für 3-mm-Filament und Antriebsmotor (andere Düsengröße wählbar)
- Multirap L204-Bausatz (I-Profilen und Montagezubehör, drei Profilschienen-Wälzführungen, eine Trapezgewindespindel, drei Zahnriemen + sechs Zahnräder, ein Aluminiumdrucktisch, drei Nema 17-Motoren, alle Montageelemente für die Befestigung der Motoren, Steuerung und des Extruders)
- Aufbauanleitung
- Kabel und Crimps und Stecker für die Motoranbindung
- Anschlussplan
- Firmware mit bewährten Voreinstellungen

Preis: .... 1.008,- €,
mit 40 W-Heizpatrone in der Extruderdüse für schnelleres Aufheizen und schnellere Drucke

Optionales Zubehör:
Heizbett (12 Volt) .... 59,60 €

Info & Bezug:
Multec GmbH
Illmenseer Straße 19
88271 Wilhelmsdorf

Verkaufsniederlassung:
Franz-Xaver-Heilig-Straße 7
88630 Pfullendorf

kontakt@multec.de
www.multec.de
Tel.: 07503/931270
Fax: 07503/931271

Fertiggerät Easy3DMaker von 3Dfactories

Auch wer nicht die handwerklichen und technischen Möglichkeiten hat einen 3D-Drucker selbst aufzubauen oder wer schlicht keine Lust und Zeit dazu hat, muss natürlich nicht auf diese faszinierende Technik verzichten. Selbstverständlich gibt es auch eine ganze Anzahl an fertig aufgebauten 3D-Druckern, die von verschiedenen Firmen angeboten werden. Einer dieser Drucker ist der Easy3DMaker der Firma 3Dfactories.

Als kompaktes Gerät wird der Drucker fertig aufgebaut geliefert. Alleine schon durch das stattliche Gewicht von circa 16 Kilogramm macht er dabei einen sehr massiven Eindruck. Vorab zu den Äußerlichkeiten: Neben dem hier gezeigten Easy3DMaker in der limitierten Black Edition wird der Drucker auch in der „normalen" Version in Rot geliefert – die technischen Eigenschaften sind dabei natürlich identisch. Die Außenabmessungen von 400×400×500 mm sind noch gut handhabbar, und auch auf einem etwas größeren Schreibtisch unterzubringen. Der druckbare Bereich umfasst 200×200×230 mm und ist damit für die meisten normalen Anwendungen absolut ausreichend. Für Anwender, die größere Teile drucken möchten, bietet 3Dfactories den Profi3DMaker an, der einen druckbaren Bereich von 400×260×190 mm hat.

Aufbau

In einem sehr stabilen Gehäuse aus pulverbeschichtetem Stahlblech ist die gesamte Technik des Druckers untergebracht, einschließlich der Steuerung. Der Nutzer muss somit lediglich das mitgelieferte Netzteil und das ebenso im Lieferumfang enthaltene USB-Kabel an die Buchsen anschließen und mit dem Stromnetz bzw. dem Rechner verbinden – das war „fast" alles, um mit dem 3D-Drucken zu beginnen.

Die Mechanik des Druckers ist sehr hochwertig ausgeführt. Die Drucktechnik ist bei diesem Gerät so, dass der Extruder auf einer Ebene verbleibt und in der Y- und X-Achse verfahren wird. Hierbei wirken die Schrittmotoren mittels Zahnriemen auf den beweglichen Schlitten, in dem der Extruderkopf gelagert ist. Geführt wird dieser Schlitten in beiden Achsen in jeweils doppelten Rundführungen, die die Bewegung des Extruders sehr stellgenau ermöglichen. Die Y-Achsen-Verstellung wird hierbei interessanterweise über zwei Schrittmotoren links und rechts bewerkstelligt. Hierdurch ist eine sehr hohe Stellgenauigkeit gegeben.

Der Drucktisch wird dagegen in der Z-Achse bewegt und beim Druck für jede Schicht um den benötigten Schritt abgesenkt. Geführt wird er dabei mittels zweier Trapezgewinde-

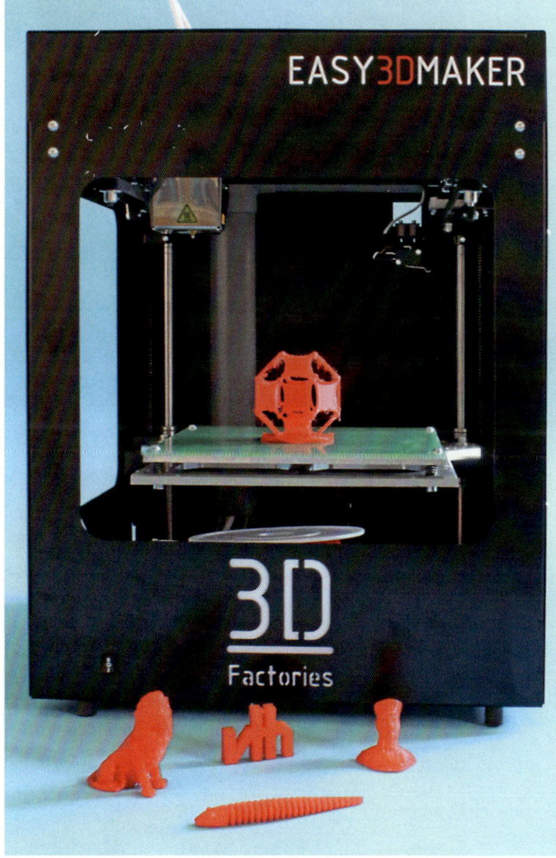

Der Easy3DMaker von 3Dfactories

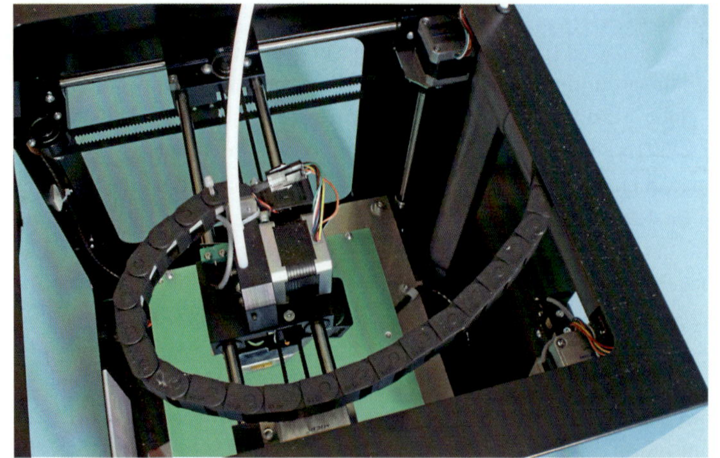

Blick von oben in den Drucker. Die Führungen der Achsen bestehen aus doppelten Rundführungen, die X- und die Y-Achse werden mittels Zahnriemenantrieb verstellt. Die Steuer- und Versorgungsleitungen laufen sauber in Energieketten

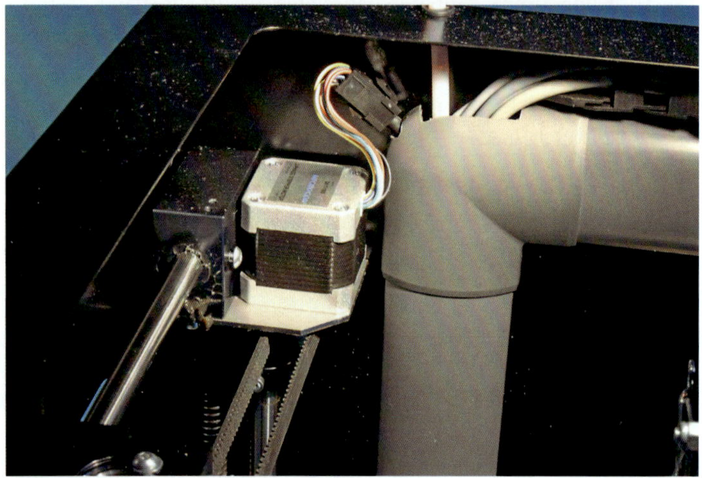

Der linke Schrittmotor der Y-Achse von oben, im Hintergrund der flache Kabelkanal über den Leitungen und auch der Schlauch, in dem das Filament gefördert wird, laufen

Blick von unten auf den Extruderkopf, dahinter leicht verdeckt zu sehen der kleine Lüfter für eine optionale Kühlung des Werkstücks

Rechts im Bild der rechte Schrittmotor der Y-Achse, hinten an der Gehäusewand der Mikroschalter für den Endstopp der Z-Achse

Der Schrittmotor des Z-Achsen-Antriebs wirkt über einen Zahnriemen auf die beiden Trapezgewindespindeln

Die Steuerung sitzt unauffällig im Gehäuse

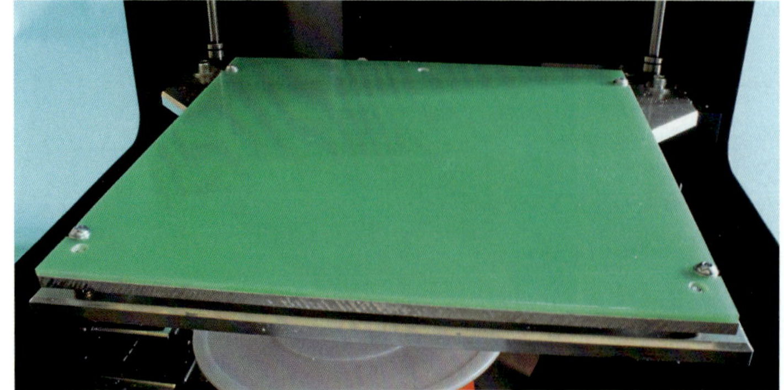

Der Drucktisch, hier ausgestattet mit einem heizbaren Druckbett. Er lässt sich sehr einfach mittels dreier Inbusschrauben auf den optimalen Abstand zur Druckdüse einstellen

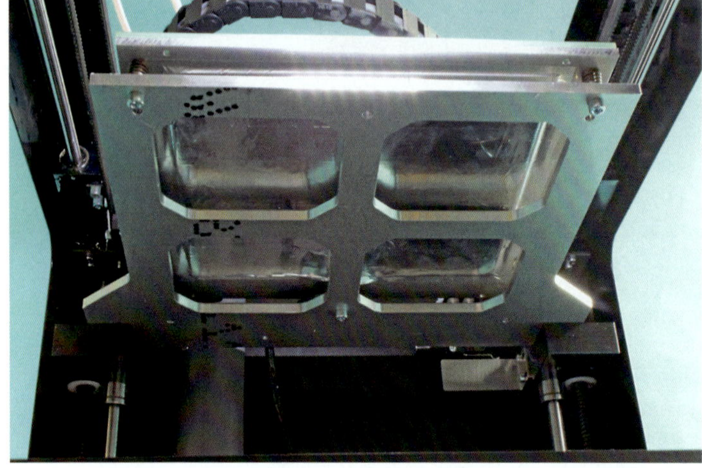

Der Drucktisch von unten. Gut zu erkennen die drei Inbusschrauben

spindeln an den beiden hinteren Ecken, die ebenfalls über einen Zahnriemenantrieb mit einem Schrittmotor angesteuert werden. Auch hier erfolgt die Führung durch zwei Rundführungen direkt neben den beiden Trapezgewindespindeln.

Unter dem Drucktisch findet sich dann – auf den ersten Blick ein wenig ungewöhnlich – die sehr leichtgängig gelagerte Halterung für das Filament, welches in einem Schlauch zum Extruder geführt wird. Auch wenn diese Anordnung ein wenig befremdlich erscheint, so ist sie doch sehr praktikabel und gleichzeitig ermöglicht sie ein sehr aufgeräumtes Äußeres des Druckers, da keine Filamentspule offen an der Rückseite des Geräts oder an anderer Stelle untergebracht werden muss. Das Filament wird von der Spule durch einen Schlauch, welcher in einem Kabelkanal geführt wird – in dem auch viele der übrigen Stromleitungen gebündelt werden – in den Extruder geführt. Dieses klappt problemlos, auch daher, dass die Filamentförderung des Extruders sehr gut eingestellt ist. Auch ansonsten fällt auf, dass alle Versorgungs- und Steuerleitungen des Druckers sehr sauber – größtenteils sogar in Energieketten gebündelt verlaufen, was den sehr positiven und professionellen Eindruck des Geräts von 3Dfactories noch verstärkt.

Die Endpunkte der einzelnen Verfahrwege werden beim Easy3DMaker mittels mechanischer Mikroschalter festgelegt, eine einfache und robuste Technik, die hervorragend funktioniert.

Die Steuerung ist – sehr unscheinbar – in einem kleinen Metallgehäuse mit eigenem Lüftungskühler am Boden des Druckers befestigt. Auch der Schrittmotor des Extruders ist mit einem eigenen Lüfter versehen, welcher bei größeren Druckprojekten für eine ausreichende Kühlung sorgt. Ein dritter Lüfter kann wenn benötigt verwendet werden, um das Druckstück zu kühlen, was bei einigen speziellen Drucken durchaus eine sinnvolle Sache sein kann, um zu einem guten Druckergebnis zu kommen.

Optional, und beim hier vorgestellten Drucker vorhanden, ist ein beheizbares Druckbett, welches die Arbeit mit PLA sehr erleichtert und das Drucken von ABS überhaupt erst sinnvoll möglich macht. Dieses Heizbett wird dabei ganz normal über die Steuerung versorgt und mit der mitgelieferten Software angesteuert.

Ein kleines Gimmick des Druckers ist eine eingebaute helle LED-Beleuchtung des Druckbereichs, die eine stetige gute Kontrolle des Druckfortschritts auch bei widriger Beleuchtungssituation ermöglicht.

Sehr gut – und leider nicht bei allen Herstellern selbstverständlich – ist, dass dem Gerät ein ausgedrucktes Handbuch beiliegt, welches in die grundsätzliche Bedienung des Geräts einführt und auch einige Fehlerbehebungstipps gibt.

Software

Mitgeliefert wird beim Easy3D Maker die Software G3DMaker, die auf dem Rechner, der zur Steuerung des Druckers verwendet wird, installiert werden muss. Sie ist äußerst intuitiv zu bedienen und überfordert auch weniger

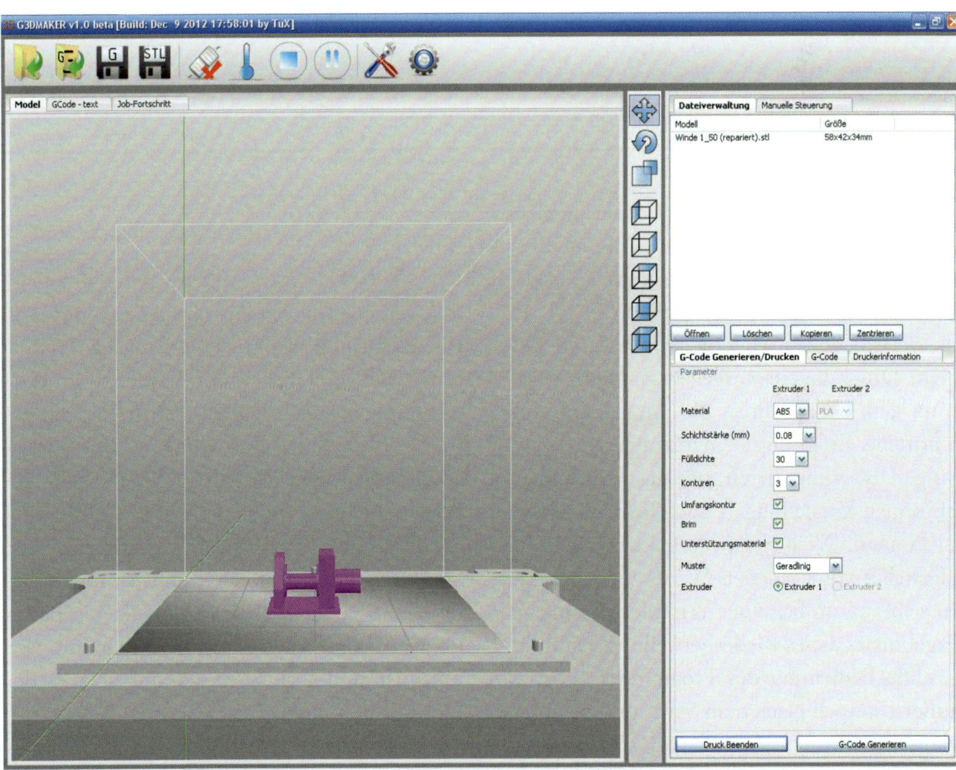

In der Software G3DMaker wird das zu druckende Teil als STL-Datei ausgewählt, nach Einstellung einiger weniger Druckparameter auf Knopfdruck der G-Code für den Objektdruck erstellt und bei Bereitschaft des Druckers automatisch der Druck gestartet

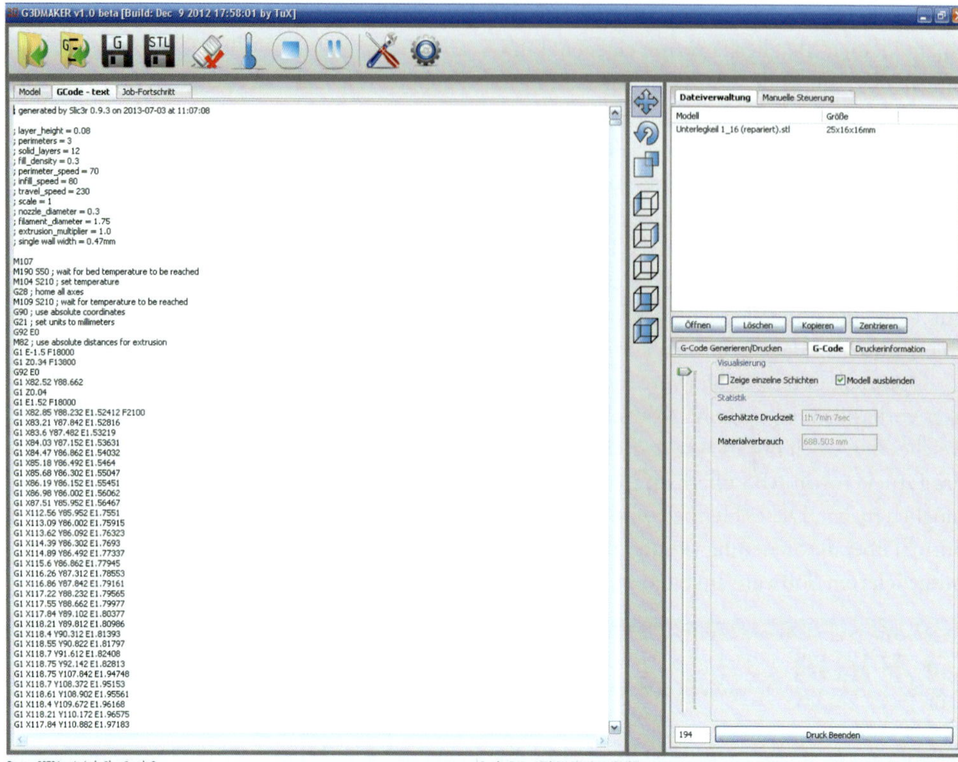

Wer möchte, kann sich den G-Code direkt anschauen

computeraffine Nutzer nicht. Vom Hersteller sind die wichtigsten Grundeinstellungen für die verschiedenen Materialien ABS und PLA beim Druck bereits vorgegeben. Nichtsdestotrotz kann – und sollte – der Nutzer bei fortgeschrittener Erfahrung auch mit anderen Einstellungen experimentieren, um das Druckergebnis seinen Vorstellungen noch besser anpassen zu können. Wichtig ist hierbei aber, die vom Hersteller vorgegebenen Werte auf jeden Fall zu sichern, um bei einer Verschlechterung des Ergebnisses dieses wiederherstellen zu können.

Die Bedienung des Programms selbst ist äußerst simpel: Nach dem Start, und wenn gewünscht dem Vorwärmen von Heizbett und Extruder, wird eine fertige STL-Datei über die Dateiverwaltung geladen. Nach der Einstellung der für dieses Objekt gewünschten Besonderheiten, wie beispielsweise einem Unterstützungsmaterial oder einer Haftungsfläche unter dem eigentlichen Druckobjekt, wird mittels des Buttons „G-Code Generieren/Drucken" die Umwandlung der STL-Datei in einen G-Code gestartet. Nach dieser Prozedur (im Hintergrund arbeitet hier offensichtlich Slic3r) erscheint ein Fenster, in dem die vollständige Bearbeitung der Datei gemeldet wird und gleichzeitig eine Schätzung des Materialverbrauchs und der benötigten Zeit angegeben wird. Nach der Bestätigung beginnt – ausreichende Temperatur von Extruder und Druckbett vorausgesetzt – der Druck automatisch.

Die Software visualisiert nun den Druckfortschritt sehr schön, so dass man parallel zum Entstehen des 3D-Ausdrucks im Drucker diesen auch noch virtuell auf dem Bildschirm verfol-

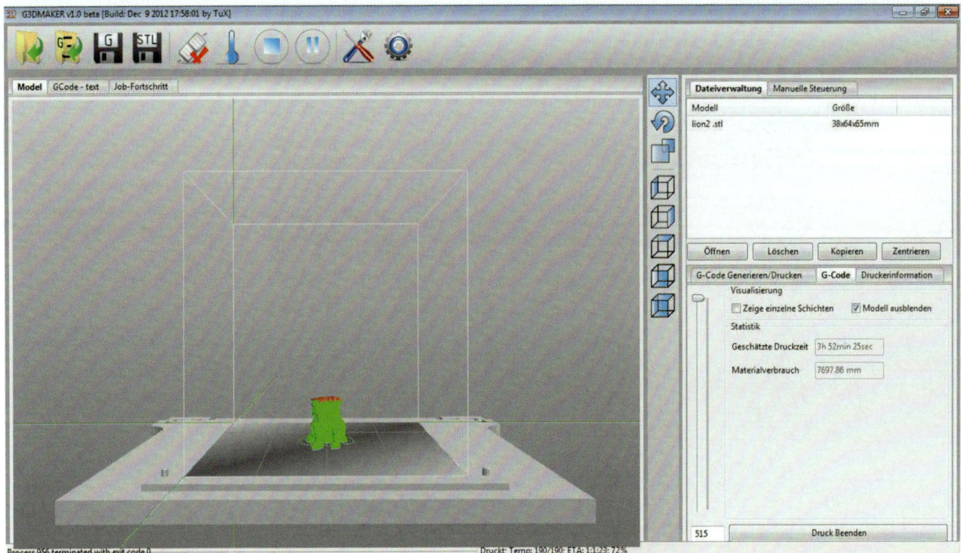

Den Druckfortschritt kann man sich visualisiert auf dem Rechner anschauen, …

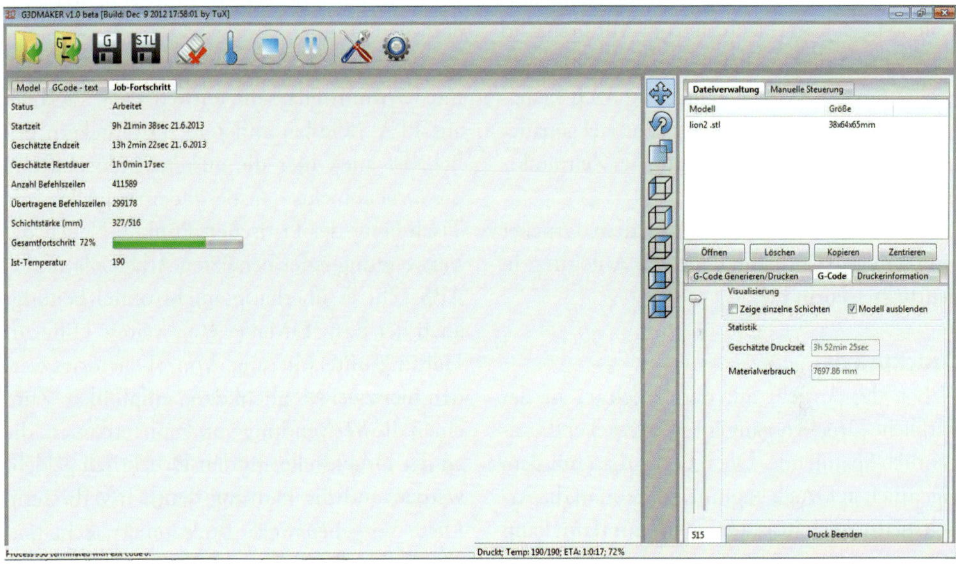

… oder man kann sich die reinen Fakten anzeigen lassen

gen kann. Auch hier sind die verschiedensten Einstellungen und Spielereien möglich und man kann sich diverse Angaben über den Druckfortschritt geben lassen. Wobei die Restzeitschätzung am Anfang des Druckes mit sehr großer Vorsicht zu betrachten ist, denn hier werden in kürzesten Abständen Zeitschätzungen von wenigen Sekunden bis zu mehreren Jahren angegeben, was darauf beruht, dass das Programm die Aufheizzeit nicht als Druckzeit berechnet und auf Grund des Stillstandes während des Aufheizens (bei Druckgeschwindigkeit 0) vom

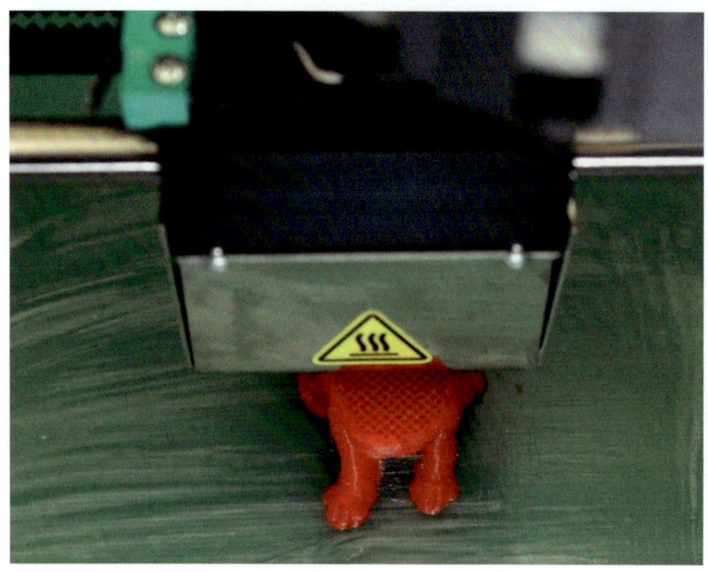

Auf dem Drucker entsteht derweil das echte Objekt

aktuellen Fortschritt ausgeht und darauf aufbauend berechnet. Nach ein paar Minuten sind die Werte wieder deutlich verlässlicher. Die vom Programm angegebene Schätzung nach Erstellung des G-Codes ist da meist sehr viel genauer und lässt eine gute Einschätzung des Zeitpunkts des Druck-Endes zu.

Auch für die Software liegt dem Drucker eine sehr verständliche deutsche Anleitung in gedruckter Form bei.

Druckpraxis

Neben der Ansicht auf dem Rechner ist der wirkliche Druckvorgang im 3D-Drucker das eigentlich Spannende. Doch bevor man mit dem eigentlichen Druck beginnt, sollte man die Arbeitsplatte noch justieren, denn nur dann kann man ein sehr gutes Druckergebnis und eine lange Lebensdauer der Platte erreichen. Hierzu gibt die Anleitung einen recht einfachen und doch wirkungsvollen Ablauf, bei dem mit einem Blatt 80 g/m^2-Papier als Messwerkzeug und einem beiliegenden Inbusschlüssel der Abstand zwischen Düse und Arbeitsplatte sehr komfortabel perfekt eingestellt werden kann – wirklich eine simple Möglichkeit, die vor allem dem Nutzer, der keine aufwendigen Messmittel besitzt, sehr entgegenkommt.

Der Easy3DMaker arbeitet ausschließlich mit 1,75-mm-Filament, entweder aus ABS oder aus PLA. Wie bei anderen 3D-Druckern üblich, ist auch hier die ausreichende Haftung des Druckobjekts – insbesondere bei ABS – am Tisch einer der kritischen Punkte. Neben der Verwendung einer beheizten Arbeitsplatte (bei ABS geht es überhaupt nicht ohne) benötigt auch der Easy3DMaker eine weitere Hilfe zur Haftungsunterstützung. Von 3Dfactories werden hier zwei Möglichkeiten empfohlen. Zum einen die Verwendung von Papieretiketten, die an der Druckstelle auf den Drucktisch geklebt werden und die Haftung deutlich verbessern. Diese Vorgehensweise funktioniert recht gut, allerdings sollte man in der Vorwärmphase beim Druck mit einem Heizbett darauf achten, dass sich die Papieretiketten nicht ablösen. Zudem bleibt häufig ein Rest der Papieretiketten an der Unterseite des Druckes haften, der dann entfernt werden muss.

Zum anderen bietet 3Dfactories ein Hilfsmittel in Form eines speziellen Klebers (3DGlue) an, der vor dem Druck auf den Arbeitstisch gepinselt wird und die Haftung deutlich verstärkt. Da dieser Klebstoff ein Lösemittel enthält (mit dem er sich auch wieder rückstandsfrei von der Druckfläche entfernen lässt), ist beim Bestreichen eine Geruchsbelästigung feststellbar, die jedoch innerhalb kürzester Zeit nicht mehr bemerkbar ist.

Eine von mir getestete Alternative ist die Verwendung von sogenanntem Putzband aus dem Baumarkt, welches ebenfalls die Haftung zwischen Druckobjekt und Tisch verbessert. Hier sollte man aber auf jeden Fall sehr vorsichtig experimentieren um die Druckdüse oder andere Bauteile des Druckers nicht zu beschädigen!

Hat man nun noch das Filament eingelegt und durch die manuelle Steuerung sichergestellt, dass ein gleichmäßiger Kunststofffaden aus der Düse austritt, so steht dem ersten echten Ausdruck nichts mehr im Wege. Wie die meisten Druckerhersteller bietet auch 3Dfactories auf der beigelegten CD mehrere Testdateien, die man für die ersten Drucke verwenden kann.

In G3DMaker wird die STL-Datei geladen, die groben Eckdaten (verwendetes Material, Schichtdicke, Fülldichte und die Verwendung von Stützstrukturen und einer Grundflächenvergrößerung) eingegeben und einfach auf „G-Code Generieren/Drucken“ gedrückt. Danach läuft alles wie von selbst, bis das fertige Teil auf der Plattform auf die Entnahmeposition gefahren wird und aus dem Drucker entnommen werden kann.

Fazit

Der Easy3DMaker von 3Dfactories ist schon fast ein Plug-and-Play-Drucker, der auch für Anwender geeignet ist, die ohne große Hintergrundkenntnisse und ohne einen Drucker selbst zusammenbauen zu müssen schnell zu einem guten Ergebnis kommen wollen. Natürlich bedarf es auch bei diesem Gerät um gewisse Druckparameter zu optimieren einer gewissen Beschäftigung mit dem Thema. Aber wer sich dem Thema 3D-Druck widmet und die Faszination dieser Technik kennengelernt hat, der wird sich automatisch intensiver mit den verschiedenen Hintergründen beschäftigen, und an der einen oder anderen Stellschraube drehen. Für alle anderen ergeben sich auch ohne große Veränderungen an den Standardeinstellungen sehr gute Ergebnisse.

Technische Daten, Lieferumfang und Preise Easy3DMaker

Abmessungen .... 400×400×500 mm

Druckbereich .... 200×200×230 mm

Auflösung (Z-Achse) .... 0,08/0,125/0,25 mm

Gewicht .... 16 kg

Lieferumfang:
Drucker, CD mit Treibern und Software, deutsches Handbuch, USB-Kabel, Netzteil, Inbus-Schlüssel zur Druckplattenjustierung, Spachtel zum Entfernen des gedruckten Objektes

Preis:
Ohne beheizbare Druckplatte .... 2.011,11 €
Mit beheizbarer Druckplatte .... 2.130,10 €

Zubehör:
3DGlue (125 ml) .... 15,47 €

Info & Bezug
3Dfactories
Adolf Fenz GmbH
Otto-Schott-Straße 1
97877 Wertheim
Tel.: 09432/8221
Fax: 09432/8224
info@3dfactories.de
www.3dfactories.de

Drucker aus der Kiste: Creatr von Leapfrog

Der Auftritt ist beeindruckend: Nicht in einem schnöden Karton, sondern in einer massiven Holzkiste kommt der Creatr von Leapfrog beim Kunden – geliefert durch Spedition – an. Bei so einem Auftritt erwartet man natürlich in der Kiste auch innere Werte, die dem entsprechen. Hält der Kistenfrosch das?

Das niederländische Unternehmen wurde von vier Freunden – Martijn Otten, Maarten Logtenberg, Mathijs Kossen und Lucas Janssen – gegründet, die aus unterschiedlichen Beweggründen zum 3D-Druck fanden. Ihre unterschiedlichen Hintergründe führten dazu, dass sie verschiedene Sichtweisen in dieses Projekt einbringen konnten.

Und das haben sie getan, denn der Creatr von Leapfrog ist ein Drucker, der schon sehr weit auf dem Weg zu dem ist, von dem viele träumen: einem 3D-Drucker, der wie ein herkömmlicher Drucker einfach zu bedienen und ohne großes Fachwissen zu nutzen ist.

Bereits beim Herausheben des Creatrs aus seinem hölzernen Behältnis wird klar, warum er eine so massive Verpackung benötigt: er selbst ist auch nicht gerade ein Leichtgewicht. Laut Hersteller bringt der Drucker 32 kg auf die Waage, was im Wesentlichen der massiven Bauweise geschuldet ist.

Fertig aufgebaut kommt er aus seiner Verpackung und der Aufbau ist beeindruckend. Nahezu ausschließlich Metall wird für den Drucker verwendet. Der Rahmen besteht aus Aluminium-Profilen und bildet eine stabile Basis für den gesamten Drucker. Auch die übrigen Teile des Druckers bestehen zu einem Großteil aus laser-geschnittenen Aluminium- oder Stahl-Teilen, die allesamt einen hervorragenden Eindruck machen. Die Verkleidung des Druckers mit beschichteten Aluminium-Platten bis auf die Eingriffsmöglichkeiten oben und an der Vorderseite geben dem Drucker ein gefälliges Aussehen, sorgen aber natürlich auch dafür, die Temperaturen im Inneren ein wenig konstanter zu halten, als dies bei komplett offenen Geräten der Fall ist.

Auch der erste Blick auf die verbaute Technik ist beeindruckend. Der große Drucktisch mit der gläsernen beheizten Druckplatte wird

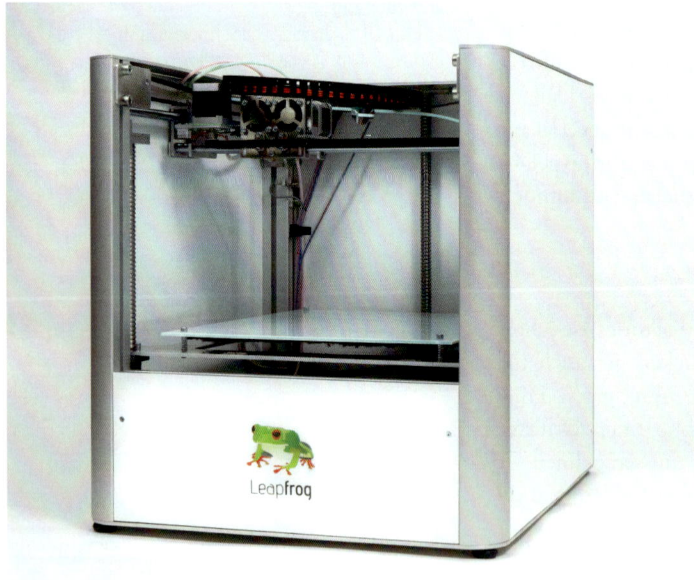

Der Leapfrog Creatr – massiver Aufbau und überzeugende innere Werte (Foto: Leapfrog)

Kugelumlaufspindeln und massive Bauteile sichern eine saubere Arbeit des Druckers

Etwas ungewöhnlich ist der Verlauf des Zahnriemens zur Ansteuerung der Z-Achse mit den darunter liegenden Filamentrollen

Die Filamentrollen sind auf sehr leicht laufenden Lagern gebettet

Y- und der X-Achse werden auf Rundführungen geführt und mittels Zahnriemen angesteuert

an den beiden vorderen Ecken und hinten in der Mitte mittels Kugelumlaufspindeln in der Z-Achse verfahren. Kugelumlaufspindeln sind, was die Stellgenauigkeit und Verfahrgeschwindigkeit angeht, das Nonplusultra. Allerdings sind sie recht teuer und nur sehr schwer zu montieren. Ist die Kugelmutter einmal von der Spindel abgesprungen, so lässt sie sich von einem Heimanwender nicht wieder montieren – daher fallen diese Antriebe bei Druckerbausätzen schon einmal nahezu aus. Angetrieben wird die hintere der drei Kugelumlaufspindeln direkt durch einen Schrittmotor. Die Bewegungen dieser Spindel werden dann mittels eines Zahnriemens auf die beiden vorderen Spindeln übertragen. Das sieht zwar auf den ersten Blick etwas abenteuerlich aus, funktioniert aber einwandfrei. Lediglich beim Einsetzen der Filamentrollen sollte man etwas vorsichtig sein, da diese unterhalb des Zahnriemens zu liegen kommen.

Der Druckkopf bewegt sich in der X- und der Y-Achse auf Rundstangenführungen und wird mittels Zahnriemen auf diesen verstellt. Auch hier sehen alle Teile sehr massiv und durchdacht aus, sodass kaum mit einem mechanischen Defekt – einen normalen Betrieb vorausgesetzt – gerechnet werden dürfte.

Der Drucktisch in Form einer Glasplatte mit Heizmatte ist auf einer sehr stabilen, ausgelaserten Aluplatte gelagert. Die Einstellung des Abstandes zwischen Druckdüse und Drucktisch kann dabei einfach und exakt mittels Inbusschrauben erfolgen, gegen die die Platte von recht starken Federn gedrückt wird – einfach, aber wirkungsvoll.

Der Druckkopf selbst ist genauso massiv und hochwertig konstruiert, wie der Rest des Druckers. Beim Testgerät handelte es sich um einen Creatr mit Dual-Druckkopf, der Aufbau des Single-Druckkopfs ist dabei aber absolut vergleichbar. Auch hier bestimmen massive gelaserte Aluminiumplatten das Bild, in die die beiden Extruder mit ihren Schrittmotoren sowie die dazugehörigen Lüfter eingebaut sind. Manchmal ein wenig unpraktisch ist, dass die Extruder durch den massiven Bau und die davorgebauten Lüfter nur schwer einzusehen geschweige denn zu erreichen sind. So kann es beispielsweise bei einem Filamentstau schwierig sein zu erkennen, ob beim Laden des Filaments dieses einfach nur auf der Kante des Extruders hängen bleibt. Aber das stellt kein allzu großes Manko dar.

Das Filament – beim Dual-Extruder also beide Filamentrollen – liegen auf dem Boden des Druckers. Eine elegante Möglichkeit, da man so außen am Drucker hängende Filamentrollen vermeidet. Allerdings erreicht man die Rollen dadurch natürlich auch etwas schwieriger und kommt sich wie bereits oben beschrie-

Gut zu sehen: Der Rahmen des Druckers besteht aus hochwertigen Industriebauteilen aus Aluminium

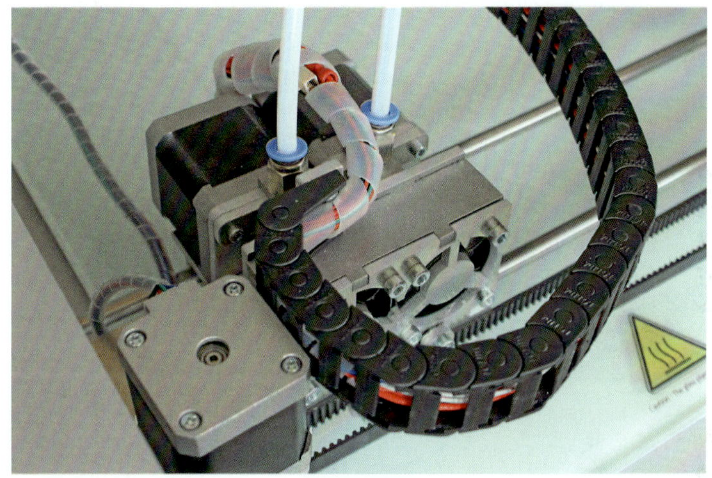

Blick auf den Extruder von oben. Das Filament wird in Schläuchen geführt

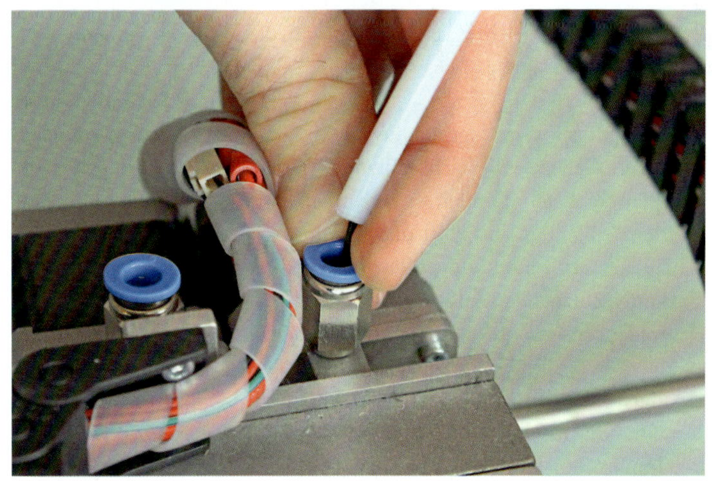

Achtung: Die Halterungen für die Schläuche arretieren selbstständig. Erst nach Herunterdrücken des blauen Rings lassen sich die Schläuche herausziehen

Etwas schwierig zu erreichen ist die Filamentförderung des Extruders

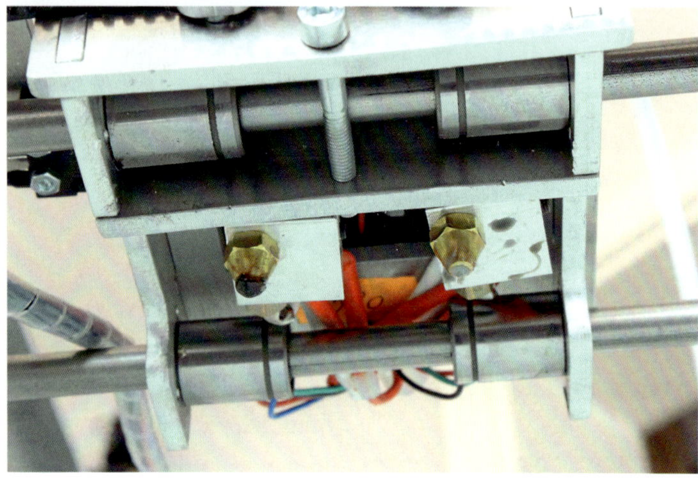

Blick von unten auf den Extruder. Auch hier zu sehen, die stabile Bauweise

ben, ein wenig mit dem Zahnriemenantrieb der Z-Achse in die Quere. Dies stellt jedoch kein großes Problem dar.

Sehr gut gelöst ist dagegen die Lagerung der Filamentrollen auf sehr leicht laufenden Kunststoffplatten. Das Filament wird dann in zwei Muttern eingefügt und läuft durch Führungsschläuche zum Druckkopf. Hier werden diese Führungsschläuche in Aufnahmen gesteckt, die die Schläuche sicher festhalten und dadurch das Filament exakt führen. Übrigens: In diese Halterungen rasten die Führungsschläuche recht fest ein. Nur durch Ziehen lassen sie sich nicht wieder aus den Halterungen lösen. Der Trick dabei ist den blauen Kunststoffteil herunterzudrücken und dann den Schlauch nach oben abzuziehen – so geht es ganz einfach.

Sehr gut gelöst ist auch die Führung der entsprechenden Kabel. Entweder sind diese sauber in Spiralschläuchen gebündelt oder sogar in einer Energiekette geführt, sodass sich nichts verheddern kann.

Inbetriebnahme

Leapfrog wirbt damit, dass man 30 Minuten nach Erhalt des Druckers seinen ersten 3D-Druck starten kann – und das dürfte machbar sein. Hat man die Software – eine Version von

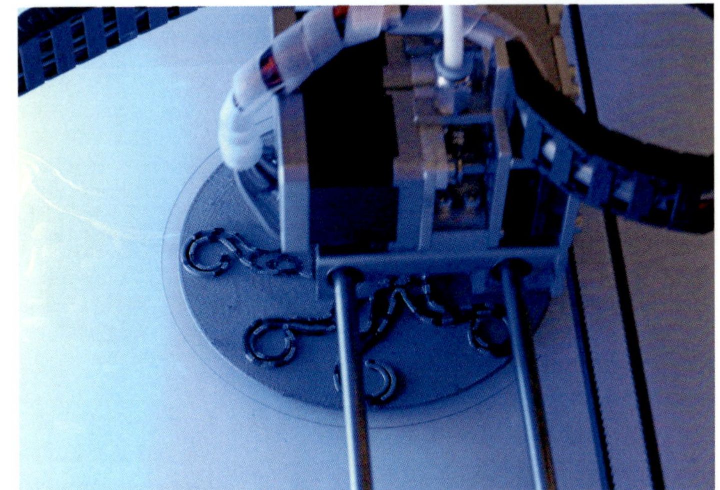
Der Creatr verfügt über eine blaue LED-Beleuchtung – daher die etwas ungewöhnlichen Farben bei den Arbeitsaufnahmen. Hier im Druck der Zweifarb-Octopus der User nervoussystem von Thingiverse

Der Drucktisch des Creatr besteht aus eine recht dicken Glasplatte mit Heizbett, die mittels Schrauben justiert werden kann

Zweifarbdrucktest (Datei vom User doctek auf Thingiverse) bestanden: Bereits werksseitig ist der Creatr perfekt kalibriert

Auch feine einfarbige Ausdrucke (Thingiverse-Dateien: Armband von Pixil3D, Ring von allenZ) gelingen perfekt

Zweifarbdrucke nach Thingiverse-Dateien mit dem Creatr Dual erstellt: Absperrhut (User CocoNut), YingYang-Zeichen (User blah_59) University of Tennessee Keychain-Schlüsselanhänger (User TinmanTechnology)

Repetier-Host – installiert, so hat man den ersten wichtigen Schritt bereits getan. Sowohl die Anleitung für den Creatr (Downloadbar auf www.lpfrg.com) als auch kleine Videos auf der Homepage des Herstellers führen sehr ausführlich und anschaulich durch diese Schritte. Selbst nicht ganz so fachkundige Nutzer dürften die Software so ohne Probleme installieren können.

Ohnehin ist der Service von Leapfrog sowohl was die PDF-Versionen der Anleitungen als auch was die vielen Anleitungsvideos betrifft vorbildlich. Alles ist zwar in Englisch gehalten, aber auch das dürfte keine große Schwierigkeit darstellen. Auch der Nutzer der 3D-Drucktechnik, der sich vorher nicht bis ind Kleinste mit dem Thema beschäftigt hat, wird so sehr schön an die Hand genommen und diese Technik und ihre Besonderheiten erklärt.

Nach der Installation der Software muss nur noch der Drucker mit dem Computer verbunden werden, was mit einem Click schnell gelingt – vorausgesetzt der richtige COM-Port ist eingestellt. Aber auch diese Klippe wird in Video und Anleitung gut beschrieben, sodass sie einfach zu umschiffen ist.

Um nun – eine geeignete STL-Datei vorausgesetzt – den ersten Druck starten zu können bedarf es noch einer Vorbereitung des Drucktischs. Der Glasdrucktisch des Creatr muss trotz Heizbetts entsprechend vorbereitet werden, damit der Druck auch auf dem Untergrund ausreichend haftet. Leapfrog empfiehlt dafür zwei Möglichkeiten. Die erste ist das bekannte Kapton-Tape, welches insbesondere beim Drucken mit ABS aufgrund seiner sehr hohen Temperaturfestigkeit zu bevorzugen ist. Andererseits können sogenannte Print-Sticker verwendet werden. Hierunter versteht Leapfrog DIN A4 große Bögen einer matten Klarsichtklebefolie, die aufgrund ihrer Oberfläche das Druckmaterial gut haften lässt. Vorteil der Print-Sticker ist, dass sie eine große Fläche abdecken und nicht wie bei Kapton-Tape mehrere Streifen nebeneinandergeklebt werden müssen. Leapfrog bietet in seinem Shop sowohl Print-Sticker, als auch Kapton-Tape sowie größere Kapton-Bögen an.

Der Creatr kommt bereits fertig mit einem Print-Sticker (auf dem bereits ein Kalibrierungsdruck ausgeführt wurde), sodass man erst, nachdem dieser erste Sticker verbraucht wurde, also an seiner gesamten Oberfläche beschädigt ist, ersetzt werden muss. Mit ein bisschen Übung gelingt dies aber problemlos.

Jetzt kann es also losgehen und, nachdem das Druckbett vorgeheizt ist – dies dauert beim Creatr erstaunlich lange – und die Druckdüse ihre Temperatur erreicht hat, steht der erste Druck an. Dazu wird in Repetier-Host eine STL-Datei geladen und mit dem implementierten Slic3r vorbereitet. Hierzu sind gleich entsprechende Profile hinterlegt, sodass man sich nur noch zwischen hoher Qualität und hoher Druckgeschwindigkeit und einem entsprechenden Support entscheiden muss. Natürlich lassen sich die Profile im hinterlegten Slic3r entsprechend anpassen oder auch ganz neue anlegen, die den eigenen Wünschen näher kommen.

Nach dem gelungenen Slicen und der Erstellung des G-Codes kann der Druck gestartet werden und der Frosch erwacht zum Leben.

Druckpraxis

Der mit PLA- oder ABS-Filament mit 1,75 mm Durchmesser arbeitende Creatr arbeitet den Druckauftrag zügig aber nicht hektisch ab. Das Druckbild ist dabei sehr sauber und exakt. Der Drucker ist sehr sauber kalibriert, was man auch beim Zweifarbdruck sieht, auf den ich später noch eingehen werde.

Etwas störend ist das nicht gerade geringe Geräusch, dass der Creatr im Betrieb entwickelt. Auch wenn er schick aussieht, direkt auf meinen Schreibtisch in unmittelbarer Nähe würde ich ihn lieber nicht stellen, da ist der Geräuschpegel auf Dauer doch ein wenig „enervierend".

Probleme beim Druck ergaben sich kaum einmal, wobei verschiedenes Filament an den Print-Stickern unterschiedlich gut haftete. Während das Filament einiger Hersteller problemlos und sicher festhielt, ließ sich eine Sorte so gut wie gar nicht zum Haften überreden und löste sich bei den meisten Drucken wieder ab. Diese Probleme kann man aber nicht dem Drucker anlasten, man sollte aber auf jeden Fall aufmerksam beachten, wie sich das verwendete Filament auf dem Creatr verhält. Natürlich hat aber Leapfrog auch selbst Filament im Angebot, welches für die Verwendung auf dem Creatr geeignet ist.

Der Creatr kommt fertig kalibriert aus seiner Verpackung und das merkt man dem Druckbild an. Direkt ohne Nachjustierung lässt sich der Drucker einsetzen. Auch im Dualbetrieb zeigt sich, dass hier sehr gute Arbeit geleistet wurde. Gerade beim Einsatz von zwei Düsen muss die Abstimmung der beiden sehr gut sein, da ansonsten das Druckbild extrem leidet. Der Versatz der beiden Düsen muss sehr genau abgestimmt sein, da ansonsten bei verbundenen Drucken das Material der einen Düse mit Abstand zum Material der anderen Düse gedruckt wird (schlecht) oder aber das Material beider Düsen ineinander gedruckt wird (noch schlechter). Um dies zu überprüfen, bietet sich ein Testdruck an, für den es beispielsweise auf Thingiverse eine geeignete Vorlage des Users doctek gibt. Werden die beiden Quadrate im richtigen Abstand – also unmittelbar zusammen – gedruckt, so sind der Druckkopf und die Software gut aufeinander abgestimmt, ansonsten gilt es, entweder am Druckkopf oder in der Software entsprechende Einstellungen vorzunehmen.

Beim Creatr zeigte sich bereits beim ersten Test eine perfekte Kalibrierung, sodass Zweifarbdrucke ohne Probleme gelingen.

Die Datei wird für solche Drucke in Slic3r vorbereitet. Slic3r bietet dazu unter „File" die Möglichkeit „Combine multi-material STL files" in der mehrere STL-Dateien problemlos zu einer zusammengefasst werden können.

Fazit

Der Creatr von Leapfrog macht nicht nur eine durchdachte und sinnvoll konstruierte Erscheinung – er ist es auch. Die massive Bauweise und die verwendeten hochwertigen Materialien sorgen für ein sicheres und exaktes Arbeiten, sodass sehr feine und auch Ausdrucke mit zwei Materialien gut gelingen. Dazu kommt, dass der Drucker wirklich hervorragend kalibriert aus seiner Verpackung kommt und so direkt einsetzbar ist.

Dank der sehr guten Anleitung und einer Vielzahl gut gemachter Videos auf der Homepage www.lpfrg.com kann auch ein weniger erfahrener Nutzer das Gerät schnell in Betrieb nehmen und erfolgreich damit drucken. Gerade für den Nutzer, der ein unkompliziert zu bedienendes Gerät mit sehr guten Ergebnissen sucht, ist der Creatr somit eine gute Wahl.

Technische Daten (Angaben des Herstellers)
Abmessungen .... 500×600×500 mm
Maximale Baugröße .... 230×270×200 mm
Maximales Druckvolumen .... 12,4 Liter
Stellgenauigkeit .... 0,05 mm
Schichtdicke .... 0,05-0,35 mm
Gewicht .... 32 kg
Verwendbare Materialarten .... ABS, PLA, PVA, Laybrick
Filament-Durchmesser .... 1,75 mm
Düsendurchmesser .... 0,35 mm
Verfahrgeschwindigkeitt X- und Y-Achse .... bis zu 350 mm/s
Verwendete Dateiformate .... STL, G-Code
Dual-Extruder .... optional
Beheiztes Druckbett .... serienmäßig

Preis:
Creatr Single .... 1.250 € (ohne Mehrwertsteuer)
Dual .... 1.500 € (ohne Mehrwertsteuer)

Info und Bezug
Leapfrog BV
H. Kamerlingh Onnesweg 2
PO Box 252
NL2408 AW Alphen aan den Rijn
Niederlande
+31 (0)172 503 625
www.lpfrg.com

Schreibtisch-FDM-Drucker iRapid BLACK

Die meisten Innovationen und Neuentwicklungen im Bereich des 3D-Drucks für zuhause kommen nicht von großen Konzernen, sondern von kleinen, jungen Unternehmen mit engagierten Gründern und Mitarbeitern. Eines dieser Unternehmen ist iRapid aus Köln, welches den FDM-Drucker iRapid BLACK auf den Markt gebracht hat. Und der besitzt einige Innovationen, die man sich einmal anschauen sollte.

Ein Gerät für den Schreibtisch, mit dem einfach Teile im FDM-Verfahren gedruckt werden können, das war das Ziel von Mirjana Jovanovic und Dipl.-Ing. Hakan Okka, den Köpfen hinter iRapid. Ohne weitergehende Vorkenntnisse sollte jeder User mit diesem Gerät einfach Teile produzieren können. Und dafür weist der iRapid BLACK einige spannende Besonderheiten auf.

Design und Technik – harmonisch vereint

Schon beim Auspacken des Geräts fällt sofort angenehm das geringe Gewicht und der trotzdem stabile Aufbau des iRapid BLACK auf. Nur neun Kilogramm bring er auf die Waage und passt durch seinen kompakten Aufbau (50 Zentimeter breit, 35 Zentimetern tief und 40 Zentimeter hoch) dabei hervorragend auf einen normalen Druckertisch oder – wenn man den Platz hat – direkt auf den eigenen Schreibtisch. Und da macht er sich auch noch gut, denn Dank der Hochglanzoptik ist er nicht nur technisch sondern auch designmäßig auf der Höhe.

Seine hohe Stabilität erhält der iRapid BLACK dabei durch eine wirklich durchdachte Konstruktion. Das Gehäuse des Druckers besteht aus 5 mm dicken gefrästen Kunststoffplatten, die miteinander verzahnt und verklebt sind. Zudem sind sie mittels 10 bzw. 12 mm dicken Stahlrundstangen verschraubt, die gleichzeitig

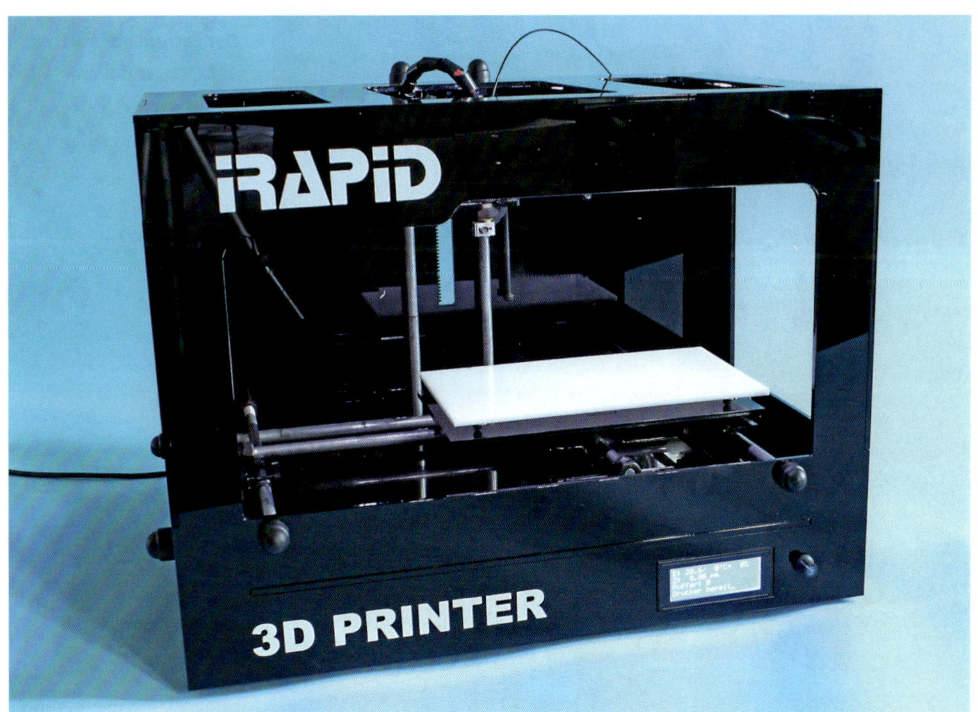

Der iRapid BLACK ist nicht nur technisch, sondern auch optisch äußerst gelungen

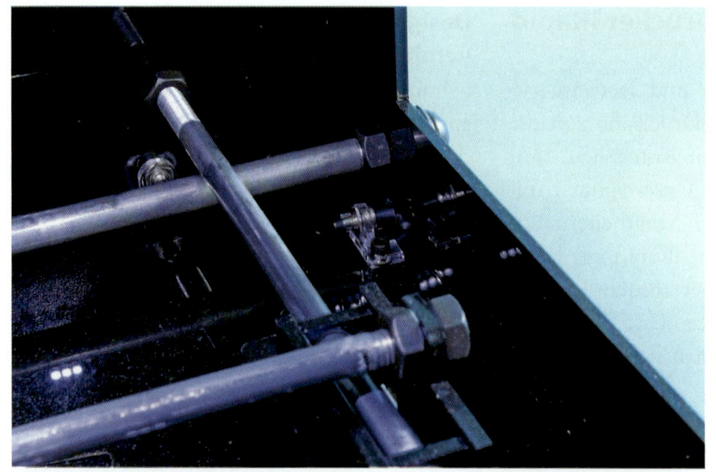

Gut zu erkennen: Die äußerst massiven Stahlrundstäbe, die sowohl zur Verschraubung der Gehäuseteile als auch als Führung für den Drucktisch dienen. Auch zu sehen sind zwei der Endschalter, die in Form von Tastern montiert sind

Der Extruder des iRapid BLACK besteht ebenfalls aus Kunststoffplatten, den notwendigen technischen Teilen und für die Filamentspannung zwei 3D-Druckteilen

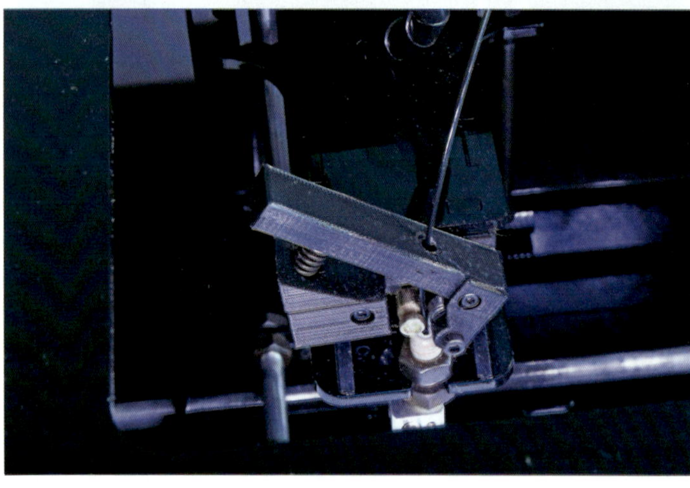

Von oben zu sehen die einfache aber sehr wirksame Filamentspannung und Führung

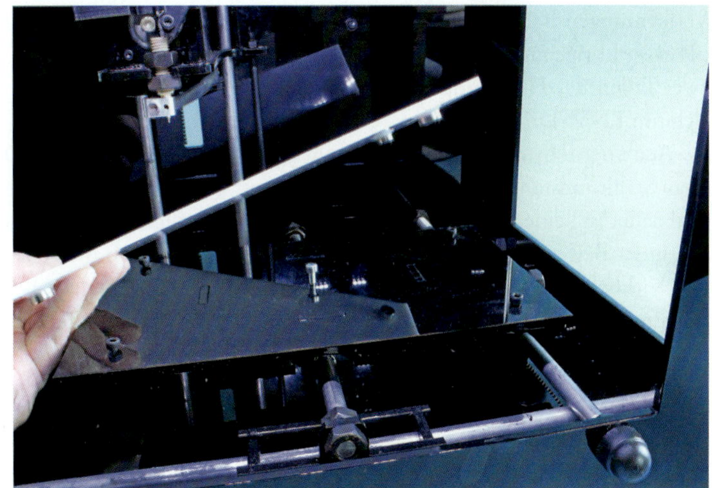

Der eigentliche Drucktische besteht aus einer Kunststoffplatte, die mittels starker Magnete auf vier Inbusschrauben gehalten wird

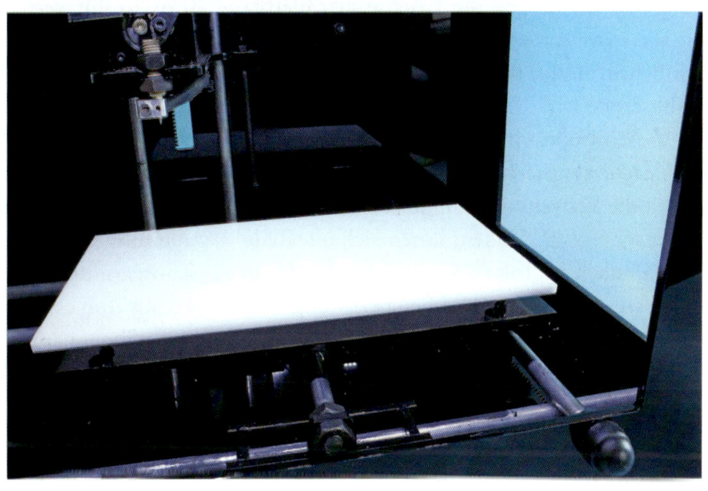

Die Platte hält hervorragend und lässt das Druckteil auch ohne Heizbett sehr gut haften

als Führungen für den Drucktisch dienen. Dies zusammen ergibt trotz des Materials Kunststoff eine extrem stabile und verwindungssteife Basis für den Drucker.

Die Basis des Drucktischs besteht ebenfalls aus gefrästen und verklebten Kunststoffplatten und wird auf Rundführungen, die auf den Verschraubungsstangen laufen, bewegt. Und hier kommt die nächste Besonderheit: Der Drucktisch aus Kunststoff ist unbeheizt (trotzdem gab es bei allen Drucktests keine Probleme mit dem Ablösen des Druckteils) und sitzt mittels starker Magnete auf vier Schrauben, mit denen der Tisch ausgerichtet werden kann. Ein ebenso einfaches, wie effektives System um eine saubere Ausrichtung zu erreichen. In der Mitte wird der Drucktisch zudem durch eine weitere Schraube gestützt, sodass es auch hier nicht zu einem Verziehen kommen kann.

Auch die Konstruktion des Extruders besteht aus diesen Kunststoffplatten. Der Schrittmotor wurde dabei nahezu unsichtbar verbaut, das Hotend ist gegen die Kunststoffplatten isoliert, sodass man hier keine Befürchtungen vor

Verformungen haben muss. Ein bisschen RepRap ist übrigens hier auch verbaut, denn bei zwei Teilen der Filamentförderung handelt es sich um FDM-Druckteile.

Auch der Extruder läuft auf zwei sehr massiven Stahlrundstangen mittels Rundführungen und daher ist keine Verwindung und Ungenauigkeit der Bewegung zu erwarten.

Wirklich ungewöhnlich und wie ich finde hochinteressant ist die Übertragung der Bewegungen der Schrittmotoren auf die einzelnen Achsen. Anders als bei anderen Druckern, die meist mit Zahnriemen und/oder Trapez- bzw. Kugelgewindespindeln arbeiten, setzt iRapid hier auf eine patentierte Zahnstangenansteuerung. Für die X- und die Y-Achse sitzt hierbei an allen vier Außenkanten des Druckbereichs ein Schrittmotor, der über ein Ritzel auf eine Zahnstange wirkt. Auch der Extruder wird in der Z-Achse über eine Zahnstange bewegt. Diese Ansteuerungstechnik ist äußerst robust und durch die Verwendung von je zwei Schrittmotoren sehr exakt. Zudem lassen sich alle Teile recht einfach im Falle eines Defekts durch die gute Erreichbarkeit austauschen beziehungsweise leicht Reparaturen durchführen. Meiner Meinung nach sind solche Defekte bei der Robustheit der Ausführungen an diesen Teilen aber eher nicht zu erwarten.

Die gesamte Steuerungselektronik ist – bis auf das Netzteil – in einem „doppelten Boden" an der Unterseite des Geräts untergebracht. Neben dem Ein/Aus-Schalter sitzt hier auch ein blaues Display, welches mittels eines Druck- und Drehschalters und eines Menüs bedienbar ist. Die wichtigsten Funktionen können hier angesteuert werden und dank eines eingebauten 4-GB-Speichers ist auch das Drucken ohne Computeranschluss möglich – eine wichtige Möglichkeit, die den Drucker zum vollwertigen Stand-Alone-Gerät macht. Zur besseren Beobachtung des Druckvorganges ist im Drucker eine helle LED-Beleuchtung eingebaut.

Drucken mit dem iRapid BLACK

Die Drucksoftware des iRapid BLACK basiert auf der bekannten Repetier-Host-Plattform. Die Bedienung ist daher recht einfach. Die Anleitung für den Drucker findet sich auf der Homepage des Herstellers unter www.irapid.de in digitaler Form und leitet den Neunutzer direkt durch die ersten Schritte bis zum Druck. Auch wenn diese Form der Anleitung zunächst ein wenig ungewohnt ist, nimmt sie doch gerade Neulinge in der Materie sehr gut an die Hand und führt durch die ersten Schritte. In der Anleitung befindet sich auch der Link zum Download der Software, die direkt mit den Einstellungen und den Profilen für den iRapid BLACK (für verschiedene Druckauflösungen beziehungsweise mit und ohne Support) versehen ist.

Nachdem man den PC und den Drucker verbunden hat – das sollte normalerweise kein Problem sein – kann man die ersten Bewegungen von Hand steuern und entsprechend der Anleitung auch das Filament (wie so oft hier „Kunststoffdraht" genannt) laden danach kann es dann zum ersten Druck gehen. Hierzu muss der Extruder natürlich entsprechend vorgeheizt werden und man kann dann gleich einer der im internen Speicher vorhandenen Dateien nutzen um zum einen einen Testdruck durchzuführen und die Einstellung des Drucktisches zu überprüfen. Mittels des Drehschalters wählt man „SD-Karte" und dann „Datei drucken" aus. Wählt man nun die Datei „leveling", so druckt der iRapid BLACK fünf kleine Quader, die auf den Unterstützungspunkten des Drucktisches liegen. Werden alle korrekt gedruckt, so ist der Drucktisch gut justiert (dies war beim Testgerät sofort der Fall) und man kann sich an weitere Druckarbeiten machen.

Die Arbeit mit Repetier ist denkbar einfach und soll hier nur kurz beschrieben werden. Nach dem Laden einer STL-Datei (die dann grafisch dargestellt wird) kann man das gewünschte Slicing-Programm auswählen. Für

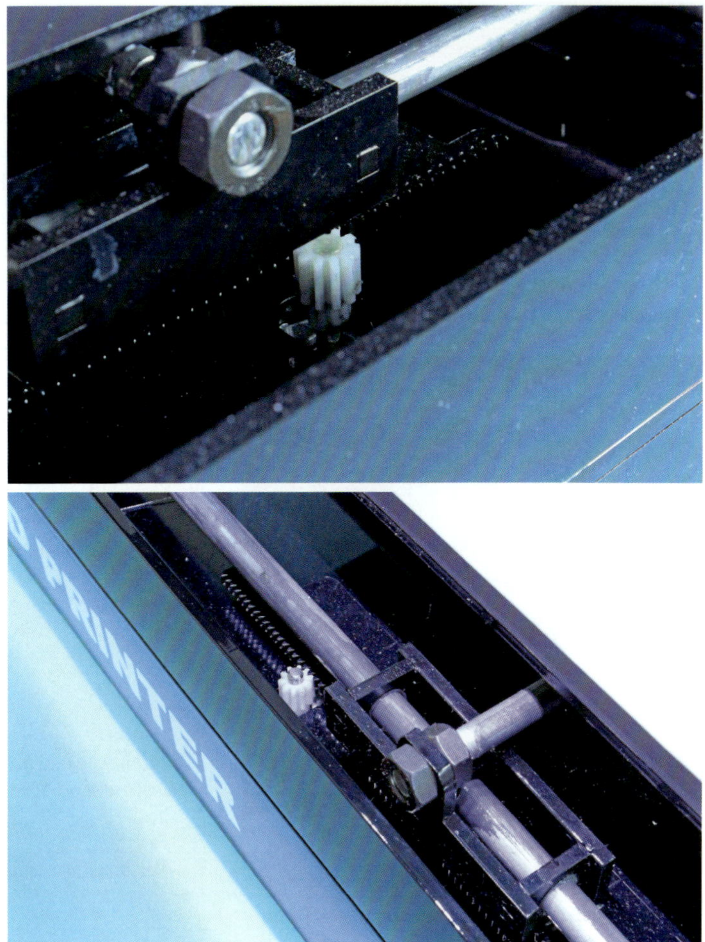

Die patentierte Ansteuerung der Achsen mittels Zahnstangen ist ebenso wirkungsvoll und exakt wie robust

den iRapid BLACK stehen hier sowohl Slic3r als auch Skeinforge mit fertigen Profilen zur Verfügung. Natürlich kann man nach Bedarf auch weitere Profile anlegen und nutzen. Nach einem Klick auf „Slice mit ..." wird der G-Code erstellt und nach dessen Fertigstellung kann – einen vorgeheizten Extruder vorausgesetzt – mit dem Druck begonnen werden. Diesen setzt der iRapid mit nicht allzu großer Lautstärke (lediglich der kleine Lüfter der Steuerung ist ein wenig störend) um. Sehr gut ist dabei das sehr saubere Druckbild auch bei geringeren Schichthöhen. Lediglich bei der 0,05 mm hohen Schichtdicke konnte nicht bei jedem Druck ein sauberes Bild erzielt werden. Allerdings ist diese Schichtdicke für nahezu jeden FDM-Drucker eine harte Nuss und diese wird vom iRapid BLACK erstaunlich oft sehr gut geknackt.

Will man ohne einen angeschlossenen PC drucken, so erlaubt dieser Drucker das Überspielen des G-Codes in den internen Speicher von 4 GB. Dies funktioniert über die Repetier-Software ebenfalls absolut problemlos und der Druck ohne PC-Anschluss lässt sich wie bereits beim Kalibrierungsausdruck beschrieben ohne Probleme durchführen.

Überraschend fand ich die sehr gute Haftung des Druckteils auch ohne Heizbett

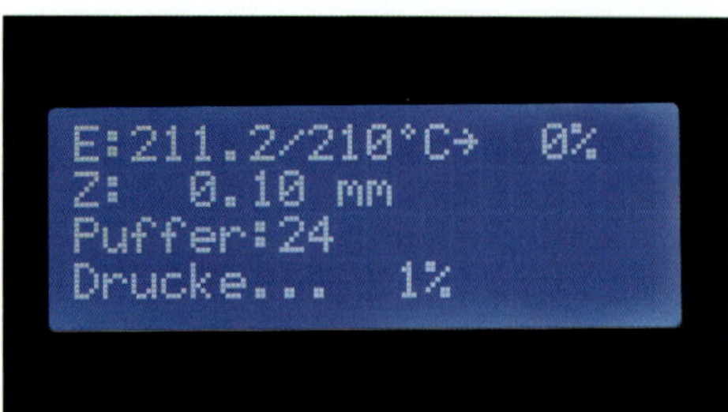

Durch das eingebaute Display hat man die wichtigsten Informationen stets im Blick

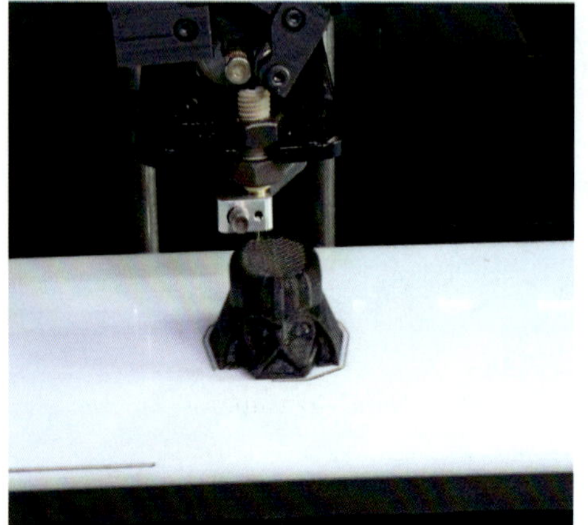

Was passt besser zu diesem schwarzen Drucker als ein Vertreter der Dunklen Seite? Das Modell des Darth-Vader-Kopfes stammt vom User Ulf aus Thingiverse

auf dem Kunststoffdrucktisch. Manchmal musste ich schon einige Kraft aufwenden, um das Druckteil vom Tisch zu lösen. Hier wäre es sicherlich interessant zu wissen, wie schnell ein solcher Drucktisch verschleißt.

Fazit

Der iRapid BLACK ist ein sehr durchdachtes Gerät, welches eine robuste und dabei exakte Technik mit einem sehr ansprechenden Äußeren verbindet. Die unkomplizierte Bedienung, das auch ohne Nacharbeit und umständliche Kalibrierung durchzuführende Drucken machen den Drucker zu einem echten Gerät für den Einstieg in den Heim-3D-Druck im FDM-Verfahren, gerade auch für Anwender, die nicht allzu tief in die Materie einsteigen wollen. „Anschließen und Drucken" – das ist das Prinzip dieses Gerätes und es setzt es vollständig um. Dabei ist der iRapid BLACK zudem ein ansprechendes Gerät, welches auch in einem Büro nicht als störender Roboter empfunden wird, sondern sicherlich bald zum Alltag gehören wird.

Technische Daten

Druckergrößeca. 500 mm breit, 350 mm tief, 400 mm hoch
Gewicht .... ca. 9kg
Max. Druckgröße .... ca. 250 mm Breite,
.... 150 mm Tiefe,
.... 120 mm Höhe
Verwendetes Filament ...PLA, 1,75 mm Durchmesser
Schichtdicke .... 0,05 bis 0,30 mm
Antriebssystem .... patentiertes Zahnstangenantriebssystem
Display zum Drucken ohne Computer
Interner Speicher .... 4 GB
Drucktisch .... abnehmbarer Magnettisch
Innenraum .... LED-beleuchtet
Betriebssysteme .... Windows XP, Vista, Windows7,
.... Windows 8, (Mac OS folgt)
Software .... Repetier

Info & Bezug

iRapid GmbH
Gottfried-Hagen-Straße 60-62
51105 Köln
Tel: +49 (0) 221/1680490
info@irapid.de
www.irapid.de

Mehrfarbdruck mit Dual-Extruder

Viele Nutzer von 3D-Druckern wünschen es sich nicht nur einfarbige Gebilde drucken, sondern auch zumindest zwei verschiedene Filamentfarben verwenden zu können. Auch die Verwendung unterschiedlicher Filamenttypen – beispielsweise um als Stützmaterial wasserlösliches PVA nutzen zu können – bedingt einen doppelten Extruder.

Bei vielen Fertiggeräten muss man sich allerdings bereits beim Kauf entscheiden, ob man eine Version mit Zweifachextruder oder eine solche mit nur einem Druckkopf kaufen will. Ein Nachrüsten ist häufig nicht oder nur sehr kompliziert möglich. Dies ist insofern schwierig, da viele Käufer schon damit überfordert sind überhaupt zu entscheiden,

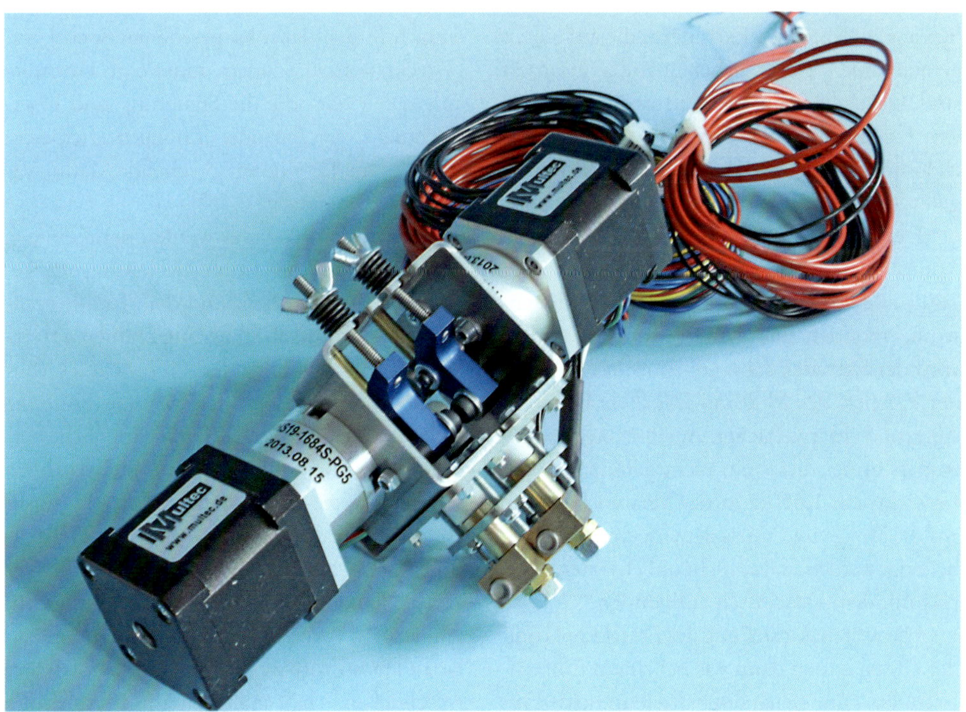

Der Multex Duo Pro von Multec ist eine durchdachte und hochwertige Konstruktion

welcher Drucker für sie der Richtige ist – geschweige denn, ob eine Dualversion für sie sinnvoll ist.

Deutlich komfortabler ist es daher, wenn man sich bei einem Drucker erst dann, wenn man sich in die grundlegenden Dinge eingearbeitet hat, entscheiden kann, ob man einen Dualextruder benötigt und nachrüsten will. Prädestiniert für diese Möglichkeit sind natürlich Drucker, die im Baukastenprinzip konzipiert sind, und die Nach- bzw. Umrüstungen mit weiteren Bauteilen erlauben.

Daher ist es nicht verwunderlich, dass das schwäbische Unternehmen Multec für seine Bausatzdrucker auch Dualextruder anbietet, mit denen der Kunde seine bereits vorhandenen Drucker nachrüsten kann.

Technische Ausstattung des Dual-Extruders Multex Duo Pro

Einfach gesagt besteht ein Dual-Extruder lediglich aus zwei Einfach-Extrudern, die auf einem gemeinsamen Träger nebeneinander montiert sind. Durch koordiniertes Ansprechen der beiden Extruder können die beiden in den Extrudern vorhandenen Filamente je nach Bedarf gefördert werden.

Der Dual-Extruder Multex Duo Pro von Multec besteht aus zwei Extrudern, die um 180 Grad versetzt auf einem stabilen Blechwinkel montiert sind. Mit diesem Blechwinkel wird der Extruder dann am Aluminium-Profil der Z-Achse des Multirap-Druckers befestigt. Aufgrund der zweifachen Ausführung des Extruders bringt dieser ein nicht gerade geringes Gewicht von 1,45 kg in der Version Duo Pro auf die Waage und muss dementsprechend gut befestigt werden, soll er nicht unliebsamen Kontakt mit dem Drucktisch aufnehmen.

Die weitere Einstellung des Druckkopfs und der Düsen erfolgt dann wie bei einem Einfach-Extruder – nur gleich doppelt, denn beide Düsen müssen in ihrem Abstand zum Drucktisch exakt ausgerichtet werden, um ein gutes Druckergebnis zu erzielen. Wird der Extruder leicht schräg montiert, und hat somit eine Düse einen geringeren Abstand zum Drucktisch als die andere, so wird diese Düse durch das bereits gedruckte Teil gezogen, schmilzt dieses an und verschmiert bereits gedruckte Teile.

Dann folgt der Anschluss des Dualextruders an die Steuerung, die ich anhand des Multirap-Druckers von Multec beschreiben werde. Natürlich kann der Multex Duo-Extruder auch mit anderen Druckern und an anderen Steuerungen betrieben werden, hier sind dann aber eventuell andere Schritte notwendig.

Wichtig ist auf jeden Fall, dass die Steuerung des Druckers einen zweiten Extrudermotor und eine zweite Heizpatrone ansteuern kann. Normale Ramps 1.4-Steuerungen, wie sie auch beim Multirap verwendet werden, können dies nur dann, wenn für den zweiten Extruder eine Pololu-Schrittmotorplatine vorhanden ist. Diese kann aber, wenn noch nicht eingebaut, einfach in den dafür vorgesehenen Sockel eingesteckt werden. Zudem muss eine Firmware aufgespielt sein, die die Steuerung und Überwachung zweier Extruder ermöglicht. In diesem Fall wird hierfür eine entsprechende Marlin-Variante verwendet.

Die beiden Extruder werden dann einfach an der Steuerung wie in der Anleitung angegeben angeklemmt. Aufgrund der Strombegrenzung der Ramps 1.4-Steuerung können normalerweise nur zwei Extruder mit jeweils 21 Watt Heizleistung angeschlossen werden, ohne die Sicherung auszutauschen. Für die mögliche Verwendung von jeweils 40 Watt Heizpatronen wendet Multec aber einen kleinen Kunstgriff an und greift den Strom für eine der Heizpatronen direkt am Netzteil der Steuerung ab. Der Nutzer kann diese Umrüstung aber trotzdem sehr einfach vornehmen, da die Kabel des Dual-Extruders so vorbereitet sind, dass ein falsches Anschließen – hält man sich an die Anleitung – fast nicht möglich ist.

Arbeit mit dem Dual-Extruder

Will man nun mit dem Dual-Extruder drucken, benötigt man dafür geeignete Dateien – und das erfordert noch ein wenig Arbeit. Zunächst möchte ich auf den Druck mit zwei verschiedenen Filamenten, das heißt normalerweise unterschiedlichen Farben, eingehen.

Um die einzelnen Teile eines Druckobjekts mit zwei unterschiedlichen Extrudern drucken zu können, muss man das Objekt in zwei einzelne STL-Dateien zerlegen. Die Teile aus einer Farbe werden in einer, die der anderen in einer zweiten STL-Datei gespeichert: Die Teile dieser beiden STL-Dateien müssen dann aber – wie ein Puzzle – genau zusammenpassen, um wieder ein komplettes Teil zu ergeben. Hat man zwei solcher Teil-Dateien, so müssen diese zur Vorbereitung des Drucks in einem dafür geeigneten Slicer zusammengeführt und entsprechend aufbereitet werden. Verschiedene Slicer bietet diese Möglichkeit an. Multec empfiehlt dafür Cura 12.12 oder Slic3r mit dem ich bereits sehr gute Erfahrungen gemacht habe, weshalb ich hier vorwiegend darauf eingehen möchte.

In Slic3r gibt es unter „File" die Möglichkeit „Combine multi-material STL-files..." die man nun anwählt. Danach klickt man zunächst die erste, dann die zweite STL-Datei des zusammengesetzten Druckobjekts an. Achtung: In welcher Reihenfolge man hier auswählt, bestimmt, welcher Extruder für welches Teil angesprochen wird. Stimmt die Farbzusammenstellung nicht mit den Vorgaben überein, muss man somit die Dateien in der anderen Reihenfolge auswählen – oder die Extruder jeweils mit dem anderen Material „füttern". Danach wird eine Hilfsdatei mit der Endung *.amf.xml erstellt, die man auf den Plater in Slic3r lädt und damit den G-Code für den Druck erstellt – das war es auch schon. Durch diesen kleinen zusätzlichen Schritt hat man die benötigte Datei erhalten.

Slic3r bietet auch eine Möglichkeit, bei einem Dual-Extruder die beiden Extruder für unterschiedliche Teile des Druckobjekts unterschiedlich anzusprechen. Unter „Print Settings" kann man im Punkt „Multiple Extruder" auswählen, welche Teile (Perimeter (= äußere Schicht), Infill (=Füllung) oder Support material) mit welchem Extruder gedruckt werden sollen. Während eine Verwendung von unterschiedlichen Materialien für äußere Schicht und Füllung wahrscheinlich nur beispielsweise dann sinnvoll ist, wenn man ein Modell mit (teurem) Holz- oder Steinfilament außen und (billigem) Normal-PLA als Füllung druckt, so ist die Verwendung eines zweiten Extruders für den Support durchaus häufiger sinnvoll zu nutzen. Beispielsweise kann man so den Support in einer zweiten Farbe drucken und weiß so immer genau, welche Teile des Objekts noch entfernt werden müssen. Noch sinnvoller ist es aber, wenn man den Support beispielsweise mit wasserlöslichem PVA (Poly-Vinyl-Alkohol) druckt und das eigentliche Objekt wie bisher aus PLA. So lässt sich der Support einfach im Wasserbad auflösen und zurück bleibt ein sauberes Bauteil.

Druckpraxis

Um einen sauberen Druck zu gewährleisten, benötigt man neben einer sehr guten Einstellung des Abstands zwischen dem Drucktisch und den Düsen des Dual-Extruders auch eine saubere Kalibrierung des Abstandes der beiden Düsen zueinander. Mutec gibt hierbei einen Abstand von 20 mm +/-0,5 mm an. Um hier einen wirklich genau passenden Druck der beiden Druckfarben aufeinander zu gewährleisten, empfiehlt es sich, einen Kalibrierungsdruck durchzuführen. Empfehlenswert für diese Arbeit ist die Datei „Dual Extrusion" des Users doctek auf www.thingiverse.com. Diese kleine aber sehr durchdachte Datei (die natürlich auch wie oben besprochen vorbereitet werden muss) ermöglicht es einen entsprechenden Versatz in der X- und der Y-Achse festzustellen und im Slicing-Programm auszugleichen. Dazu werden in Slic3r unter „Printer Settings" die sogenann-

Um ein sauberes Ergebnis zu erzielen, müssen die Abstände der beiden Düsen kalibriert werden. Hierzu bietet sich die Datei „Dual Extrusion" des Users doctek aus thingiverse an. Beim ersten Versuch sieht man noch einen deutlichen Spalt zwischen beiden Teilen

Nach Eingabe des Versatzes im Slicing Programm passt der Abstand dagegen gut

Nach noch weitern Abstimmungsmaßnahmen ist das Ergebnis schon recht gut

ten „Extruder Offset" in der X- und der Y-Achse eingegeben. Normalerweise sollte hier nur für die X-Achse eine Eingabe nötig sein, manchmal kann aber auch in der Y-Achse ein leichtes Spiel vorhanden sein, welches man hier auch ausgleichen kann.

Hat man diesen Kalibrierungsdruck durchgeführt und den Offset eingestellt, so steht einem Druck nichts im Wege. Je nach Steuerungsprogramm des Druckers muss man allerdings beim Dual-Druck selbst daran denken, beide Extruder entsprechend vorzuheizen. Nach dem Laden der Slicing-Datei läuft der Druck dann wie gewohnt ab. Der Unterschied ist lediglich, dass der benutzte Extruder je nach zu druckender Farbe wechselt. Am Anfang wird hier oft noch ein wenig Feintuning auch im Slicing-Programm notwendig sein, da hier gerade beim Zurückziehen (Retraction) des gerade nicht benötigten Materials beziehungsweise beim wieder Laden des Filaments nach einem Extruderwechsel mit den Werten ein wenig gespielt werden muss, um einen sauberen Anschluss der unterschiedlichen Materialien zu erreichen, gleichzeitig ein „Nachtropfen" des Kunststoffs zu vermeiden. Im Idealfall ergibt sich ein sauberer Wechsel der beiden Materialien, ohne dass ein Material in das andere hineinschmiert.

Der Multex Duo Pro ist aufgrund seiner durchdachten und qualitativ hochwertigen Konstruktion eine hervorragende Grundlage für einen erfolgreichen Dual-Druck. Die beiden NEMA-17-Schrittmotoren sind bei dieser Version mit einem Stahlplanetengetriebe mit einer Übersetzung von 5,18:1 ausgestattet und erreichen dadurch ein Haltemoment von über 195 Ncm. Eine sichere Filamentförderung ist dadurch gewährleistet und auch für schnelle Drucke ist keine Kühlung der Motoren notwendig. Beim etwas einfacheren Multex Duo Direct der ohne die Planetengetriebe ein Haltemoment von 44 Ncm erreicht ist bei schnellen Drucken eine Kühlung der Motoren empfehlenswert.

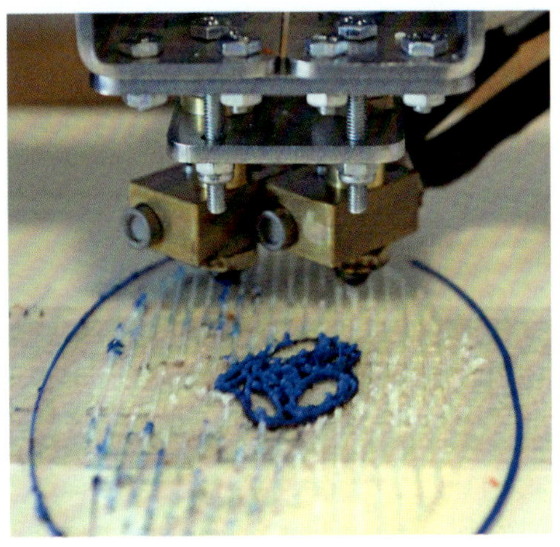

Ideal ist ein Dual-Extruder natürlich auch für die Verarbeitung speziellen Supportmaterials, wie beispielsweise wasserlöslichem PVA

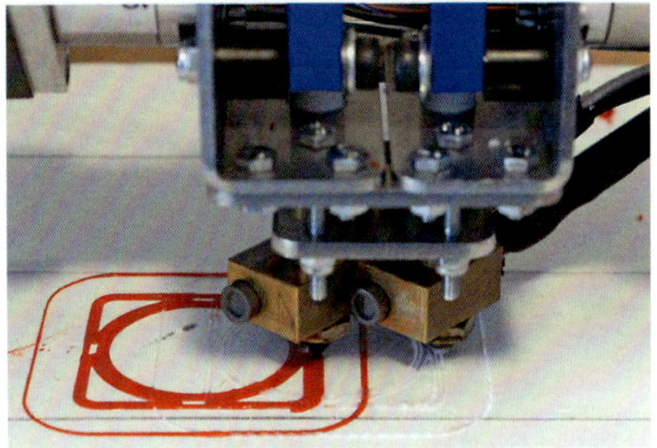

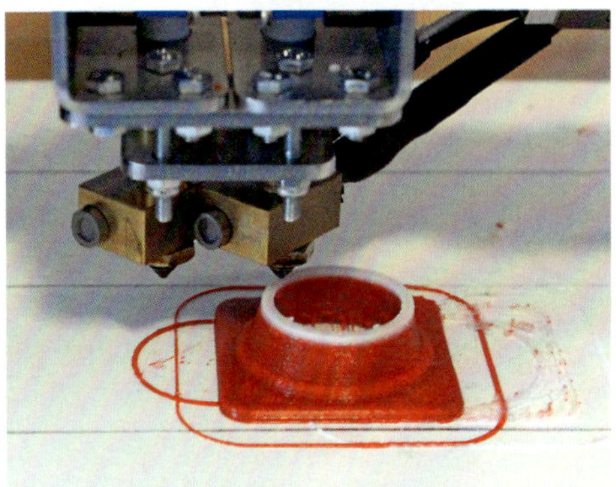

In der Praxis arbeitet der Duo Pro nach den üblichen beschriebenen Einstellungen absolut problemlos und druckt sehr sauber. Durch die hochwertigen Komponenten ist auch langfristig kein Verschleiß zu erwarten. Übrigens kann man den Dual-Extruder natürlich auch als Single Extruder nutzen. Hierzu wird er lediglich leicht schief montiert, sodass die nicht benutzte Düse circa einen Millimeter über der benutzten Düse liegt und so nicht in das Druckteil kommt. Nun wird nur eine Düse (Extruder 0) beheizt und benutzt.

Für Nutzer, die ihren Drucker – ob von Multec, einem anderen Hersteller oder auch einen Eigenbau – zum Zweifarbdrucker Umbzw. Aufrüsten möchten, ist der Dual-Extruder von Multec sicher einer hervorragende Wahl und eine Anschaffung, die man sicher nicht bereuen wird. Die 3D-Druck-Welt wird dadurch auf jeden Fall ein bisschen bunter und vielseitiger …

Druck eines zweifarbigen Druckteils. Man sieht gut den abwechselnden Druck beider Farben

Besonderheiten bei Dual-Extrudern

Dual Extruder haben einige Besonderheiten, die die Arbeit mit ihnen nicht immer einfach macht. Drei Punkte sollen hier aufgeführt werden.

Nachtropfen

Eine Schwierigkeit bei Dual-Extrudern ist, dass bei einem Wechsel zwischen den beiden Düsen diese zum Nachtropfen neigen. Die Förderung des Materials lässt sich nicht einfach an- und ausschalten, da immer noch bereits verflüssigtes Material aus der Düse tropfen kann und somit in die neue Farbe tropft.

Um dies zu vermeiden, muss bei einem Düsenwechsel mit schnellen und recht weiten Rückzügen (Retractions) gearbeitet werden. Im Slicingprogramm kann man die Werte hierfür eingestellt werden. Es erfordert meist einiges Ausprobieren, bis dieses Nachtropfen weitgehend abgestellt werden kann.

Zum Thema Nachtropfen hat Slic3r zudem noch zwei Zusatz-Features: man kann einen hohen Skirt um die Teile legen, an dem sich dann die Düse abstreifen kann und die nicht druckende Düse um ein paar Grad abkühlen, damit das Material nicht zu flüssig wird und nachtropft.

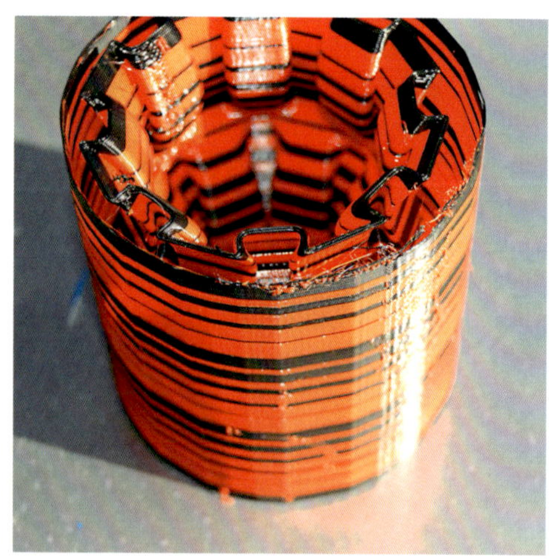

In einem Zusatzfeature bei Slic3r kann man einen hohen Skirt um die Teile legen, an dem sich die Düse abstreifen kann

Abschrubben der Filamentoberfläche

Die schnellen Rückzüge können vor allem bei Teilen Probleme bereiten, bei denen sehr häufig zwischen den Farben gewechselt wird. Manchmal kommt es durch das häufige und schnelle Fördern zu einem „Abschrubben" der Filamentoberfläche durch das Förderrad des Extuders, vor allem dann, wenn die Spannung der Filamentförderung nicht sehr genau eingestellt ist.

Verschmieren durch zweite Düse

Die Ausrichtung der beiden Düsen in der Horizontalen muss sehr genau erfolgen. Ist der Extruder nur unwesentlich schief montiert, so kann es vorkommen, dass die nicht benutzte Düse durch das bereits gedruckte Teil gezogen wird. Dies führt zum Verschmieren, da die heiße Düse das bereist erkaltete Material wieder anschmilzt. Es muss somit auf eine sehr genaue Ausrichtung des Extruders geachtet werden.

Technische Daten Multex Duo Direct und Duo Pro

	Multex Duo Pro	**Multex Duo**
Antriebe	NEMA 17, Haltemoment >195 Ncm, mit Stahlplaneten-Getriebe Übersetzung 5,18:1	NEMA 17, Haltemoment 44 Ncm
Geeignet für Filament	1,75 mm und 3 mm	1,75 mm
Düsengrößen optional	3 mm/0,5 mm; 3 mm/0,35 mm; 1,75 mm/0,35 mm	1,75 mm/0,35 mm
Düsenheizung	40-W-Heizpatrone	40-W-Heizpatrone
Temperatursensor	Epcos 100 kOhm, optional PT100	Epcos 100 kOhm, optional PT100
Motorkühlung	nicht erforderlich	Für schnellere Drucke empfehlenswert
Düsenabstand	20 mm	20 mm
Düsenkühlung	Optional als Zusatzkit für Multirap erhältlich	Optional als Zusatzkit für Multirap erhältlich
Firmware Einstellung mit 1/16 Substeps (Ramps 1.4)	513	160
Firmware Einstellung Marlin Thermistor	Thermistortyp 6	Thermistortyp 6
Gewicht	1,45 kg	1,1 kg
Preis	339,95 €	279,- €

Info & Bezug
Multec GmbH
Illmenseer Straße 19
88271 Wilhelmsdorf
Verkaufsniederlassung:
Franz-Xaver-Heilig-Straße 7
88630 Pfullendorf
kontakt@multec.de
www.multec.de
Tel.: 07503/931270
Fax: 07503/931271

Anwendungen

Jetzt wissen Sie also, wie ein 3D-Drucker funktioniert und besitzen vielleicht sogar schon einen – doch was damit machen? Diese Frage mag komisch klingen, doch häufig wird einem erst bewusst für wie vielfältige Möglichkeiten man seinen 3D-Drucker einsetzen kann, wenn man regelmäßig damit arbeitet und sich mit der Materie näher beschäftigt.

Ich möchte Ihnen daher hier einige Beispiele für die Verwendung von Objekten aus dem 3D-Drucker aufzeigen – natürlich werden Sie selbst noch viel mehr Ideen haben, für was Sie diesen neuen Helfer einsetzen können.

Modellbau und Modellbahn

Ob man Modellflugzeuge, -schiffe oder anderes baut und ob diese ferngesteuert sind oder nicht – der 3D-Druck stellt für dieses Hobby eine echte Bereicherung dar. Auch für den Modelleisenbahner ergeben sich fast unerschöpfliche Möglichkeiten.

So kann man Ausrüstungsteile für seine Schiffe oder Trucks direkt am Rechner konstruieren und ausdrucken. Gerade bei Teilen, die bei einem Modell mehrfach gebraucht werden – oder immer wieder bei unterschiedlichen Modellen verwendet werden können – eine echte Erleichterung und eine Möglichkeit noch detailreicher zu bauen. Eine tolle Möglichkeit ist dabei auch, dass man die Teile, wenn sie einmal konstruiert sind, beliebig skalieren kann. Will ich also ein Teil, welches ich schon bei einem Modell im Maßstab 1:50 verwendet habe, auch auf einem kleineren Nachbau verwenden, so muss ich einfach das Bauteil nur für den Maßstab passend (beispielsweise in 1:100) skalieren und kann es entsprechend ausdrucken. Daher empfiehlt es sich Modellbauteile, die für den 3D-Druck konstruiert werden immer in der Originalgröße zu zeichnen und erst für den Druck entsprechend herunterzuskalieren.

Doch nicht nur sichtbare Verzierungsteile sind mittels des heimischen 3D-Drucks für den Modellbau machbar. Besonders hilfreich ist diese Technik gerade auch für Teile, die benötigt werden, um beispielsweise die elektronische Ausstattung unterzubringen. Ob eine absolut passende Halterung für ein Steuerservo, die gleich mit den benötigten Befestigungsteilen im Modell konstruiert wird oder eine perfekt sitzende Schale für den Antriebsakku – all das ist jetzt einfach zu konstruieren und schnell zu drucken. Auch spezielle Anlenkungen für das Modell sind kein Problem mehr.

Im Plastikmodellbau lassen sich mit dem 3D-Druck Teile für besondere Umbauten von Flug- und Fahrzeugen einfach konstruieren und herstellen. Auch ganze Modelle beispielsweise von Konstruktionen, die es nicht als Serienmodelle gibt, sind so machbar.

Und natürlich eröffnen sich auch für die Modellbahnfreunde ganz neue Möglichkeiten.

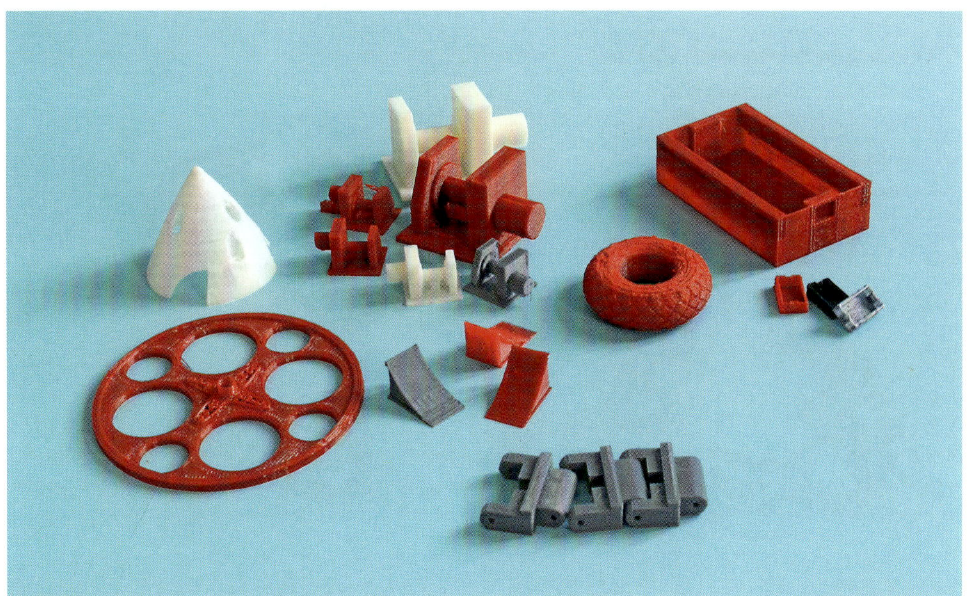

Verschiedene Beispiele für Modellbauzubehör, welches auf 3D-Druckern entstand. Im Uhrzeigersinn von oben: Winde in verschiedenen Maßstäben für Schiffsmodelle, Reifen, Kisten in verschiedenen Maßstäben für Schiffsmodelle oder Modelleisenbahn, Kette z.B. für Modellbagger (aus Thingiverse von User erdinger), Bremskeil für Modelltrucks, Steuerscheibe für Servos (aus Thingiverse von User NewtonRob), Spinner für Modellflugzeuge (aus Thingiverse von User odie_wan)

So lässt sich das eigene Haus in 3D-Konstruieren und einfach (am besten in einzelnen Bauteilen) ausdrucken. Wer will, kann so seinen gesamten Heimatort detailgenau nachbauen – Haus für Haus.

Haushalt und Garten

Wer hat nicht schon einmal ein bestimmtes Teil zur Befestigung im Haushalt oder Garten gesucht, das es so nicht gibt? Meist endet das mit einem (häufig sehr dauerhaften) Provisorium, welches weder vom praktischen, noch vom ästhetischen Gesichtspunkt überzeugen kann. Doch auch das gehört, dank des 3D-Drucks, nun der Vergangenheit an.

Ob man einen Sichtschutz fest am Balkon oder einen Gartenschlauch beweglich am Zaun befestigen will – für alles kann man (ein wenig Arbeit bei der Konstruktion vorausgesetzt) die absolut passende Lösung erhalten.

Der schon bei der Konstruktion erwähnte Schlauchhalter für den Garten

Alleine schon beim Durchstöbern von Thingiverse bekommt man viele Vorschläge für Dinge, die es so nicht zu kaufen gibt, die im Haushalt oder Garten aber absolut sinnvoll zu verwenden sind. Und manches Mal ist eine Konstruktion hier eine hervorragende Idee für eine ganz eigene, angepasste Konstruktion.

Beispiele für Schmuckstücke aus dem Fundus von Thingiverse: Ring des Users allenZ, zwei Mal das Korallenarmband von Pixil3D und Kette (an einem Stück gedruckt!) von Belfry

Deko und Schmuck

Sie suchen noch ein passendes Deko-Objekt für die neue Wohnung? Oder ein extravagantes Schmuckstück für die nächste Party? Kein Problem, denn mit dem 3D-Druck werden Sie selbst zum Designer für die ungewöhnlichsten Kunstwerke und Schmuckstücke.

Aufgrund der besonderen Herstellungsweise sind nahezu keine Grenzen gesetzt und man kann auch die optisch ausgefallensten Teile kreieren. Zudem bietet beispielsweise Thingiverse gerade im Deko und Schmuckbereich eine Vielzahl faszinierender Konstruktionen, die alleine schon Spaß machen, weil man wissen möchte, ob solche geometrisch komplexen Strukturen überhaupt druckbar sind – und meistens sind sie es wirklich!

Und bevor die Frage aufkommt: Ja, man kann natürlich auch ganz individuelle Smartphone-Hüllen drucken. Dies ist merkwürdigerweise, wenn man entsprechende Berichte und Diskussionen verfolgt, einer der am häufigsten geäußerten Wünsche. Ich denke fast so häufig, wie die Idee einer Waffe aus dem 3D-Drucker …

Zwei Beispiele für Dekoobjekte aus dem 3D-Drucker (Fotos: Aroja)

Ersatzteile

Ein absolut perfektes Einsatzgebiet für 3D-Drucker ist der Herstellung von Ersatzteilen aller Art. Gemeint sind jetzt nicht solche Ersatzteile, die es im Handel noch gibt – da lohnt sich gegenüber dem Kauf die Konstruktion und der Druck meist nicht –, sondern gerade solche für Dinge, die schon lange nicht mehr im Handel sind. Das kann eine ältere Fernbedienung sein, deren Batteriedeckel verschwunden ist, ein altes lieb gewonnenes Radio, dessen Drehknopf zerbrochen ist oder – besonders katastrophal – ein Teil eines Spielzeugs, für das es keine Ersatzteile mehr gibt. Wenn es um solche Dinge geht, schlägt die große Stunde des 3D-Drucks.

Natürlich bedarf es meist einigen Geschicks und Geduld bei der Konstruktion, doch der Erfolg in Form eines wieder nutzbaren Geräts und im Idealfall sogar glänzender Kinderaugen sind dies allemal wert.

Im Folgenden eine Beschreibung für die Konstruktion eines solchen Ersatzteils für einen Spielzeugtraktor, der schon einige Jahre auf dem Buckel hatte – aber (von der nächsten Generation) immer noch heiß geliebt wird.

Die Ausgangssituation: Die Anhängerkupplung ist abgebrochen

Jetzt gilt es Maße nehmen …

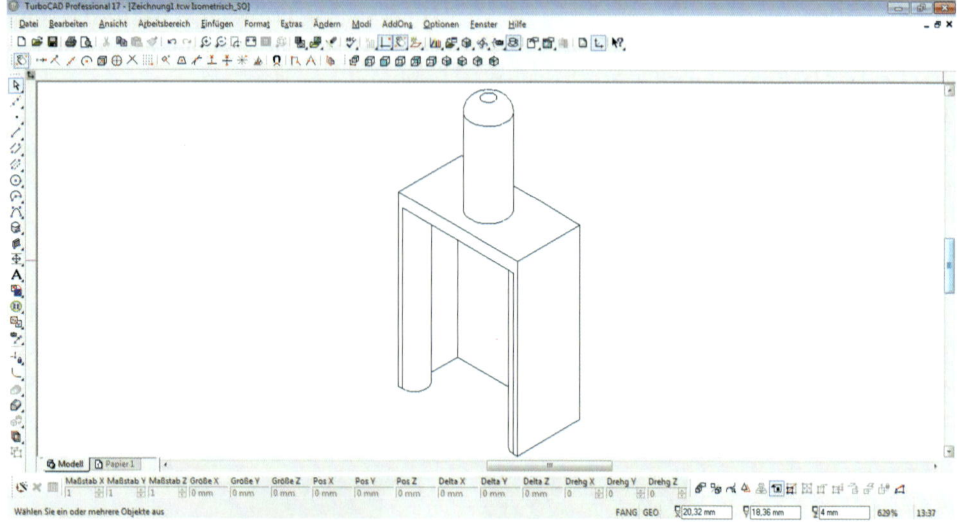

… und in CAD entsprechend konstruieren

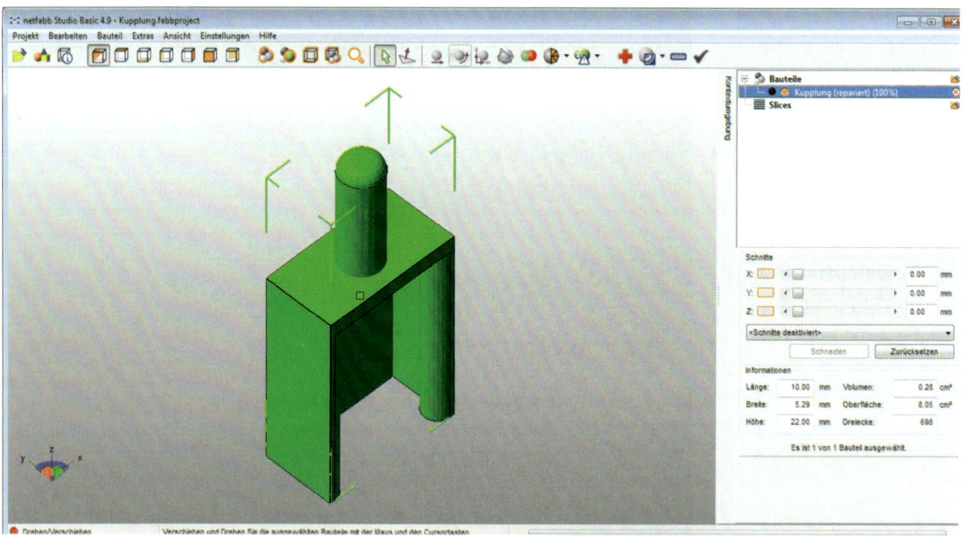

In Netfabb wird das Ganze dann überarbeitet

Der Ausdruck ist dann nur noch ein Klacks

Das fertige Teil wird dann einfach …

… auf die vorhandene Struktur aufgeklickt – fertig!

Personalisierte Objekte

Und in noch einem Bereich ist der 3D-Druck nahezu unschlagbar: Der Herstellung von ganz speziell personalisierten Objekten. Ein Ring mit dem Namen der Frau oder Freundin – kein Problem. Büroklammern mit dem Namen des eigenen Unternehmens – ein Klacks. Ausstecher für Kekse mit dem Logo des eigenen Vereins für den nächsten Weihnachtsbasar – werden schnell gedruckt.

All dies und noch viel mehr ist mittels eines 3D-Druckers möglich. Für viele dieser Ideen bietet erneut Thingiverse bereits fertige Vorlagen, die mittels eines Programms auf dieser Seite (dies erfordert allerdings eine kostenlose Registrierung) auf die eigenen Bedürfnisse angepasst werden können.

Doch auch wenn man eine ganz eigene Idee hat, die man umsetzen will, ist dies kein Problem, wenn man die entsprechenden Programme bedienen kann. So lässt sich schnell das Firmenlogo in CAD nachzeichnen und für den Druck vorbereiten oder das ganz eigene Schmuckstück mit Widmung designen.

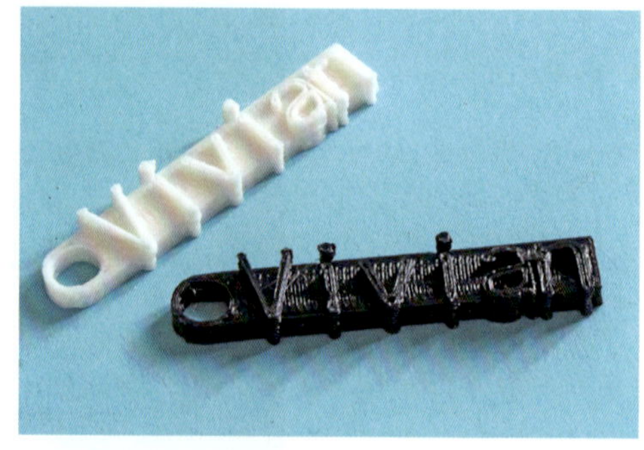

Ob Schlüsselanhänger mit Namen … (Vorlage aus Thingiverse von User allenZ)

… Firmenlogos in 3D …

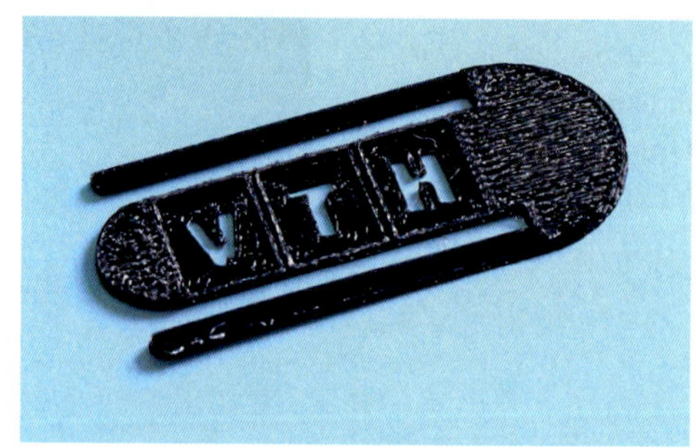

… oder Büroklammern mit Initialen (Vorlage aus Thingiverse von User KyroPaul) – mit dem 3D-Druck lässt sich alles personalisieren

Auftragsarbeiten – 3D-Druck durch Dienstleister

Der 3D-Druck auf einem eigenen Drucker zuhause ist nicht nur eine Technik, um ein Objekt zu erhalten, es ist eine Technik, die einfach fasziniert. So wird hier der viel zitierte Weg das Ziel und es geht nicht nur darum, ein Teil zu erhalten, sondern auch um die Beschäftigung mit dieser faszinierenden Technik.

Doch auch, wenn man noch keinen eigenen Drucker besitzt oder sich aus wirtschaftlichen Gründen ein eigener Drucker nicht lohnt, so muss einem diesen faszinierende neue Welt der Fertigung nicht verschlossen bleiben. Eine Vielzahl an Dienstleistern bieten den Service 3D-Modelle im Auftrag zu drucken an. Und gegenüber der Heimanwendung muss man zugeben, dass dies alleine schon aufgrund der Maschinen, die diesen Unternehmen zur Verfügung stehen, meist qualitativ deutlich bessere Ausdrucke sind. Zudem stehen deutlich mehr Materialien und vor allem auch Metalle für den Ausdruck zur Auswahl. So bietet beispielsweise der belgische Druckdienstleister i.materialise neben verschiedenen Kunststoffen auch Keramik, Edelstahl, Messing, Aluminium und sogar Titan und unterschiedliche Edelmetalle zur Herstellung der Ausdrucke an.

Dabei geht der Auftrag eines solchen Ausdrucks kinderleicht. Man benötigt lediglich eine STL-Datei (wie schon gesagt, die Grundlage des gesamten 3D-Drucks) und lädt diese auf den Server des jeweiligen Unternehmens hoch. Nach einer schnellen internen Überprüfung der Datei durch den Dienstleister und der Auswahl des gewünschten Materials erhält man dann meist sofort online den Preis des Objekts und weitere Angaben wie beispielsweise die Lieferzeit. Danach gilt es nur noch den Kauf zu bestätigen, zu bezahlen und nach der angegebenen Zeit erhält man das ausgedruckte Teil bequem nach Hause geschickt.

Die Anzahl der Unternehmen ist bereits jetzt schon groß und wächst stetig weiter. So will beispielsweise nach neuesten Meldungen der US-Logistikgigant UPS in den USA viele seiner Filialen mit 3D-Druckern ausstatten und so Laufkundschaft (vorwiegend kleineren Unternehmen) einen solchen Service anbieten.

Doch schon jetzt finden Sie auch im Internet eine große Anzahl an größeren und kleineren Unternehmen, die für Sie Teile in vielerlei Form ausdrucken. Neben den bekannten Firmen wie i.materialise (i.materialise.com), Shapeways (www.shapeways.com) und sculpteo (www.sculpteo.com) bieten auch zahlreiche größere und kleinere Unternehmen in Deutschland den Service des 3D-Drucks an. Hier ergibt eine Internetsuche eventuell auch ein Unternehmen in Ihrer Nähe, sodass spezielle Fragen und Unklarheiten geklärt werden können.

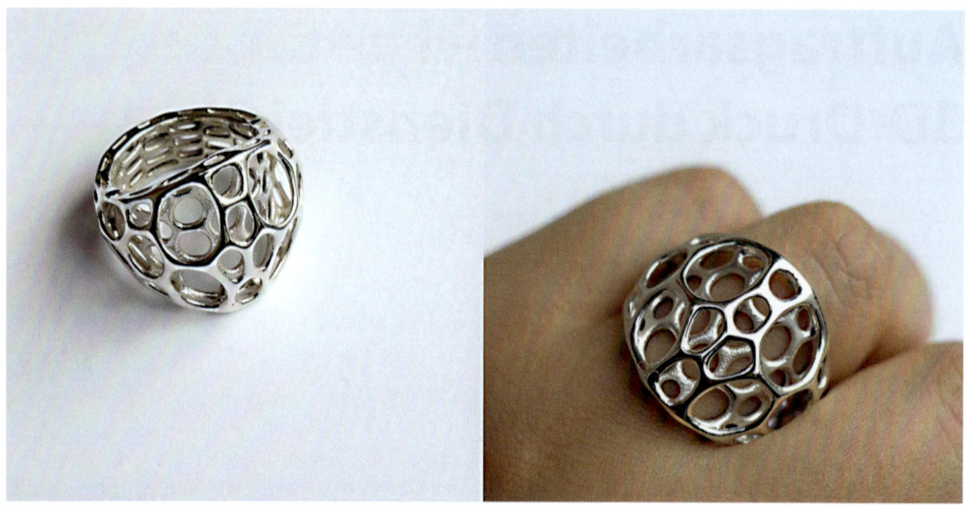

3D-Drucke bei Dienstleistern erlauben die Verwendung von weitaus mehr Materialien, als die thermoplastischen Kunststoffe, die die meisten Heim-3D-Drucker nutzen. So können beispielsweise Schmuckstücke aus Silber (Foto: Shapeways) …

… und sogar Geschirr aus Keramik gedruckt werden (Foto: Shapeways)

Quickstart – Checkliste für den Ausdruck

Im Folgenden eine kleine Checkliste für den Ablauf eines 3D-Drucks:

- ❑ 1. 3D-Modell im passenden STL-Format?
- ❑ 2. STL-Datei beispielsweise mit Netfabb auf Korrektheit kontrolliert?
- ❑ 3. STL-Datei in G-Code (mit den richtigen Einstellungen) umgewandelt?
- ❑ 4. G-Code ins Druckprogramm geladen?
- ❑ 5. Richtiges Filament eingelegt?
- ❑ 6. Druckdüse und Heizbett ausreichend vorgeheizt?
- ❑ 7. Alle mechanischen und elektrischen Einstellungen des Druckers überprüft?

Wenn alle sieben Punkte erfüllt sind, können Sie den Druck starten und den Druck verfolgen – viel Spaß dabei!

Ausblicke

Was wird die Zukunft bringen? Wohl in kaum einem technischen Bereich ist dies derzeit noch so offen, wie im 3D-Druck. Fast täglich kommen Meldungen über neue Drucker, neue Drucktechniken und neue Einsatzmöglichkeiten dieser Technik. Neben reinen Zukunftsvisionen – die gerade für eine solche Technik wichtig sind – finden sich darunter auch sehr viele praktikable Möglichkeiten und vor allem immer wieder verblüffende Neuerungen und Ideen.

Eins ist auf jeden Fall sicher: Der 3D-Druck wird eine der spannendsten Entwicklungen der nächsten Jahre bleiben.

Danksagung

Ein Buch wie dieses wäre ohne Hilfe nicht möglich. Daher möchte ich mich bei allen, die mich bei der Erstellung unterstützt haben recht herzlich bedanken. Es gab viele Hinweisgeber, die mir immer wieder die neuesten Informationen und Nachrichten zur Verfügung gestellt haben und mich immer wieder auf neue Fährten gebracht haben.
Ganz besonders bedanke ich mich aber bei meiner Frau, die mich bei der Erstellung tatkräftig unterstützt hat.

Quellenverzeichnis und weitere Informationen

Bücher

Chris Anderson „Makers: Das Internet der Dinge“, ISBN 978-3-446-43482-0, Carl Hanser Verlag

Petra Fastermann „3D-Drucken – Wie die generative Fertigungstechnik funktioniert“ ISBN 978-3-642-40963-9, Springer Vieweg Verlag

Petra Fastermann „3D-Druck/Rapid Prototyping“ ISBN 978-3-642-29224-8, Springer Vieweg Verlag

Petra Fastermann „Die Macher der dritten industriellen Revolution: Das Maker Movement“ ISBN 978-3-848-26074-4, Books on Demand

Florian Horsch „3D-Druck für alle – Der Do-it-yourself-Guide“ ISBN 978-3-446-43698-5, Carl Hanser Verlag

Hod Lipson/Melba Kurman „Die neue Welt des 3D-Drucks – Deutsche Ausgabe von „Fabricated““ ISBN 978-3-527-76049-7, Wiley-VCH Verlag

Zeitschriftenbeiträge/Onlinebeiträge

Computerwoche Onlineausgabe, 29.1.2013, „Das Potential von 3D-Druck“ von Jürgen Hill

Computerwoche Onlineausgabe, 31.1.2013, „Vom 3D-Objekt zum gedruckten Modell“ von Jürgen Hill

c‘t magazin Onlineausgabe (c’t 15/11), „Nachbauer und Markenphlegmatiker – Rechtliche Untiefen im Zusammenhang mit 3D-Druck“ von Fabian Schmieder

Handelsblatt Onlineausgabe, 28.2.2013, „Die Revolution wird abgeblasen“ von Christof Kerkmann

Handelsblatt Onlineausgabe, 25.6.2013, „Die Mythen um den 3D-Druck“ von Christof Kerkmann

Spiegel Online, 29.7.2013, „Huch, das bin ja ich – Klon aus dem 3D-Drucker“ von Ole Reißmann

Internetseiten

3druck.com

www.3drucken.ch

www.rapidprototypinghomepage.com

www.wikipedia.org

Weitere Informationen

Anleitung für Skeinforge der Firma multec, Manuel Tosché